교양 지구의 이해

윤마병 김희수 김학성 남기수 공저

교육과학사

머리말

최근 지구는 자원 고갈과 환경오염, 온난화 문제 등으로 큰 몸살을 앓고 있다. 또 태양폭발 현상과 지구 부근에서 운동하는 소행성은 지구를 위협하고 있다. 이에 우리는 지구에서 일어나는 피해를 최소화하기 위해 우주환경예보와 일기예보를 늘 접하게 된다. 이와 같이 심각해져 가고 있는 지구에 대한 이해를 돕기 위한 생활 중심의 '지구의 이해' 교양 강의를 해오면서 학생들과 일반인들에게 소개할 수 있는 교재를 찾기 어려웠다. 그래서 우리 생활과 직접 관련되는 내용을 중심으로 '지구의 이해'에 관한 교양 교재를 집필하게 되었다.

우리 삶의 터전이요, 생명의 근원인 지구에 대하여 우리는 얼마나 알고 있을까? 인류의 선조들은 지구의 모양을 어떻게 알아냈으며, 땅과 바다, 하늘은 서로 어떻게 연관되어 상호작용할까? 이러한 고민과 지구에 대한 세심한 통찰은 삶의 지혜와 과학적 소양뿐만 아니라, 직업을 구하고, 사업을 발전시키며 풍요로운 삶을 살아가는 데 매우 중요하다. 예를 들어, 날씨 정보를 유용하게 활용할 수 있다면 스포츠, 심리학, 관광, 경제, 예술, 문학 등 거의 모든 분야에서 더 나은 효과를 얻을 수 있을 것이다. 또 하나뿐인 지구의 아름다움과 풍요로움, 상호 관련성과 역동성을 알게 됨으로써 나의 존재와 삶을 더욱 풍요롭고 가치 있게 하는 데 도움을 줄 것이다.

이에 본 교재는 지구에 대한 이해를 돕기 위한 지구관과 지구의 탐구방법, 역동적인 화산과 지진 중심의 지질학, 지구대기와 관련된 기후변화와 일기예보 그리고 우주 환경예보와 관련된 천문학 내용으로 구성하였다. 생활 중심 내용으로 하다 보니 그 체계를 구성하기가 쉽지 않았다. 부족한 점이 많지만, 이 책을 통해 지구에 대한 이해가 더 커지기를 기대한다.

2015. 4.

저자 일동

CONTENTS

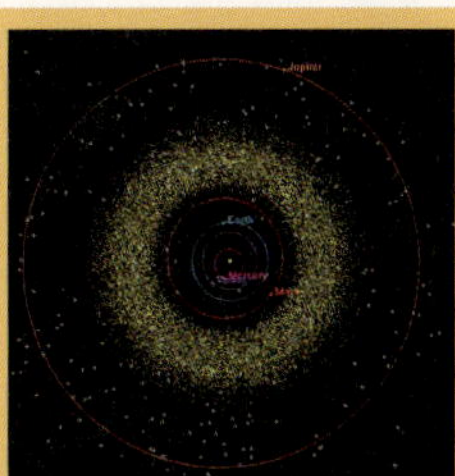

CONTENTS

CONTENTS

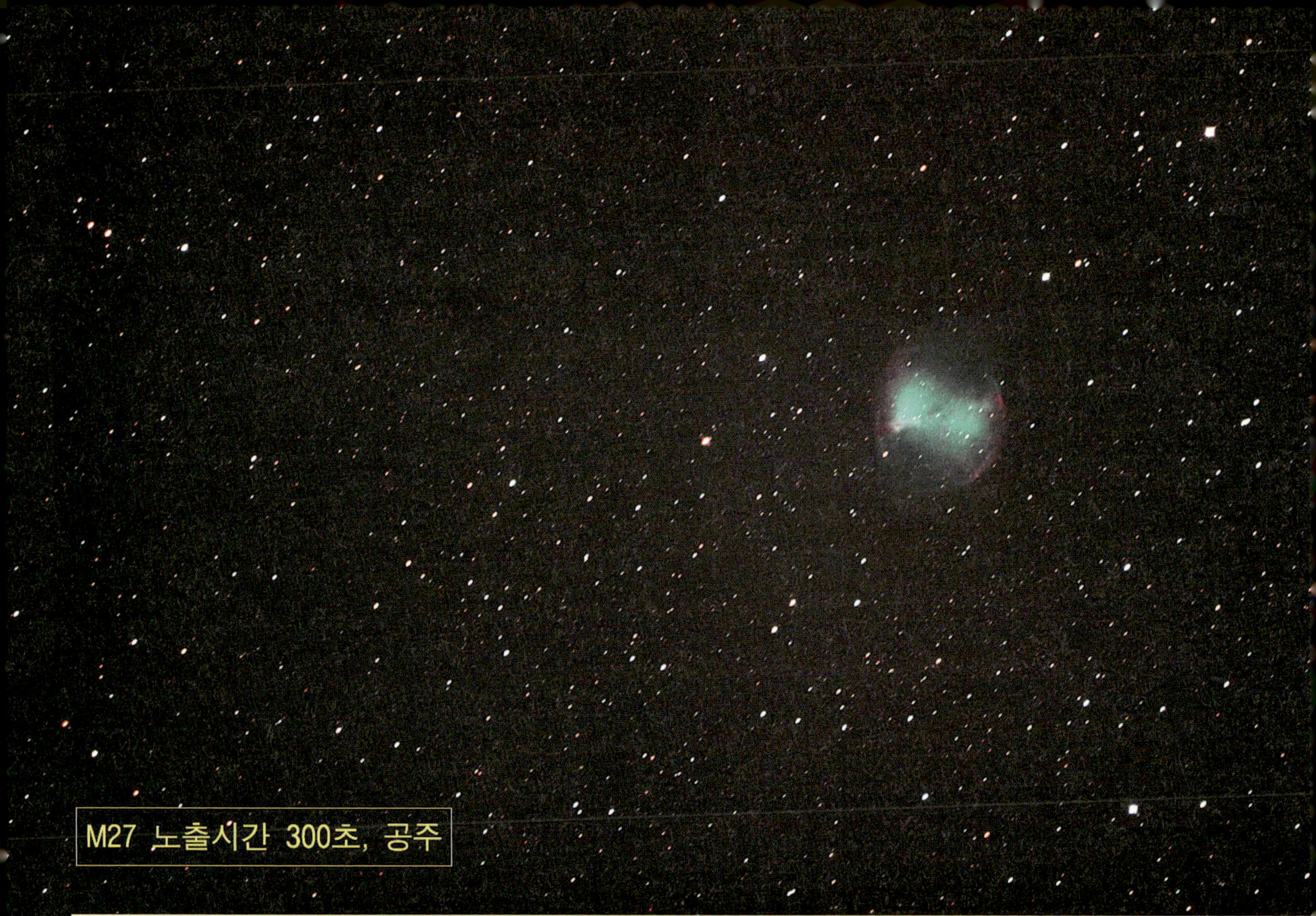

M27 노출시간 300초, 공주

2011년 5월 30일 05:00 대전(Starry night S/W)
북동쪽 지평선에서부터 대각선 상공 방향으로
플라이아데스 성단-수성-금성-화성-달-목성

Chapter_ 1

지구관의 패러다임 변화

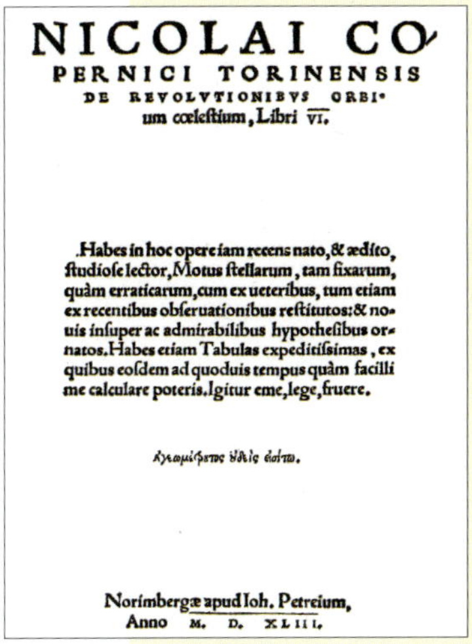

NICOLAI CO
PERNICI TORINENSIS
DE REVOLVTIONIBVS ORBI-
um cœlestium, Libri VI.

Habes in hoc opere iam recens nato, & ædito, studiose lector, Motus stellarum, tam fixarum, quàm erraticarum, cum ex ueteribus, tum etiam ex recentibus obseruationibus restitutos: & nouis insuper ac admirabilibus hypothesibus ornatos. Habes etiam Tabulas expeditissimas, ex quibus eosdem ad quoduis tempus quàm facillime calculare poteris. Igitur eme, lege, fruere.

Ἀγεωμέτρητος οὐδεὶς εἰσίτω.

Norimbergæ apud Ioh. Petreium,
Anno M. D. XLIII.

코페르니쿠스의 「천구의 회전에 관하여
(De revolutionibus orbium coelestium, 1543)」
표지(좌)와 태양 중심의 우주체계 설명(우).

프톨레마이오스의 지구 중심 우주 체계(140년)

새가 왜 노래하는지 궁금해 하는 사람은 아무도 없다. 왜냐하면 새들은 노래하도록 만들어진 피조물이라 노래함이 새들에게 곧 기쁨이기 때문이다. 마찬가지로 왜 인간이 하늘의 비밀을 찾기 위해 그렇게 수고하는지 그 이유를 물어서는 안 될 것이다. 세상은 아주 크며 다채롭기가 이루 말할 수 없고, 하늘은 숨겨진 보물로 가득하기 때문이다.

요하네스 케플러, 「우주 구조의 신비(Mysterium Cosmographicum)」에서

갈릴레이가 최초로 제작한 굴절망원경(1609년)

사그레도는 지구와 하늘의 물체가 같은 성질을 갖고 있다는 이론이 옳다고 결론을 내린 것처럼 말하는데 그건 잘못이야. 나는 아무런 결론도 내리지 않았네. 내가 하려는 것은 여러 이론과 그에 대한 반박을 어느 한쪽에 치우치지 않고 소개하려는 거야. 이 이론의 옳고 그름에 대한 판단은 다른 사람들이 결론지어야 할 일이네.

어찌하여 그대는 타인의 말만 믿고 자기 눈으로 관찰하거나 보려고 하지 않는가. 진실로 증명된 것을 이단으로 치부하는 것은 악이라네.

갈릴레오 갈릴레이, 「두 우주 체계에 대한 대화(Dialogue Concerning Two Chief World System)」에서

제1장 지구관의 패러다임 변화

지구와 우주를 향한 동경과 관심은 인류의 시작부터였으며, 우주에 대한 사고 체계는 그 시대의 정치와 사회, 교육, 문화 등을 지배하는 패러다임을 이룬다. 패러다임의 변화는 매우 힘든 과정으로 이루어지며 혁명적인 전환을 이룬다. 천동설로부터 지동설로의 패러다임의 변천사는 곧 근대 지구 과학사의 절정이었다. 제1장에서는 그리스 시대 천동설의 체계를 확립한 톨레미로부터 1543년 코페르니쿠스가 '천체의 회전에 관하여'에서 지동설을 주장한 이후, 지동설로의 패러다임 전환을 위해 노력했던 티코, 케플러, 갈릴레이와 천문학자들의 노력, 패러다임의 전환이 얼마나 어려운 과정이었는지를 알아보고자 한다.

1–1. 천동설부터 지동설로의 변화

1–2. 지구관의 패러다임 전환

탐구 1: 금성의 모양과 크기 변화

탐구 2: 시차로 측정한 내 팔의 길이는?

1-1. 천동설부터 지동설로의 변화

❖ 바빌로니아와 그리스의 천문학

동쪽 지평선 위로 태양이 떠오르면서 하루가 시작되고, 서쪽으로 해가 지면서 밤이 찾아 온다. 다음날 아침에도 어김없이 태양은 동쪽 하늘에서 떠오른다는 사실을 알아 가면서 과학은 발전해 왔다. 역동적인 자연의 변화 속에서 그 변화가 어떤 패턴이나 규칙을 따를 때 이것을 자연의 법칙이라고 한다. 자연의 법칙을 찾아가는 과정을 과학이라고 할 수 있는데, 인류 최초의 과학은 천문학이 아니었을까? 인류가 사냥을 하고 불을 피울 수 있었던 과학의 초창기부터 모닥불이 사그러져 밤하늘의 별들을 바라볼 때 천문학이 시작되었기 때문이다.

칠흑같이 캄캄한 날에 맑은 밤하늘을 본적이 있는가? 쏟아질 듯 무수한 별들이 하나 둘씩 모여서 모양을 이루고, 별자리가 만들어지면서 우리에게 다가온다. 은하수와 북두칠성을 보았고, 견우와 직녀, 북극성을 보았다. 우리나라에서 북두칠성은 효심이 깊은 7형제가 홀어머니를 위해 놓은 징검다리 스토리를 갖고 있으며, 인생의 길흉화복과 생사를 주관하는 별자리로 생각하며 중요시하였다. 그래서 우리의 선조들은 북두칠성에 살고 있는 삼신 할머니께 손주를 바라는 마음을 빌었던 것이다. 그런데 밤하늘의 북두칠성은 보는 사람들 마음대로 다르게 보아 왔다. 북아메리카 인디언들은 국자 모양(The Big Dipper)으로 보았으며, 프랑스인들은 찜 냄비(Casserole), 영국인들은 쟁기(The Plough), 중국인들은 천상의 고위관리, 중세 유럽인들은 마차, 고대 그리스인들은 큰 곰(The Ursa Major)의 꼬리라고 생각했다(그림 1-1).

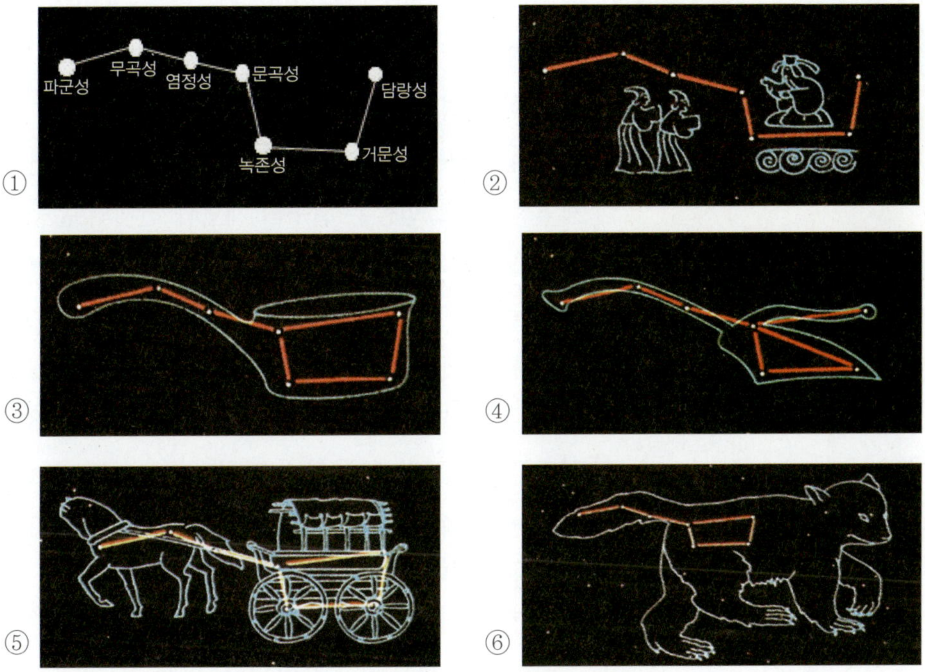

[그림 1-1] 인류가 상상한 북두칠성의 여러 모습

① 우리나라의 북두칠성, 7개의 징검다리

② 중국인들의 천상의 고위관료들

③ 북미 인디언의 큰 국자

④ 영국인의 쟁기

⑤ 중세 유럽인의 마차

⑥ 그리스인의 큰 곰의 꼬리

천문과 자연현상을 가만히 관찰하고 좀 더 꼼꼼하게 관측하였던 고대 바빌로니아인들은 해와 달, 별의 움직임을 기록하기 시작하였고, 그 운행의 법칙을 알아내기 시작하였다. 바빌로니아인들은 BC 2,000년경 위대한 바빌론과 메소포타미아의 청동기 문명을 이룬 민족이며 천문학 연구의 선구자들이었다. 바빌로니아는 메소포타미아 유역에서 시작된 고대 국가로서 오늘날 바그다드에서 페르시아 만

[그림 1-2] 수메르인의 우주관

BC 5천 년 전부터 유프라테스강 유역의 수메르인들은 지구는 하늘이라는 둥근 천장에 덮인 평평한 땅이고, 천장과 땅 사이에 태양, 달, 행성, 항성들이 들어차 있다고 생각했다.

에 이르는 이라크 남부지역이다. 바빌로니아의 수도 바빌론은 초기 인류의 문명을 꽃피우며 수천 년 동안 이 지역 문명의 중심지였다. 그러나 제국이 등장하기 전인 BC 3,200년 전에도 도시국가의 연합체였던 수메르인들은 천구의 개념과 천체의 운동을 설명하려고 노력하였으며 인류 최초로 문자와 법전을 만들었고, 60진법과 태양력, 화로와 쟁기도 발명하는 등 메소포타미아 문명의 발상지였다. 3,000년 이상 문명을 꽃피웠던 바빌로니아는 BC 538년 신흥국가 페르시아에 의해 멸망당했고, BC 331년 알렉산드로스 대왕이 바빌론을 정복하면서 그리스 시대가 되었다.

파인만은 과학자에는 바빌로니아인과 그리스인이라는 두 종류가 있다고 했다(Leonard Mlodinow, 2004). 바빌로니아인은 숫자와 방정식, 기하학의 이해에서 과학사의 첫 큰 걸음을 내디뎠다. 그러나 우리는 과학을 일으킨 사람들은 탈레스, 피타고라스, 유클리드 등 훗날의 그리스인이라고 이야기한다. 바빌로니아인은 어떤 계산 방법이 효과가 있느냐, 즉 실재하는 물리적 상황을 적절하게 묘사하느냐 하는 문제에만 관심을 가졌을 뿐 그것이 정확한가, 더 큰 논리 체계와 잘 맞는가 하는 문제에는 별 관심을 갖지 않았기 때문이다. 반면 탈레스를 비롯한 그리스인들은 정리와 증명이라는 개념을 만들어냈으며, 어떤 진술이 공표된 공리나 가정의 체계에서 나온 정확한 논리적 결과물일 때에만 그 진술을 참으로 여겼다. 바빌로니아인은 현상에 초점을 맞추었고 그리스인은 그 밑에 깔린 질서와 철학을 찾는 데 초점을 맞추었던 것이다.

이와 같은 자연에 대한 두 가지 접근 방법은 둘 다 강력한 과학적 도구로서 큰 힘을 발휘할 수 있었다. 그리스인의 방법은 수학의 논리적 기제의 힘을 최대로 동원할 수 있었으며, 바빌로니아인의 방법은 관측과 경험을 바탕으로 상상력의 자유를 허용함으로써 엄격성이나 정당화보다는 자신의 본능이나 자연에 대한 직감을 중요시하였다. 그리스 시대 철학자들의 주장은 과학적인 관측을 토대로 하는 것이 아니라 철학적인 사고를 바탕으로 하였다. 지구는 특별한 존재이며, 하늘에서 일어나는 움직임은 지구상의 현상과는 관계가 없다는 가정에서 출발했다. 즉, 우주란 수많은 별과 행성들이 지구 주위를 영원히 맴도는 것이며 지구상에서 일어나는 일들은 우주의 운동과 아무런 상관이 없다고 생각하였다. 그러나 바빌로니아 천문학자들은 하늘에 나타나는 현상들을 아주 정확하게 관측했다. 그들은 우주의 위치를 알려고 하기보다는 정확하게 관측하여 신뢰성 있는 천체 관측 자료를 만들고, 그것을 바탕으로 정확한 예측을 하는 데 더 큰 관심을 보였다. 그리스인도 하늘에 관해 정확하게 알려고는 했지만, 바빌로니아인의 관측 자료를 개선하는 데까지 나가지 못했다. 그리스인들은 천문학을 철학적으로 이해하려고 하였고, 하늘은 완전성을 찾을 수 있는 곳으로 여겼다. 그들에게 태양과 달, 별 등의 일주 운동이 원운동으로 나타나는 것은 당연하였다. 원은 완전한 도형이기 때문이다.

과학적 관측보다는 철학적 사고를 중요하게 생각하였던 그리스 시대의 플라톤(Platon, BC 428~348)은 별을 영원, 불변의 신성한 것으로 보고 지구를 중심으로 완전한 원운동을 한다고 생각하였다. 불규칙하게 보이는 행성들의 운동을 원운동의 조합의 결과로 설명하였다. 이러한 우주관은 아리스토텔레스(Aristoteles, BC 384~322)로 이어져서 발전하였다.

❖ 아리스토텔레스의 지구 중심 우주관

아리스토텔레스의 지구 중심 우주관은 중세에 이르기까지 유럽인들의 지배적

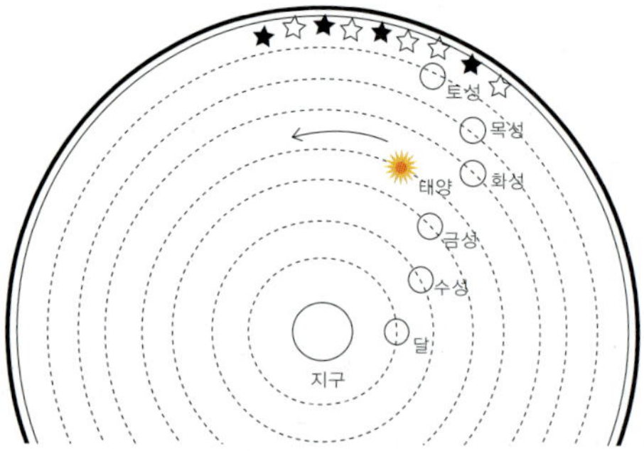

[그림 1-3] 아리스토텔레스의 지구 중심 우주관

과학적인 관측이 이루어지지 못한 그리스의 아리스토텔레스 시대에는 지구를 중심으로 해와 달 등 모든 천체들이 완전한 원운동을 한다고 생각했다.

인 사고 체계의 중심을 이루었다. 우주 전체는 크기가 다른 7개의 구로 이루어져 있으며 지구가 이들의 공통 중심을 이룬다. 달과 태양, 여러 행성 및 별 등은 각 위치에서 완전한 원운동을 한다는 것이다.

그런데 아리스토텔레스는 지구 중심의 우주관을 설명하면서 지구가 공과 같이 구형이라고 보았으며, 우주에 관한 통합된 설명을 과감히 시도하였다. 그렇다면 그때 당시 지구가 둥글다는 것을 어떻게 받아들일 수 있었을까? 그 시대의 전통적인 개념에 따르면, 만약 지구가 둥글게 생겨서 우리와 정반대에 살고 있는 사람들은 이미 끝없는 공간으로 떨어져 버렸다고 생각할 수밖에 없었을 것이다. 논리와 철학적 사유를 중시했던 그리스 시대에 지구가 둥글다는 개념이 사람들에게 받아들여지기까지 그 당시 극복하여야만 했던 거부감과 편견은 대단했을 것이다.

아리스토텔레스는 우주 공간을 두 부분으로 나누고, 태양과 달, 그리고 별과 같은 천체물의 자연적 위치는 천구의 각기 다른 층에 고정되어 있어서 천구가 원운동을 함에 따라 이들도 함께 원운동을 한다고 생각했다. 지표면 근처의 모든 물체의 자연적 위치는 지구 중심이고, 이것이 물체가 지면을 향해 떨어지려는 경향을 설명해 준다. 아리스토텔레스의 공간 개념은 고대 그리스 사람들이 축적해 놓은 자연에 대한 지식을 토대로 발전되었으며, 실제로 그것은 그 당시 사람들의 자연에 대한 지식과 일치했다. 과학이 발전함에 따라서 새로운 지식이 낡은 것들을 대치하게 되었고, 이에 따라 관측과 합리적인 사고 등으로 우주에 대한 관념도 점차 새로운 것으로 발전되었다.

고대 그리스인들은 아리스토텔레스의 우주관을 갖고 천체의 운동을 관측하였다. 밤하늘의 별을 관측하는 가운데 '붙박이 별'처럼 뜨고 지는 일주운동만 되풀이하는 별들 이외에 이들과 다른 운동을 하는 5개의 별들에 주목하였다. 이 5개의 별들은 천구상에서 기묘하고 복잡한 운동을 하였다. 몇 달 동안에 걸쳐서 다른 별들 사이를 천천히 헤매듯 움직이다가 때로는 고리 모양을 그리면서 반대 방향으로 진행하기도 하였고, 밝기도 변하였다. 그래서 이러한 5개의 '떠돌이 별'을 '헤메는 자, 방랑자'라는 뜻의 그리스어 플라네타이(planetai)를 어원으로 하여 행성(planet)이라고 불렀다. 태양계의 5개 행성(수성, 금성, 화성, 목성, 토성)은 육안으로도 충분히 볼 수 있을 정도로 밝다. 특히 새벽과 초저녁에 볼 수 있는 금성(−3.8~−4.6 등급)은 우리나라에서 샛별, 개밥바라기, 태백성이라 불렸으며 하늘에서 가장 밝은 별 1등성보다도 100배나 더 밝은 행성이다. 이들 행성을 매일 밤 관측해보면 천체의 일주운동과 달리 천구상의 별자리 사이를 조금씩 옮겨 다니는 것을 알 수 있었다. 행성의 이러한 운동은 지구에 대한 행성의 상대적인 공전운동의 효과에 의한 겉보기 운동인 것이다.

❖ 프톨레마이오스의 천동설

천구상에서 행성의 겉보기 운동은 특별하여 그리스 이전 시대부터 많은 관측 데이터가 축적되어 왔다. 특히 수성과 금성의 경우 항상 태양을 중심으로 좌, 우 일정한 각 내에서만 관측된다. 즉, 수성과 금성은 한밤중에는 관측할 수 없고 해뜨기 직전인 새벽이나 해가 진후 초저녁에만 관측할 수 있음을 알았다. 이들이 태양에서 가장 멀리 떨어져 있을 때 태양으로부터의 각 거

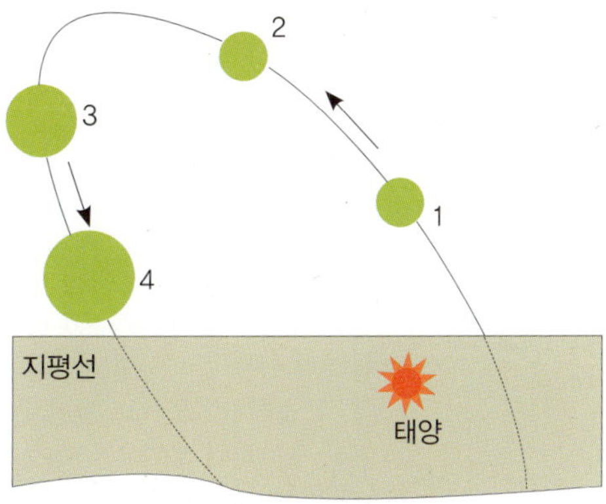

[그림 1-4] 금성의 겉보기 운동

태양이 지고 난 초저녁에 금성이 뜨는 위치를 매일 관측하면 1-2-3-4와 같이 이동하여 태양을 중심으로 겉보기 운동하는 것을 알 수 있다.

리를 최대이각이라고 하는데, 수성은 28°, 금성은 약 48°의 값을 갖는다.

AD 140년경에 프톨레마이오스[1](Ptolemaeos)는 이러한 행성들의 특이한 겉보기 운동을 잘 설명할 수 있도록 아리스토텔레스의 천동설을 수정하여 수학대계(Syntaxis mathematica)라는 논문으로 발표하였다. 프톨레마이오스는 행성들이 주전원이라는 작은 원 주의를 돌면서 이심원이라는 큰 원을 따라 움직이는 것으로 설명했다. 그 후 아랍의 번역가들이 최고의 책이라는 의미의 "알마게스트(Almagest)[2]"로 프톨레마이오스의 지구중심설(천동설)을 집대성하여 현재까지 전해지고 있다.

프톨레마이오스는 우주의 중심에는 지구가 있고, 그 둘레를 달과 태양 및 행성들이 돌고 있는데, 달과 태양은 단순한 원운동을 하고 있지만, 행성들은 이심원을 중심으로 주전원 위에서 작은 원운동을 하면서 지구의 둘레를 돌고 있다고 생각했다. 프톨레마이오스의 우주 체계에 의하면 수성이나 금성과 같은 행성들이 항상 태양과 일정한 각도의 범위 내에서만 관측되는 사실은 주전원의 중심이 항상 태양과 같은 속도로 움직이기 때문이라고 하였다.

1) 프톨레마이오스(Ptolemaeos, 83?~168?)는 영어로 톨레미(Ptolemy)라고 불리우며, 고대 그리스의 천문학자이자 수학자, 지리학자, 점성학자이다. 프톨레마이오스는 그 이전의 플라톤, 아리스토텔레스 등으로부터 이어져오던 지구 중심 우주관과 천체 관측 사실, 데이터를 바탕으로 천동설을 체계화 했다. 당시 바빌로니아 천문학자들은 천체의 운동을 설명하는 데 관측 사실과 경험적 지식을 중시하였고, 히파르코스 같은 그리스의 천문학자들은 기하하적 모델을 사용하였다. 프톨레마이오스는 천체 관측 자료와 사고 방식 등은 히파르코스의 학설을 이어 받았으나, 이를 수학적인 방법으로 체계화하였다. 그의 천동설 체계는 알마게스트를 통해 중세 시대까지 1,500년 이상을 정치, 사회, 과학의 모든 분야에서 확고한 패러다임으로 영향을 미쳤다.

2) 알마게스트(Almagest)는 140년 경 프톨레마이오스에 의해 '최고의 책'으로 집대성(13권) 되었다. 이 책은 그리스의 천문학이 얻은 결과를 종합한 것이며, 또한 천문학자 히파르코스의 업적을 찾아볼 수 있는 주요한 자료이다. 프톨레마이오스는 태양과 달, 다른 행성들의 운동에 대해서 프톨레마이오스 체계라고 알려진 지구중심설(천동설)을 확립했으며, 모든 물체가 우주의 중심으로 떨어지기 때문에 지구는 우주의 중심에 고정되어 있어야 한다고 주장했다.

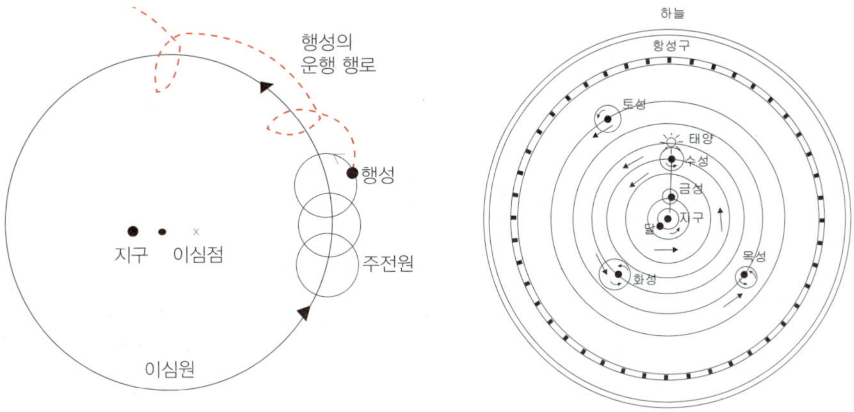

[그림 1-5] 프톨레마이오스의 지구 중심 우주 체계(천동설)

행성이 주전원 위를 움직이고 주전원의 중심은 이심원을 따라서 돈다. 이러한 우주 체계는 먼 거리에 있는 배경 별 사이를 움직이면서 행성이 역행 운동하는 현상도 잘 설명해 준다(좌). 행성과 태양, 달 등 모든 천체들은 지구를 중심으로 원 운동한다(우).

프톨레마이오스의 천동설은 아리스토텔레스의 과학과 중세의 신학이 결합됨으로써 중세 시대의 정치와 경제, 사회, 과학 등 전체를 지배하며 천 년 이상 동안 널리 믿어져 왔다. 그러나 관측 도구가 점차 발달하여 행성의 운동을 보다 더 정밀하게 관측할 수 있게 됨에 따라 천동설은 점점 수정되었다. 결국, 16세기에 이르러서는 잘못된 이론으로부터 사실을 설명하려는 모순 때문에 관측된 천체들의 운동을 설명하기 위해서는 무려 80여 개의 원의 조합이 필요하게 될 정도로 복잡하게 되어 버렸다.

미니탐구 1

※ 다음은 프톨레마이오스의 지구 중심 우주 체계(천동설)의 관점에서 금성의 운동을 나타낸 것이다. 지구의 관측자 입장에서 볼 때, 금성의 위상 변화를 생각해보자.

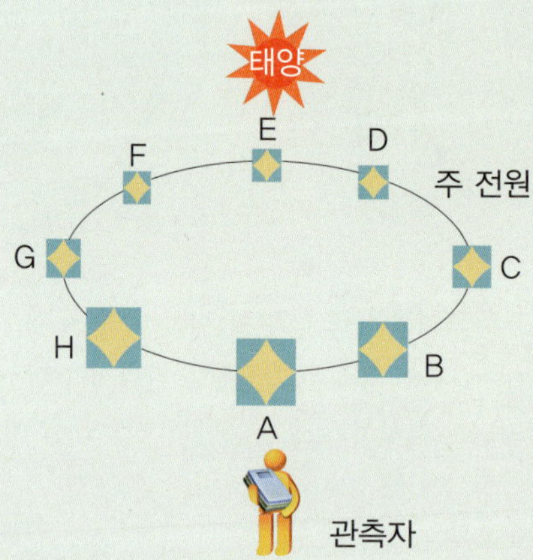

1. 금성의 위치(A–H)에 따라 위상(크기와 모양)이 어떻게 나타나는지 그려 보자.

A	B	C	D	E	F	G	H
○	○	○	○	○	○	○	○

2. 금성이 가장 크게 보일 때의 위치는?

3. 새벽에 볼 수 있는 금성의 위치는?

4. 천동설에 따른 금성의 위상 변화를 설명하시오.

5. 달의 위상과 천동설에 의한 금성의 위상 변화는 어떤 차이점이 있는가?

❖ 코페르니쿠스의 혁명적 발상의 전환

근대 과학이 싹트기 시작한 16세기에 들어서면서 프톨레마이오스의 복잡한 우주 체계에 의심하는 과학자와 신학자들이 늘어나기 시작했다. 신학자였던 코페르니쿠스(Nicolaus Copernicus, 1473~1543)는 "도대체 신이 만든 우주가 이렇게 복잡할 리가 없다"라는 생각으로 행성의 겉보기 운동을 간단하게 설명할 수 있는 새로운 우주 체계를 제안했다. 그의 대담한 제안은 우주의 중심이 지구가 아니라 태양이라는 것이다. 그동안 믿어져 왔던 프톨레마이오스의 천동설을 부정하고, 기원전부터 일부 그리스인들이 생각하였던 태양 중심의 우주를 체계화하여 그가 죽던 해(1543년) 「천체의 회전에 관하여(De revolutionibus orbium coelestium)[3]」로 출판되었다. 지구는 하루를 주기로 자전하며, 태양을 중심으로 1년 주기의 공전 운동을 하고 동시에 지축을 중심으로 하는 세차운동을 한다는 것이다.

그의 책 서문에는 '이 새로운 이론이 반드시 사실은 아니며, 천체의 겉보기 운동을 설명함으로써 앞으로의 위치를 예측하기 위한 단순한 수학적 수단으로 간주할 수 있는 것'이라고 쓰여 있어서 당시 종교적 신념과 과학 사이의 갈등을 피하려는 노력을 엿볼 수 있게 한다. 이 책은 1835년까지 금서 목록으로 묶여 있었으며, 종교 개혁가 마르틴 루터는 코페르니쿠스를 가리켜 '벼락 출세한 점성술사'라고 폄하하였다. 코페르니쿠스 시대는 인간 정신이 묶여 있던 암울한 시대였으며, 교회의 교리에 어긋나는 사람은 누구라도 추방과 고문, 죽음으로 처벌받아야 했던 시대였다.

3) 이 책은 총 6권으로 이루어져 있으며 우리나라에서도 번역본(민영기, 최원재 공역, 1998)으로 출판되어 있다. 이 책에서는 우주와 지구가 모두 구형이라는 것에서 시작하여 천체가 원운동을 하는 것처럼 지구 또한 원운동을 한다고 주장한다. 이에 따라 행성의 겉보기 운동의 불규칙성(역행, 최대이각 등)이 간단하고 합리적으로 설명될 수 있으며, 지구의 크기에 비하여 하늘은 매우 광대하다는 것에 대하여 서술했다. 그리고 고대인이 지구는 움직이지 않으며 우주의 중심에 있다고 생각한 이유가 서술되어 있고, 이에 대한 코페르니쿠스의 반론 등이 기술되어 있다.

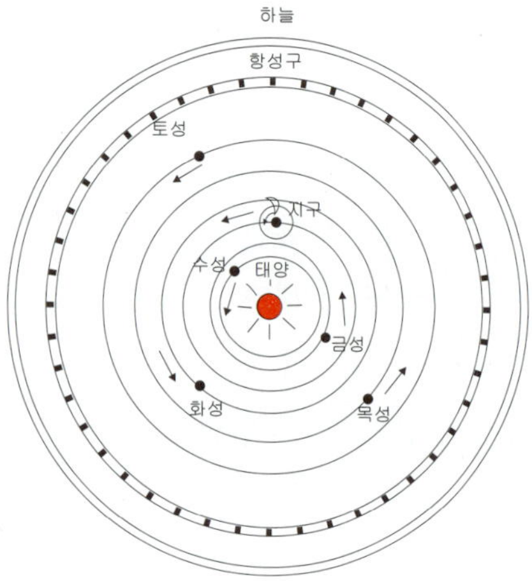

[그림 1-6] 코페르니쿠스의 태양. 중심 우주 체계 (지동설)

코페르니쿠스의 우주 체계는 일반인이 접하기 어려운 수학적 방법을 사용하였고, 지구가 공전한다면 당연히 관측되어야 할 연주 시차가 그 당시 관측 기술로는 불가능한 상황이어서 쉽게 받아들여지지 않았다. 또한 지구가 우주의 중심이라는 사고체계가 갖는 기득권 세력의 반발과 고정관념을 극복할 수 없었다. 코페르니쿠스의 혁명적인 우주관은 이후의 티코 브라헤와 갈릴레이, 케플러, 뉴턴 등으로 이어지면서 많은 관측과 이에 따른 새로운 증거의 발견으로 점차 입증되었다. 그럼에도 불구하고 코페르니쿠스의 우주 체계가 종교와 사회 분야에까지 온전히 받아들여지는 데는 300년 이상이 더 걸렸고, 1992년에 이르러서야 온전하게 인정받게 되었다.

1-2. 지구관의 패러다임 전환

❖ 패러다임이란?

지구의 운동과 우주 체계에 대한 천동설에서 지동설로의 변화를 보통 혁명적인 패러다임의 전환이라고 말한다. 여기서 말하는 패러다임이란 무엇일까? 원래 패러다임(paradigm)은 그리스어에서 범례 · 견본 · 모델 · 교훈 등을 의미하는 파라데이그마(paradeigma)에서 유래하였다. 현대의 과학 용어에서는 어떤 한 시대의 지식인들의 합의로 형성된 지식의 집합체 또는 사고의 체계를 말한다. 즉, 패러다임은 전문가들의 합의로 생성된 지식의 구조로서 사람들의 견해나 사고에 영향을 준다. 패러다임은 토마스 쿤(Thomas Khun, 1922~1996)의 「과학혁명의 구조(The

Structure of Scientific Revolution, 1962)」에서 처음 제시되었다. 쿤은 패러다임을 한 시대를 지배하는 과학적 인식 또는 이론, 관습, 사고, 관념, 가치관 등이 결합된 총체적인 틀 또는 개념의 집합체로 정의하였고, 어느 특정 기간에 과학계의 사고를 지배하는 개념 시스템이라고 하였다. 쿤에 따르면, 과학사의 특정한 시기에는 언제나 개인이 아니라 전체 과학자 집단에 의해 공식적으로 인정된 모범적인 틀이 있는데, 이 모범적인 틀이 패러다임이라는 것이다.

하나의 패러다임은 전혀 새롭게 구성되는 것이 아니라, 기존의 과학 위에서 혁명적으로 생성되고 쇠퇴하며, 다시 새로운 패러다임으로 대체된다고 하였다. 쿤이 설명하는 과학혁명의 구조는 '기존의 과학 → 패러다임 출현 → 정상과학 → 위기 → 과학혁명 → 새로운 패러다임의 출현 → 새로운 정상과학'의 순으로 진행된다. 이에 따르면, 과학은 더 많은 진리들이 끊임없이 축적되어 새로운 발견이 이루어지는 형태가 아니라, 혁명적으로 지배적인 학설이 변한다는 것이다. 이렇게 과학에 한정되어 있던 개념이 거의 모든 학문 영역으로 확대되어 어떤 분야를 지배하는 특정한 사고 체제 전체를 패러다임이라고 일컫게 되었다.

과학과 사회에서 어떤 패러다임을 받아들이게 되면 그 패러다임의 기본적인 철학적 전제는 더 이상 의문의 대상이 되지 않으며, 과학자들은 그 전제에 준한 조사와 분석, 연구에 주의와 노력을 기울인다. 그러나 자연은 그 어떤 정밀하고도 복잡한 과학적 이론보다 항상 다양하고 역동적이기 때문에 연구를 진행하다 보면 반드시 지배적인 패러다임과 양립할 수 없는 사실과 데이터가 발생하게 된다. 처음에는 정상과학의 패러다임에 도전하는 새로운 연구들은 권위와 주류 과학자로부터 억압되는 경향이 있다. 새로운 데이터가 후속 실험에서도 지지되고 개별 연구에 의해서 계속 증명될 때, 문제의 새로운 학문은 쿤이 '비정상적인 과학의 시기(a period of abnormal science)'라고 말한 심각한 패러다임의 위기에 직면하게 된다. 새로운 가설을 만들어 내려고 하는 노력과 개념을 수정하여 이를 펼치려고 하는 시도가 실패로 끝난 다음, 보다 대담하고 훌륭한 이론이 나오게 되고, 최종적으로 그와 같은 혼돈에서 하나의 대안으로서 검증된 이론이 새로운 패러다임의 승리로서 등장한다. 과학의 역사에서는 이러한 과정이 끊임없이 반복된다.

❖ 지동설로의 패러다임 전환

코페르니쿠스가 태양 중심의 우주 체계에 대한 새로운 패러다임을 주장하였지만, 이 주장이 받아들여져서 정상과학으로서 지동설 패러다임이 인정되기까지는 400년 이상의 지루하고도 힘든 과정을 극복해야 했다.

1) 티코 브라헤(Tycho Brache, 1546~1601)

〈티코 브라헤〉

티코 브라헤는 망원경이 발명되기 전부터 35년 동안 천체를 관측하는 데 일생을 보낸 인물이었다. 왕족이었던 브라헤는 신성(nova)을 체계적으로 처음 관측하여 이름지었고, 덴마크 국왕의 전폭적인 지원으로 우라니보르그(하늘의 성)라는 관측소를 세우고 평생을 천체 관측에만 몰두한 천문학자였다. 특히 화성 관측에 집중하여 관측오차 2' 이내의 놀라운 육안관측을 이루었다. 그는 코페르니쿠스의 지동설이 복잡한 행성의 운동을 간단히 설명하는 것에 호감을 갖고 지동설을 믿고 싶어 했으나, 별의 연주시차를 관측하지 못해 태양중심설을 부정하게 되었다.

미니탐구 2

보름달의 시직경은 30′(0.5°) 정도이다. 천구상에서 관측되는 시각 2′를 A4 크기의 용지에 기록한다고 해보자. 보름달을 그려보고 그 옆에 2′의 시차로 떨어져 있는 두 개의 별 위치를 작성해보자.

2) 요하네스 케플러(Johannes Kepler, 1571~1630)

가난한 집안에서 태어난 케플러는 고집 세고 명석하였으며 내성적이고 독립심이 강한 소년이었다. 18세가 되었을 때 개신교 신학자가 되려고 독일의 튀닝겐 대학에 입학했으나, 코페르니쿠스의 '천체의 회전에 관하여'를 읽고 천문학을 공부하게 되었다. 1599년에 케플러는 관측천문학자 티코 브라헤의 연구교수가 되었는데, 1601년 브라헤의 갑작스런 죽음으로 케플러는 그 스승의 지위와 행성 운동에 관한 방대하고 매우 정확한 천문학적인 자료들을 물려 받았다. 그는 21년 동안 지칠 줄 모르는 열정과 끈기를 가지고 브라헤의 관측자료 해석을 위해 성과 없는 시도를 수없이 하였다. 마침내 1609년, 행성 운동이 타원 궤도를 이루는 두 가지 법칙을 찾아 내었고, 10년 후인 1619년에는 우주의 운행 체계와 질서를 보여주는 조화의 법칙을 만들어 낼 수 있었다. 행성 운동의 원리를 보여주는 조화의 법칙은 천문학과 수학의 역사에서 획기적인 사건이었으며, 뉴턴은 이것을 증명하려고 노력하던 중에 만유인력을 유도할 수 있었다. 브라헤의 관측 자료로부터 이 법칙을 경험적으로 발견한 것은 과학에서 지금까지 만들어진 가장 괄목할 만한 귀납적 연구 중 하나이다. 케플러의 세 가지 법칙은 지동설의 완전한 증거였으나 그 당시의 천동설 패러다임이 갖고 있는 권위에 눌려서 빛을 발하지 못했다.

〈요하네스 케플러〉

3) 갈릴레오 갈릴레이(Galileo galilei, 1564~1642)

〈갈릴레오 갈릴레이〉

갈릴레이는 1609년 네덜란드의 청년 한스 리퍼쉬가 만들어낸 오페라 글라스를 응용하여 수십 배의 배율을 갖는 굴절망원경을 처음으로 개발하였다. 갈릴레이는 프톨레마이오스의 천동설 패러다임을 믿고 있었는데, 그가 망원경으로 관측한 사실들은 이를 부정하고 있었다. 1610년에 발간한 「별세계의 보고(Siderius Nuncius)」에서는 은하수가 별들의 집단임을 처음으로 보고하였고, 몇 가지 천동설에 반하는 새로운 관측 사실을 기록했다. 목성의 4개 위성[4]을 관측함으로써 모든 천체가 지구 중심으로 공전한다는 사실을 부정하게 되었고, 태양의 흑점과 달 표면의 운석자국 발견 등으로 모든 천체는 완전무결한 구형이라는 전통적인 생각에 회의를 갖게 되었다. 또한 금성의 위상 변화를 관측함으로서 지동설(태양 중심설)의 결정적인 증거를 찾았다. 그러나 종교재판 등으로 지동설을 주장할 수 없는 상황에 있었으므로, 간접적인 방법으로 대화 형태의 책 「두 가지 주요 세계관에 관한 대화(Dialogue Concerning Two Chief World System, 1633)」[5]를 통하여 지동설을 옹호하였다. 1633년에 열린 종교재판에서 갈릴레이는 지동설을 부정하고 천동설을 인정할 수밖에 없었지만 결국 유죄 판결을 받았다.

4) 갈릴레이가 처음으로 천체망원경을 개발하여 목성을 관측하면서 발견한 4개의 위성을 갈릴레이 위성이라고 한다. 목성으로부터 거리에 따라 이오(Io), 유로파(Europa), 가니메데(Ganymede), 칼리스토(Callisto)이며, 이중 가니메데가 가장 크고, 질량도 달의 2배나 된다. 이들의 궤도면은 목성의 적도면과 거의 일치하고, 궤도는 원에 가깝다. 겉보기 등급이 5~6등성으로서 작은 망원경이나 쌍안경으로도 관측이 가능하다. 이오의 공전주기는 2일 정도이며, 갈릴레이 위성이 목성 주변을 공전한다는 사실은 코페르니쿠스의 지동설에 더욱 힘을 실어 주게 되었다.

5) 이 책에서 갈릴레이는 살비아티와 사그레도라는 인물을 통해 당시 교회의 입장을 대표하는 심플리시오의 전통적이며 종교적인 천동설의 패러다임을 체계적으로 반박했다. 이 책의 발간으로 1633년 갈릴레이는 종교재판을 받게 되었다.

4) 조르다노 브루노(Giordano Bruno, 1548~1600)

로마 교황청의 수사였던 브루노는 '우주는 무한하게 퍼져 있고, 태양은 그 중에 하나의 항성에 불과하며 밤하늘에 떠오르는 별들도 모두 태양과 같은 종류의 항성이다'라고 하면서 외계인의 존재 가능성까지 주장했다. 자신의 신념을 끝까지 버리지 않은 그는 로마 교황청으로부터 이단의 혐의로 유죄를 선고받아, 1600년 로마에서 공개적으로 화형에 처해졌다. 브루노의 화형은 이탈리아에서 자유로운 과학과 문화 활동이 가능했던 르네상스 시대의 종말을 상징하는 것이다. 부루노의 화형 현장에는 36세의 갈릴레이가 지켜보고 있었다.

〈조르다노 브루노〉

5) 아이작 뉴턴(Isaac Newton, 1642~1727)

티코 브라헤의 행성 관측 자료에 바탕으로 이루어진 케플러의 법칙을 이론적으로 설명하는 과정에서 뉴턴은 만유인력의 법칙을 발견하고, 이를 1687년에 발표하면서 치열하게 전개되던 천동설과 지동설의 논쟁에 종지부를 찍었다. 그럼에도 불구하고 종교계에서는 지동설을 받아들이지 않았고 더 결정적인 지동설의 증거인 연주시차의 발견을 요구했다.

미니탐구 3

갈릴레이는 망원경으로 금성을 관측한 결과, 금성의 위상(모양과 크기)이 다양하게 변하는 것으로 보아 금성은 지구가 아니라 태양을 중심으로 공전하고 있다는 사실을 알아냈다.

※ 다음은 망원경을 이용하여 같은 배율로 금성을 촬영한 사진이다. 15일 간격으로 관측하였으며 금성의 시직경(Apparent diameter)을 측정하였다.

60″ 51″ 42″ 31″ 24″ 18″ 15″ 10″

1. 달과 태양의 시직경은 약 0.5° 이다. 금성의 시직경과 비교해 보시오.

2. 지구로부터 금성이 가장 가까울 때와 가장 멀리 떨어져 있을 때, 거리의 비는 어느 정도인가?

3. 금성의 위상 변화가 천동설을 부인하는 사실은 무엇인가?

미니탐구 4

어느 날 대전지역에서 태양이 진 직후 남쪽 하늘에서는 달과 목성이 관측되었고, 남서쪽에서는 금성이 관측되었다.

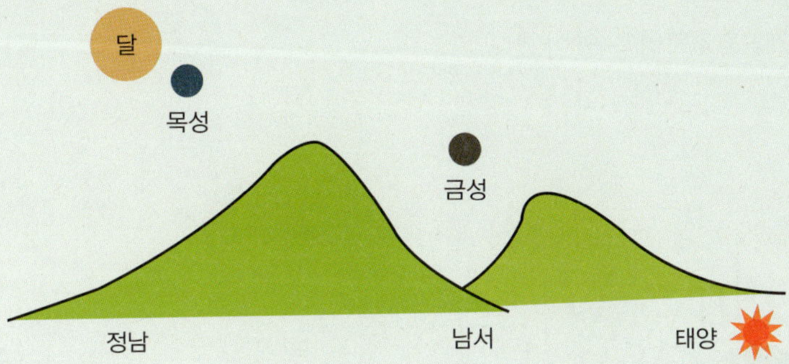

1. 이날 천체들이 뜨는 시각은 어떤 순인가?

2. 이날 밤 금성의 공간적 위치는 그림에서 어디인가?

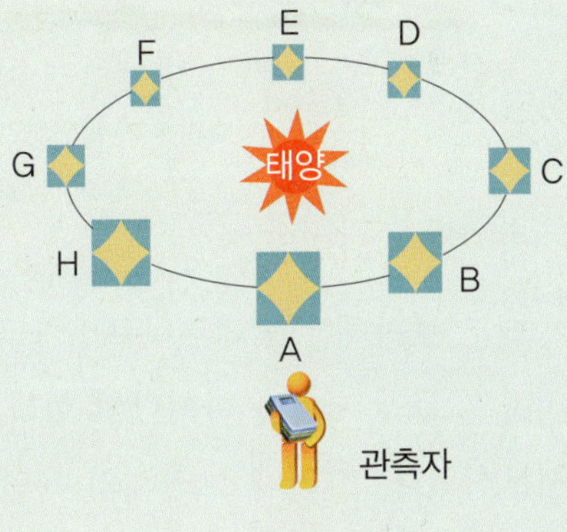

3. 이날 밤 달의 위상은 무엇인가?

4. 앞으로 목성의 밝기는 점점 어떻게 될까?

6) 광행차의 발견(Bradley, 1727년)

영국의 천문학자 브래들리(James Bradley, 1693~1762)는 연주시차를 관측하려고 용자리에서 시차를 측정하던 중에 우연히 광행차를 발견하였고(1727년), 지구의 공전속도까지 계산할 수 있었다. 즉, 지구의 공전 때문에 지구상에서 항성의 겉보기 위치는 1년을 주기로 20.47″의 차이가 생기며, 지구의 공전속도는 광속의 1/10,000(tan20.47″)임을 알아냈다.

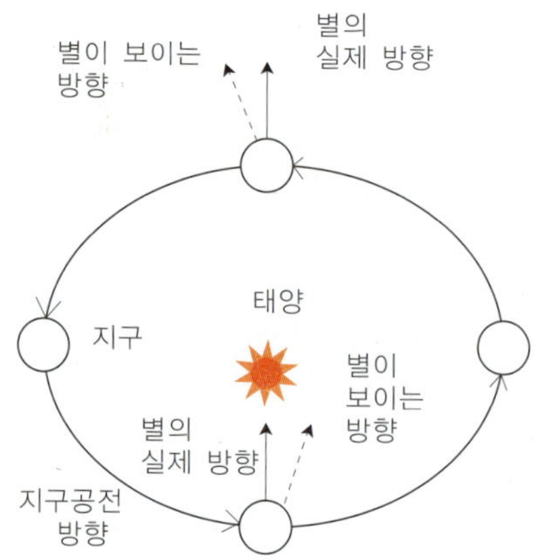

[그림 1-7] 광행차의 원리(좌)와 지구 공전과 광행차(우)

7) 연주시차의 발견(Bessel, 1838년)

티코 브라헤는 코페르니쿠스가 주장한 지동설이 옳다면 지구가 태양 주위를 공전하는 동안 시차가 나타나야 한다는 데 착안하여, 별에 대한 시차를 측정하려고 시도하였다. 그러나 브라헤의 육안관측 분해능은 2′ 정도로서 0.1″ 단위의 연주시차를 관측하는 것은 처음부터 불가능한 상황이었다. 별의 연주시차를 처음으로 관측한 천문학자 베셀(Bessel, 1784~1846)은 1838년 백조자리 61번 별에서 연주시차 0.3″를 측정했다. 이러한 연주시차의 측정은 지구가 태양 주위를 돌고 있다는 가장 확실한 증거이다. 그러나 지구에서 가장 가까운 별인 센타우리 α 별(프록시마)의 연주시차조차도 약 0.76″(4.3Ly)로서 매우 작아서 측정하기가 어렵다. 한편, 멀리 떨어진 별일수록 연주시차는 더욱 작아지므로, 최근에 측정 기술이 많이 발전하였어도 0.01″ 이하의 거리가 먼 별의 연주시차 측정에는 한계가 있다.

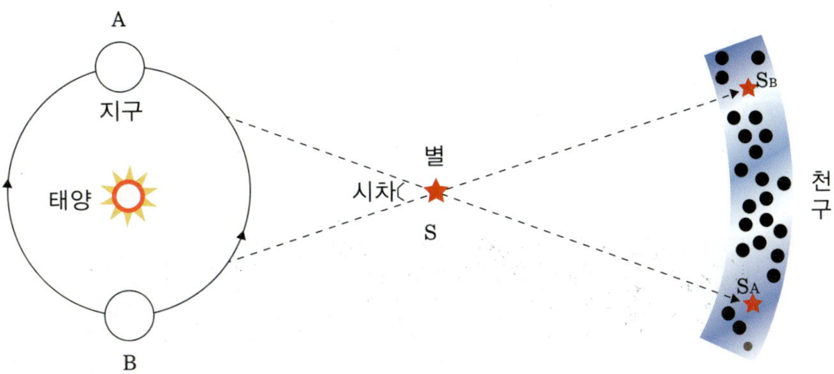

[그림 1-8] 별의 연주시차

태양을 중심으로 공전하는 지구의 A와 B에서 관측할 때, 별(S)은 천구상에서 S_A와 S_B에 위치하는 것으로 보인다. 이때 시차의 1/2을 연주시차라고 한다.

8) 로마 교황청, 갈릴레이 복권(1992)

1992년 10월 31일, 교황 요한 바오로 2세는 360년 전 지동설을 주장했다는 이유로 정죄된 갈릴레이를 복권시켰으며, 교회가 과학적 사실을 주장한 과학자를 무고하게 이단으로 본 것에 대하여 사과했다. 이로써 코페르니쿠스의 지동설 패러다임이 450년 만에 비로서 새로운 정상과학으로 일반화되었다.

탐구 1: 금성의 모양과 크기 변화

[그림 1-9]는 금성의 운동과 내합과 외합, 최대이각을 나타내고 있다. 태양과 금성, 지구가 일직선 위에 있을 때를 합이라고 하는데, 금성이 지구와 태양 사이의 안쪽에서 일치할 때를 내합(A), 태양 바깥쪽 가장 먼 곳에 위치할 때를 외합(E)이라고 한다. 태양-지구-금성이 이루는 가장 큰 각을 최대이각이라고 하는데, 금성이 태양의 왼쪽, 즉 동쪽에서 최대이각을 이룰 때 동방최대이각(a)이라고 하며, 태양의 오른쪽, 즉 서쪽에서 최대이각일 때 이를 서방최대이각(b)이라고 한다.

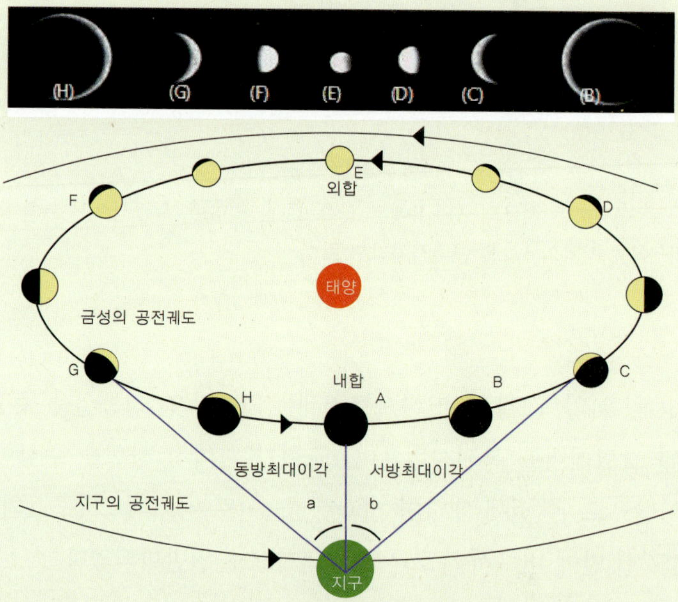

[그림 1-9] 금성의 운동과 위상 변화

금성의 겉보기 운동이 서에서 동으로 이동할 때를 순행, 동에서 서로 이동하는 것을 역행이라고 한다. 태양과 금성의 상대적인 위치에 따라 금성의 모양과 크기는 달라지는 위상 변화가 나타난다. 금성은 초저녁 서쪽 하늘과 새벽녘 동쪽 하늘에서 보이는데, 초저녁에는 상현 모양(F-G-H)이 보이고, 새벽에는 하현 모양(B-C-D)을 볼 수 있다.

1. 새벽에 볼 수 있는 금성은 어느 것이고, 그 위상은 어떠한가?

2. 초저녁에 볼 수 있는 금성은 어느 것이고, 그 위상은 어떠한가?

3. 금성의 위상 변화를 천동설로 설명할 수 없는 것은 무엇인가?

4. 지구와 태양까지 거리는 1AU이고, 금성의 최대이각이 45° 라고 할 때, 지구에서 금성까지 거리는 얼마인가? (단, sin45°=0.7, 금성의 공전궤도는 원이다.)

탐구 2: 시차로 측정한 내 팔의 길이는?

※ 자를 갖고 칠판에 10cm 간격의 눈금을 1m 정도 표시하고, 칠판 앞에서 5m 73cm 떨어진 위치를 교실 바닥에 표시한다. 교실 바닥의 칠판 앞 5m 73cm 떨어진 위치에 서서 자신의 팔을 충분히 앞으로 뻗고, 주먹을 쥔 손에서 새끼 손가락을 위로 뻗는다. 먼저 실험을 통해 새끼 손가락이 가리는 시각이 몇 도(°) 정도인가를 알아보자.

1. 칠판에 표시된 10cm 간격은 5m 73cm 떨어진 위치에서 보면 몇 도(°)에 해당하는가?

2. 학생의 새끼 손가락은 칠판에 표시된 간격을 대략 얼마만큼 가리키는가? 따라서 학생의 새끼 손가락의 시각은?

※ 다음으로 시차를 이용해 자신의 팔 길이를 추정해보자.

교실 바닥의 칠판 앞 5m 73cm 떨어진 위치에 서서 자신의 팔을 충분히 앞으로 뻗고 주먹을 쥔 손에서 새끼 손가락을 위로 뻗는다. 이때 새끼 손가락을 바라보며 양 눈을 교대로 떴다 감았다 하면서 손가락이 칠판 위에 표시한 간격 사이를 좌우로 왔다 갔다 이동하는 모습을 관측한다. 이것이 양 눈에 의한 손가락의 시차다.

3. 손가락의 시차에 의해 관측된 칠판 위의 이동 간격은 얼마나 되는가? 이는 시차 몇 도(°)에 해당하는가?

4. 이 시차에 의한 팔의 길이를 추정하기 위해 필요한 것은 무엇인가?

5. 시차에 의한 나의 팔의 길이는 얼마인가?

6. 자로 자신의 팔 길이를 직접 측정해보면 시차에 의한 측정과 얼마만큼 다른가? 이 오차의 원인은 무엇인가?

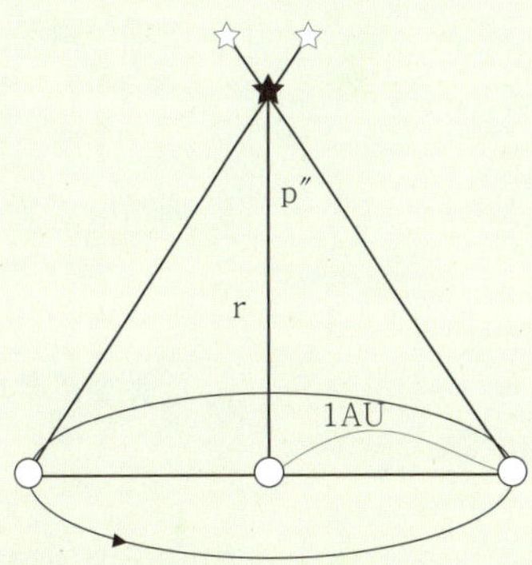

※ 별까지의 거리도 연주시차(Annual parallax)로 측정하여 알아낼 수 있다. 연주시차는 천구상의 어떤 천체를 바라보았을 때 지구의 공전에 따라 생기는 시차를 뜻하며, 지구 공전의 결정적인 증거이다. 연주시차는 실제 관측되는 시차의 절반으로서 별의 연주시차(p″)를 측정하면 천체까지의 거리를 구할 수 있다. 그러나 대부분의 별은 매우 멀리 있어서 시차가 아주 작기 때문에 연주시차로 천체와의 거리를 구하는 것은 한계가 있다. 연주시차가 1″ 인 별까지 거리를 1pc이라고 하며 약 3.26Ly에 해당한다. 현재의 망원경 관측 기술로는 약 0.01″ 까지 관측이 가능하므로 100pc 이상의 거리는 연주시차로 구할 수 없다.

7. 1pc에 해당하는 거리(AU)는 얼마인가?

정리하기

1. 북두칠성에 대한 각 민족의 다양한 이야기를 설명하시오.

2. 아리스토텔레스의 지구 중심 우주관에 대하여 설명하시오.

3. 프톨레마이오스의 천동설을 설명하시오.

4. 코페르니쿠스의 지동설을 설명하시오.

5. 패러다임을 설명하시오.

6. 천동설로부터 지동설로의 패러다임 전환에 관하여 스토리텔링하시오.

7. 지동설 패러다임이 정상과학으로 발전할 수 있도록 한 티코 브라헤와 케플러, 갈릴레이의 역할을 스토리텔링하시오.

8. 지동설에 관한 과학적 신념을 끝까지 지킴으로써 화형을 당했던 브루노와 과학적 신념을 목숨과 바꾸었던 갈릴레이와 비교하고, 그들에게서 배울 수 있는 과학자의 태도에 대하여 설명하시오.

9. 금성의 위상 변화가 지동설의 증거가 될 수 있는 이유를 설명하시오.

10. 지구 공전의 증거로서 광행차와 연주시차에 대하여 설명하시오.

제1장 참고자료

Copernicus, N.(1543). 천체의 회전에 관하여. 민영기, 최원재 역. 서울: 서해문집; De revolutionibus orbium coelestium.

Ferguson K.(2002). 티코와 케플러. 이충 역. 서울: 오상; Tycho & Kepler. Walker & Company.

Kepler J.(1596). The secret of the universe(Mysterium Cosmographicum). Translation by A. M. Duncan and Bernard Cohen. New York: Abaris Books, 1981.

Kuhn, T. S.(1962). 과학혁명의 구조, 김명자 역. 서울: 까치; The Structure of Scientific Revolutions. 1st. ed., Chicago, University of Chicago Press.

Mlodinow, L.(2003). 파인만에게 길을 묻다. 정영목 역. 서울: 세종서적; Feynman's Rainbow : A Search for Beauty in Physics and Life. Warner.

Sagon C.(1985). 코스모스. 홍승수 역, 서울: 사이언스북스; Cosmos. Ballantine Books.

Zeilik M. andgregory S. A.(1997). 천문학 및 천체물리학. 강혜성 외 역. 서울: 센게이지러닝코리아(주); Introductory Astronomy and Astrophysics. Brooks Cole.

제1장 탐구 해설

〈미니탐구 1〉

1. 

2. A 부근(B, H)

3. B−C−D

4. 금성 위상은 삭에서 현까지만 나타난다.

5. 달은 삭~망까지 모든 위상을 볼 수 있으나 금성에서는 현 이상(반달~보름달)은 나타나지 않는다.

〈미니탐구 2〉 보름달의 $\frac{1}{5}$ 크기로 서로 떨어져 있음

〈미니탐구 3〉

1. $0.5^\circ=30'=1,800''$ 이다. 금성의 위성이 가장 클 때 시직경이 $60''$ 이므로 밤하늘에서 보름달은 금성의 30배 크기로 보인다. 금성이 가장 작을 때는 보름달이 180배 더 크다.

2. 약 6배(거리와 크기는 반비례한다.)

3. 천동설에서는 금성의 위상이 삭~현 사이의 위상만 나타날 수 있다. 그런데 망원경으로 관측한 금성의 위상이 현 이상의 부푼 하현과 망에 가까운 위상이 관측되었다.

〈미니탐구 4〉

1. 태양−금성−목성−달

2. H

3. 상현(반달)

4. 위상이 커지고 보름달 형태가 되면서 밝아진다.

〈탐구 1〉

1. B~D, 하현~망
2. F~H, 망~상현
3. 천동설에서는 금성의 위상이 삭~현 사이의 위상만 나타날 수 있다. 그런데 망원경으로 관측한 금성의 위상이 현 이상의 부푼 하현과 망에 가까운 위상이 관측되었다. 이것은 금성이 지구와 태양 사이에서 태양을 중심으로 공전할 때 나타날 수 있는 위상이다.
4. 0.3AU

〈탐구 2〉

1. $2\pi r = 10cm = 360^\circ : \chi \quad \therefore \chi = \frac{10}{573} \times \frac{360^\circ}{2\pi} = 1$
2. 대개 10cm 정도로서 시각은 1° 임
3. 대개 55~70cm 정도. 이 값은 손가락의 시차가 5.5~7° 정도가 됨을 의미한다.
4. 이 시차를 갖고 팔의 길이를 추정하기 위해서는 양 눈동자 사이의 거리를 알아야 한다. 대개 사람의 두 눈동자 사이의 거리는 6cm 정도이다.
5. 추정되는 팔의 길이는 눈동자 사이의 거리가 6cm이고 시차가 6.5° 일 때이다.
6. 눈으로부터 잰 팔의 길이는 시차로 측정한 팔의 길이와 ±5cm 내외의 오차가 생긴다. 이 오차는 일반적으로 칠판 위의 간격을 원호에 표시해야 하나 평면에 표시해 실험을 한 것, 팔의 길이와 두 눈동자 사이의 거리를 자로 측정할 때 발생하는 오차, 실험을 할 때 팔을 뻗은 상태가 일정치 않아 생길 수 있다.
7. $360^\circ : P'' = 2\pi r : 1AU \Leftrightarrow r = \frac{360^\circ}{2\pi}\frac{1AU}{P''} = \frac{206,265AU}{P''} = \frac{1}{P''}(pc) \therefore 1pc = 206,265AU$

Chapter_ 2

지구시스템과 과학의 탐구 방법

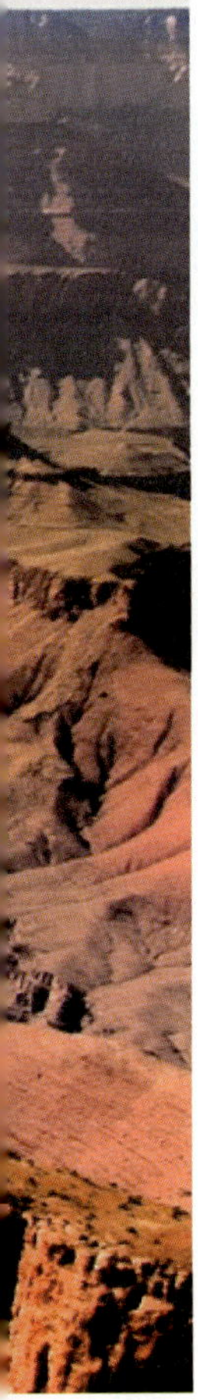

투발루 – 백두산 – 그랜드캐니언 – 한라산

(수권–기권–지권–생물권)

상상력의 힘은 우리를 무한하게 만든다. 자연에 존재하는 한 가지 사물을 끄집어낼 때, 그것이 지구의 나머지 부분과 관련이 있다는 것을 알게 될 것이다.

존 뮤어(John Muir, 1838~1914)

진리는 결국 자신의 원인을 드러내기 마련이다. 그리고 무언가의 원인을 밝히는 것에만 관심을 쏟는 사람들은 그 이외의 일에는 관심을 두지 않는다. 진리를 찾는 것은 지난한 일이고 그것에 도달하는 길은 거칠기 짝이 없다.

이븐 알하이삼(Ibn al-Haitham, 965~1039)「광학의 서, 1021」에서

「광학의 서」에서는 빛이 직진한다는 것을 추측이 아닌 관찰을 통해 증명하였다.

이것은 최초로 과학적 방법을 사용하여 자연 현상을 설명한 기록 가운데 하나이다.

격변적인 홍수가 자연의 펼쳐진 드라마에 때때로 중요한 역할을 할 수도 있었음을 우리에게 끈기 있게 가르쳤던 사람이다.

하렌 브레츠(Harlen Bretz, 1882-1981)의 묘비

제2장 지구시스템과 과학의 탐구 방법

지구는 하늘과 바다, 땅, 생물 등 주요한 4가지 시스템들이 서로 역동적인 상호작용을 하면서 하나의 커다란 지구시스템을 구성한다. 복잡하고 역동적으로 서로 얽혀 있는 지구시스템을 이해하고 통찰하기 위해서는 과학적인 탐구 과정이 필요하다. 자연에 대한 과학 탐구의 시작은 관찰과 문제인식으로부터 시작되며 실험과 증거, 과학자들의 동의를 거쳐 이론과 법칙으로 발전한다. 제2장에서는 시스템으로서의 지구와 이를 제대로 이해하기 위한 과학 탐구의 방법에 대하여 알아본다. 과학 탐구의 사례로서 거대한 협곡의 생성과정 연구 사례와 대륙의 이동 연구 과정을 제시했다. 또한 지구시스템에 대한 더 깊이 있는 이해를 위해 문턱효과와 되먹임 작용 등을 알아보고자 한다.

2-1. 시스템으로서의 지구

2-2. 과학의 탐구 방법

2-3. 지구시스템에 관련된 개념

2-1. 시스템으로서의 지구

❖ 지구를 이루는 4가지 권

지구를 생각하면 제일 먼저 단단한 땅으로 이루어진 고체 행성을 떠올리게 된다. 그러나 지구를 이루는 것은 지각의 땅덩어리뿐만 아니라 바다와 대기, 그리고 그곳에 살고 있는 모든 생물체를 포함한다. 지구는 물의 행성 또는 푸른 행성이라 불리울 정도로 지구 표면의 2/3 이상이 물로 덮여 있다. 물은 생명의 근원이자 생명체를 유지하는 원동력이다. 지표면의 물은 강과 호수, 바다를 이루고, 빙하와 지하수의 형태로 존재한다. 이처럼 지구에서 물로 덮인 부분을 수권(hydrosphere)이라고 한다. 수권의 바닥을 이루는 부분과 지표면, 토양 및 암석, 지구 내부 등 고체 부분을 지권(geosphere)이라고 하며, 지구 표면 위 기체로 구성된 층을 기권(atmosphere)이라고 한다. 지구를 이루고 있는 수권과 지권, 기권을 토대로 살아가는 모든 생명체를 생물권(biosphere)이라고 한다.

지구의 4가지 주요 권들은 서로 상호작용하고 영향을 주면서 역동적인 운동을 한다. 대기권에서는 바람과 구름, 토네이도 등 각종 기상 현상과 대기운동이 나타나고, 수권에서는 해류와 파도, 조석현상, 강물, 쓰나미 등의 운동이 일어난다. 기권과 수권보다는 뚜렷하지 않지만 지권에서도 역동적인 대륙 이동과 습곡산맥, 풍화와 침식, 퇴적작용 등이 일어난다. 생물권은 각종 생물이 서식하는 영역으로서 지권의 최상층과 수권, 기권의 하층에서 주로 일어난다. 지구상의 식물과 동물들은 기권과 수권 및 지권의 역동적인 상호작용에 영향을 받고, 또 생물체들도 각 권에 영향을 주고 받으면서 변화한다.

❖ 지구 시스템이란?

시스템(system)은 복잡한 전체를 구성하며 상호작용하는 요인들의 종합적인 상태 또는 유기적 결합을 말한다. 예를 들어, 인체는 신경과 근육, 뼈, 뇌, 위 등 많은 기관들로 구성된 하나의 시스템이다. 각각의 기관은 독립적이지만 모든 기관들은 인체의 생체활동을 위해 상호작용하며 서로 영향을 주고 받는다. 심장은 박동을 통해 혈액으로 산소와 영양분을 위에 공급하고, 위는 심장과 혈액을 유지시키기 위해서 에너지를 공급하는 데 역할을 한다. 시스템은 물질과 에너지의 흐름에 의해서 유지되고 상호작용한다. 인체에는 소화효소와 같이 물질대사 과정에 관여하는 수많은 균과 박테리아를 포함하고 있다. 그래서 인체 시스템에는 다양한 균을 포함한 많은 개체들과 기관들로 구성되어 끊임없이 역동적인 상호작용을 이루고 있다.

이러한 인체 시스템으로 이루어진 인간은 지권과 수권 및 기권, 생물권 등 주변 환경과 끊임없는 상호작용을 이루고 있다. 어떤 환경 속에 살고 있는 모든 식물들과 동물들은 생태계(ecosystem)의 구성요소이다. 생태계는 유기체와 그들의 환경으로 구성되는 복잡한 집단으로 정의되며, 자연 내의 생태학적 단위로 기능한다. 예를 들어, 인간 시스템을 전체적으로 이해하기 위해서는 인체 내에 존재하는 더 작은 시스템(심장, 위, 균 등)을 이해해야 한다. 또한 인간이 더 큰 생태계와 어떻게 상호작용하는지 평가할 수 있어야 한다.

지구는 4개의 주요 시스템인 지권, 수권, 기권, 생물권 시스템으로 구성되어 있다. 이들 각 권의 시스템은 서로 상호작용하는 더 작은 시스템으로 나누어진다. 예를 들어, 기권에서 일어나는 강수현상은 시스템의 한 부분이다. 증발이 일어나고 구름이 만들어져서 비가 내리는 과정에서도 수권의 바다와 지권의 화산재 등이 상호작용을 한다. 비는 강물로 흘러가면서 수권에 영향을 주고, 강물에 의한 홍수와 침식, 퇴적작용 등은 지권의 변화를 일으킨다. 바다에 유입된 많은 민물은 바다 생물권에 영향을 주고, 그 영향들은 다시 기권에 피드백되어 지속적인 상호작용이 일어난다.

지구 시스템이란 지구를 한 덩어리의 전체로 보는 관점에 반하여 수많은 독립적인 부분들이 서로 상호작용함으로써 하나의 시스템으로 구성되었다고 본다. 지구 시스템의 최상위계인 지구는 물질과 에너지를 소통할 수 있는 하위계인 지권, 수권, 기권과 인간을 포함한 생물권 및 외권으로 구성되어 서로 유기적으로 연결되고 상호작용하며 피드백의 영향이 작용되는 지구 시스템으로 인지한다. 자연현상은 복잡한 원인과 결과들이 상호작용하고 있어서, 지구에 대한 이해를 위해서는 지구 시스템적 접근이 필요하다는 주장이 설득력을 얻고 있다.

❖ 지구 시스템

어떤 특정한 시스템의 특성을 이해하고 통찰하기 위해서는 시스템을 이루고 있는 다양한 요인들의 상호관계와 전체적인 상황을 바르게 이해할 수 시스템 사고(systems thinking)가 필요하다. 시스템 사고는 다양한 개체들이 서로 상호작용과 피드백 효과를 일으키며 구성되는 전체의 시스템을 단일 개체로 인식하고, 그 특성을 파악하는 사고이다(McNamara, 1998).

포레스터(Forrester, 1999)는 시스템의 특성을 이해하고 그 결과를 예측하는 도구로서 시스템 다이내믹스(system dynamics)를 소개한 이후, 시스템 사고는 시스템 다이내믹스와 함께 시스템의 특성을 분석하는 유용한 방법으로 활용되었다. 시스템 사고는 구성요소들 간 상호맥락의 인과관계를 파악하여 하나의 거시적 시스템으로 구성함으로써 시스템의 전체구조와 특성을 보다 명확하게 이해하는 데 도움을 준다. 시스템 사고는 이미 정치학, 사회학에서 적용되어 중요한 정책결정에 큰 역할을 해오고 있고, 교육의 전반적인 곳에서 시스템 사고가 적용되고 있다. 시스템 사고 과정은 세 단계로 이루어지는데, 먼저 시스템을 구성하는 각 부분에 대해 이해하고, 부분의 연결에 대한 이해, 전체로서의 시스템에 대한 이해로 이루어진다.

그러므로 지구시스템이란 지구의 구성물질과 분포상태, 지구의 구조, 각 권에 작용하는 여러 가지 힘의 메커니즘과 이들에 의해 일어나는 다양한 변화, 상호작용을 연구함으로써 지구의 역사와 진화를 밝히고 지구환경의 이용, 개발 및 보존에 대해 연구하는 것이라고 할 수 있다.

지구 시스템을 구성하는 기권의 기후 시스템은 대기권과 수권, 빙권, 생물권, 지권이 상호작용하며 구성되어 있다. 각 권역과 서로 간의 복잡한 상호과정이 서로 얽혀 현재의 기상상태 및 기후를 유지한다. 기후 시스템을 움직이는 에너지의 대부분(99.98%)은 태양에서 공급되며, 기후 시스템 속에서 여러 형태의 에너지로 변하고 최종적으로 지구장파복사 형태로 우주로 방출된다. 지구 내부에서 지표로 공급되는 에너지 양은 태양복사에 비해 대단히 적다. 대기상부에서 대기층을 통해 내려오는 태양복사에너지는 구름, 오존, 수증기 등에 의해 흡수되나 대부분 지표까지 내려와 흡수된다. 지표면에 흡수되는 태양복사는 지표의 성질(알베도)에 따라 흡수되는 율이 달라진다. 지표 역시 자신의 온도에 비례하는 적외복사(지구복사)를 대기로 방출하게 되는데, 지표에서 방출된 적외복사의 일부는 대기의 온실기체에 의해 흡수되어 다시 지표로 되돌아오지만(온실효과), 대부분은 외계로 방출된다. 지표에 흡수된 복사에너지는 열(현열과 잠열)로 전환되어 대기의 난류과정을 통해 대기로 전달된다.

대기권에서 일어나는 공기, 물 그리고 에너지의 이동은 계절, 대륙분포, 대기의 구성에 따라 변한다. 지구가 둥글기 때문에 지표면이 받는 태양복사에너지는 위도에 따라 큰 차이가 있다. 일반적으로 저위도 지표면에서는 흡수되는 태양에너지에 비해 방출되는 지구복사가 적어 지면이 가열되고, 고위도에서는 반대로 지면이 냉각된다. 이러한 고위도와 저위도의 기온차는 중위도 상층에 강한 편서풍(제트기류)을 만든다. 만약 남북 방향으로 열의 수송이 없고 국지적인 복사과정에 의해 에너지 평행상태가 이루어지면, 극지방은 현재보다 훨씬 춥고 적도 부근은 지금보다 훨씬 더울 것이다. 이와 같은 지구시스템에 대한 복잡계의 이해와 통찰을 위해 자연을 관측하고 원리를 알아내는 과정이 과학의 탐구 방법이다.

2-2. 과학의 탐구 방법

과학은 자연현상에 대하여 검증 가능한 방법으로 얻어진 객관적인 지식의 체계라고 할 수 있다. 즉, 과학이란 인류가 경험주의와 방법론적 자연주의에 근거하여 실험을 통해 얻어낸 자연계에 대한 반증 가능한 지식들로 이루어져 있다. 과학자들은 자연계에서 관찰되는 현상들을 과학적 방법에 따라 이론으로 설명하려고 시도한다. 과학적인 방법은 관찰과 경험, 측정에 근거한 증거를 사용하여 자연현상의 원리를 밝히는 과정으로서, 연역과 귀납의 논리학을 바탕으로 하는 탐구 방법론이다. 귀납추론(inductive reasoning)은 관찰과 경험적 사실을 바탕으로 일반적인 논리를 이끌어 내는 방법으로 가설을 세우는 것이고, 연역추론(deductive reasoning)은 이미 알려진 사실과 전제들로부터 필연성을 가진 새로운 가설을 제시하는 것이다. 과학이 가설을 세운 다음 이것을 검증하여 참을 찾아가는 과정이라고 한다면, 좋은 가설을 만들기 위해서는 좋은 관찰이 필요하고, 좋은 관찰을 위해서는 많은 지식과 과학적 역량이 필요하다. 제안된 가설에 대한 과학자 사회의 도전과 반복적인 검증, 수많은 실험 데이터의 축적 등으로 받아들여진 가설은 이론(theory)으로 발전한다. 상대성 이론, 판구조론 등이 좋은 예이다. 더욱 오랜 기간 동안 제시되는 반증을 극복하고 일반화되면서 그 이론이 언제나 옳다는 결론에 도달하면, 이 이론은 하나의 과학법칙(scientific law)으로 인정받게 된다. 조화의 법칙, 만유인력의 법칙 등이 그 예이다.

과학자들이 주로 사용하는 과학적 방법(scientific method)은 객관적이고 조직적인 관찰과 실험에 기초한 [그림 2-1]의 일반적인 과정을 따른다. 과학자들은 가설(hypothesis, 연구 문제에 대한 잠정적 진술 또는 해답으로서 실험과 경험으로 검증됨)을 제안할 때, 과학자 집단에 발표함으로써 비판과 반증, 반복적인 실험으로 검증받을 수 있도록 한다. 대부분의 연구는 가설 단계에 머무르는 경우가 많으며, 특히 지구의 자연현상처럼 복잡하게 얽혀있는 대상에 관한 연구에서는 더욱 그렇다. 끊임없는 과학자 사회의 도전에서도 지지되고 많은 실험 데이터를 축적한 가설들은 사회적 합의를 통해 이론(theory, 객관적인 논리의 서술로서 자연현상을 설명하거나 예측할 수 있음)으로 체계화된다. 이론을 통해 관찰 사실을 설명하고 예측할 수는 있지만, 이론이 입증될 수는 없다. 새로운 데이터와 증거를 통해 어떤 이론이 잘못된 것으로 밝혀지면 그 이론은 수정되거나 폐기된다. 많은 과학적 도전과 반증 사실을 극복하고 견디어 내는 이론은 더욱 발전하여 모의실험과 일반화 등을 통하여 과학적 모델(scientific model, 자연 시스템이 어떻게 형성되었고, 어떻게 될 것인지 예측할 수 있음)로 확장된다. 즉, 과학적 방법은 자연현상에 대하여 관찰하고 실험한 결과로 만들어진 발견과 가설, 이론 및 모델에 관한 지지, 반증, 수정을 통한 검증 과정으로서 과학자들 간에 상호공유와 사회적인 합의를 포함하는 과정이라고 할 수 있다.

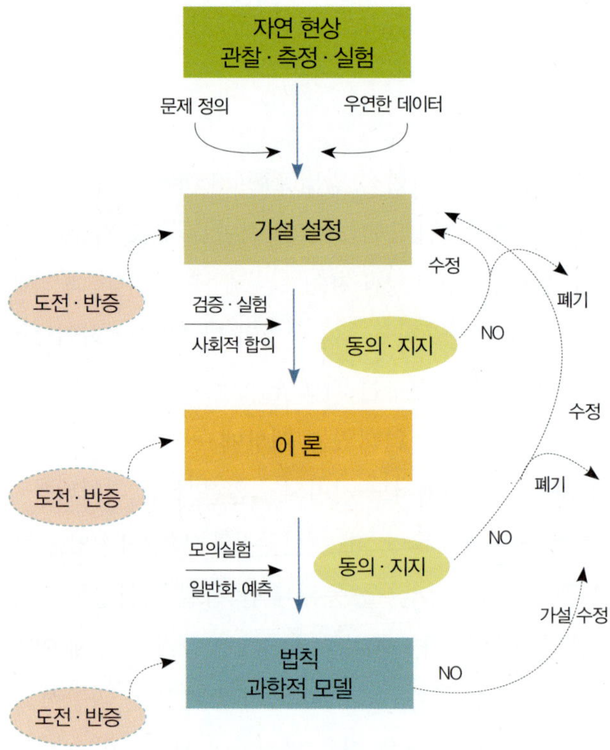

[그림 2-1] 과학의 연구 방법 및 절차

과학적 방법에서는 데이터를 조작하거나 위조해서도 안 되고, 다른 과학자의 연구를 무단으로 사용하거나 표절해도 안 된다. 현대 과학은 어느 한 과학자에 의하여 과학적 이론이 세워지는 예는 드물며, 대부분의 과학적 업적은 다른 과학자가 이루어 놓은 연구를 기반으로 한다. 과학자들은 자신의 연구가 다른 과학자들이 지금까지 이루어 놓은 연구의 토대 위에서 발전했음을 인식해야 한다. 코페르니쿠스가 우주의 중심을 지구에서 태양으로 돌려 놓았고, 티코와 케플러는 행성의 움직임과 천상 세계의 조화를 밝히고자 노력했다. 이처럼 이전 시대의 앞선 이들이 축적해 놓은 지식을 바탕으로 아이작 뉴턴은 우주를 관통하는 만유인력을 발견할 수 있었고, 아인슈타인은 시간과 공간에 대한 새로운 관점을 제시할 수 있었다. 뉴턴은 그가 이룩한 공로에 대하여 "내가 만약 다른 이들보다 더 멀리 볼 수 있었다면, 그것은 바로 거인들의 어깨에 올라섰기 때문이다"라고 평가했다.

과학은 절대 불변의 진리를 다루는 것이 아니라, 복잡한 상호작용의 불명확한 것에 대한 도전이며, 검증 가능하고 과학자 사회에서 합의할 수 있는 참을 찾아가는 지루한 과정이다. 과학적 방법으로 과학 이론이 발전하는 과정을 최근의 연구 사례를 통해 알아보자.

❖ 관찰과 문제인식

미국 워싱턴 주에는 지구에서 가장 큰 폭포가 있다. 이는 나이아가라 폭포보다 3배 이상 더 큰 규모이다. 그러나 물이 흐르지 않는 마른 폭포(Dry Fall)로서 그 지역의 지명으로 불리고 있다(그림 2-2). 동부 워싱턴 주 드라이 폴 지역은 50,000 ㎢의 넓은 용암대지 위에 깊이 300m 이상의 거대한 협곡과 기이한 퇴적층이 발달해 있으며, 엄청난 크기의 돌개구멍과 표석 바위, 물결자국 등으로 아름다운 자연경관을 이루고 있는 관광지이다(Tolan, 1989). 많은 과학자들은 시애틀에서 불과 300km 떨어진 곳에서 어떻게 이처럼 특이한 지형이 대규모로 형성되었는지를 궁금해하였다.

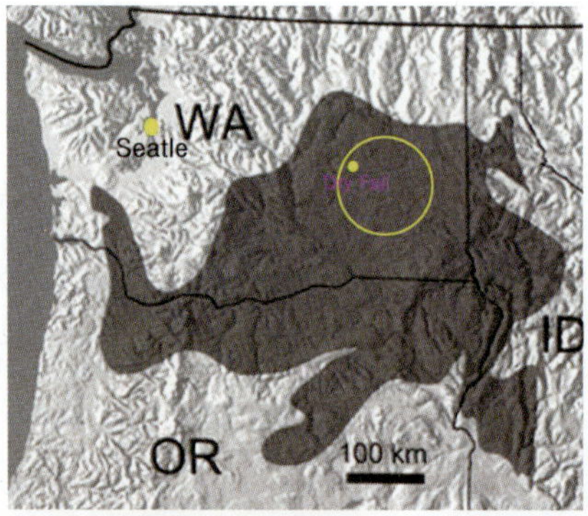

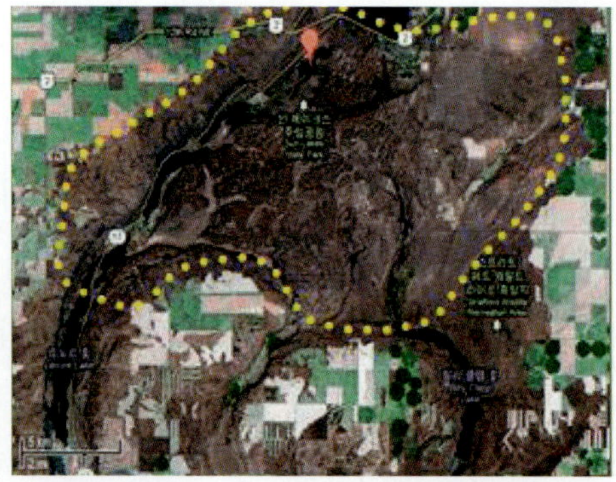

① 드라이폴 지역의 협곡

② 솝레이크와 협곡

③ 마른 협곡 쿨리(쿨리댐)

④ 거대한 표석

⑤ 돌개구멍

⑥ 물결자국(연흔)

[그림 2-2] 미국 워싱턴 주(WA)와 오리건 주(OR)의 현무암대지(음영). 드라이폴 지역을 30배 확대한 구글 위성 지도(우측 그림). 특이지형①~⑥

출처: 구글 지도.

이곳 지형은 평탄하며, 두텁고 광범위한 현무암 용암류(basalt flows)가 기저에 놓여 있고, 표층부는 얇은 토양층으로 덮여 있다. 이 지역은 용암대지로서 거북이 등딱지 같은 지표면(scabland)을 이루고 있다. 지질학자들은 표층 토양 아래에 있는 현무암질 기반암까지 침식을 일으켜 기저암층을 드러내 놓고 흘렀던 깊은 협곡과 폭포 자국(deep channels)의 '꼰 끈과 같은 패턴(braided pattern)'을 관측했다. 수많은 협곡과 거대한 물결자국이 있는 호수들의 대부분은 지금 말라 있고, '쿨리(coulees)'라고 불려지고 있다. 1920년대 시카고 대학의 지질학자 브레츠(J. H. Bretz) 교수는 직경 35m, 무게 200톤이나 되는 거대한 바위들이 이 지역에 광범위하게 흩어져 있는 것을 보았다. 이 거대한 화강암 표석(erratic rock)들은 이 지역의 암석이 아니고 멀리서 이동해 온 것인데, 강물이나 바람, 화산폭발, 산사태, 빙하 등은 인간의 힘으로 움직이기 불가능하다는 것을 관찰했다. 또한 일반적인 돌개구멍(pot hole)[6]은 직경이 1m 정도인데, 이 지역에서는 직경 10~20m의 거대한 돌개구멍이 발견되며 10m 이상의 물결자국도 관측되었다. 엄청난 크기의 돌개구멍과 물결자국 등은 일반적인 하천의 침식으로 형성될 수 없는 것이었다.

동부 워싱턴 주 현무암 대지에서 발견되는 드라이폴과 거대한 협곡, 돌개구멍, 표석, 물결자국 등은 어떻게 만들어진 것일까?

❖ 가설 설정

1) 가설 1

지질학은 암석이나 지표면과 노두 등에서 증거를 찾고 여러 단서를 통해 과학적 원리를 찾는다. 그래서 지질학자들은 이 지역의 협곡과 거대한 지형은 오랜 세월에 걸쳐 점진적으로 침식되어졌다고 보았다. 현재 진행되는 침식과 퇴적활동 등이 과거에도 동일하게 일어났으며, 수많은 시간 동안 지각변동과 화산폭발 등이 보태지면서 드라이폴 지역과 같은 기이한 지형이 만들어질 수 있다고 보았다.

그러나 이러한 동일과정설로 설명하기에는 협곡을 형성할 만한 부근의 강이 존

6) 돌개구멍(pot hole) : '속이 깊고 둥근 항아리 구멍'이란 의미로 하천에 의해 운반되던 자갈 등이 오목한 하상의 기반암에 들어가 유수의 소용돌이와 함께 회전하면서 기반암을 마모시켜 발달하는 지형. 보통 하천의 상류지역에서 빠른 유속과 큰 에너지를 바탕으로 형성된 와지에 자갈이나 모래와 같은 퇴적물질이 들어가, 와동류(회오리가 이는 듯한 물살)에 의해서 반복적인 회전운동을 통해 포트홀 내벽을 침식, 점차 포트홀이 성장하게 되며, 지속해서 내벽 및 하부침식이 일어나 커다란 항아리 모양으로 기반암을 파게 됨. 주로 사암이나 화강암과 같은 등질성의 단단한 암석에서 잘 발달하며 형태로는 원형이나 타원형이 다수를 차지함.

재하지 않는다. 가장 가까운 콜롬비아 강조차도 100km 이상 떨어져 있다. 또한 엄청난 크기의 돌개구멍과 물결자국은 일반적인 하천에 의한 침식작용으로 설명할 수 없었다.

2) 가설 2

100톤 이상되는 거대한 표석들이 드라이폴 협곡 곳곳에서 발견되는데, 이 표석들은 주변 지역에서 찾을 수 없는 암석으로 전혀 다른 종류의 화강암으로 되어 있다. 빙하가 큰 암석을 포함하여 이동하다가 녹으면서 표석과 같은 빙설퇴적물을 쌓아 놓았다고 볼 수 있다. 커다란 빙하는 지나가면서 거대한 U자곡과 피오르(fiord) 지형을 만들 수 있다.

그러나 빙하에 의한 침식지형으로 설명할 수 없는 반증 사실이 너무 많다. 우선 협곡의 형태가 전형적인 빙하침식 지형인 U자곡이 아니며, 대부분 표석은 원마도가 좋아서 빙하에 의한 각진 빙퇴석과 구별된다. 결정적으로 고기후 연구 결과, 마지막 빙하기에 빙하가 북쪽으로부터 밀려 내려왔지만, 드라이폴 지역 북쪽에서 멈췄으며 이 지역에는 빙하가 존재하지 않은 것으로 밝혀졌다.

3) 가설 3

1923년 브레츠 교수는 거대한 홍수가 동부 워싱턴 주를 휩쓸었다는 대격변 홍수설(catastrophic flood hypothesis)을 제안했다(Bretz, 1923). 그러나 당시 지질학자들은 지각변동은 산이 깎여 평지가 되고 평지가 깎여 계곡이 되는 것처럼 오랜 시간에 걸쳐 천천히 이뤄진다는 '동일과정설'을 믿었기 때문에 하루아침에 상상할 수도 없는 노아의 홍수 같은 대홍수가 동부 워싱턴 주를 휩쓸어 용암바위층으로 된 협곡과 마른폭포 등이 만들어졌다는 것을 믿을 수 없었다. 브레츠 교수는 20년 이상 이 지역에 대한 지형 조사를 통해 자신의 가설에 자신감을 갖고 있었다. 오랫동안 만들어진 현무암 대지에 하룻밤의 엄청난 대홍수와 급격한 침식작용으로 드라이폴 지형을 만들었다는 것이다. 이는 지금까지의 지질형성의 이론과 패러다임을 부정하는 새로운 가설이었다. 브레츠는 1927년에 열린 '미국 지질학 협회 회의'에서 드라이폴 협곡은 2조 톤 이상의 엄청난 물이 높이 270m의 대홍수를 일으키면서 형성되었다고 설명하였다. 그러나 대홍수를 일으킨 2조 톤의 물은 우리나라 최대 저수량을 가진 소양호의 700배 이상의 규모로서, 어떻게 노아의 홍수와 같은 대홍수가 일어날 수 있었는지를 설명할 수 없어서 무시되었다.

❖ 과학 이론으로 발전

브레츠 교수의 대격변 홍수설은 60년 이상 무시되어 왔으나, 그 이후의 후학들과 파디(Pardee, J. T., 1871-1960) 교수에 의해 증명되면서 드라이폴 협곡 지형의 형성 이론으로 발전하게 되었다.

지질학자 파디는 1927년 브레츠 교수의 드라이폴 지형의 형성에 관한 대격변 홍수설에 대한 물의 근원을 밝히기 위해 15년 이상을 현장 조사한 결과, 이 지역으로부터 400km 동쪽에 위치한 몬테나주 미졸라시에서 결정적인 증거를 찾았다. 미졸라 평원 지역의 기반암에 빙하에 의한 거대한 찰흔 자국과 지층에 남겨진 수위자국, 빙하 퇴적물에 의한 빙하 장벽의 규모 등을 통해 이곳이 2조 5천 톤 이상을 저수할 수 있는 큰 호수였음을 밝혔고, 미졸라 빙하호수(Lake Missoula)라고 불렀다(Oard, 2004). 지질학자들은 15,000년 전 마지막 빙하기에 남하한 빙하의 앞부분이 미졸라 지역의 강과 계곡을 막아 아이스 댐을 만들었다는 증거를 찾았다. 미졸라 호수 자리에는 5~12m의 거대한 물결자국(연흔 간격 60~90m)이 많이 남아 있으며, 이 물결자국의 방향이 드라이폴 용암대지 지역을 향하고 있다.

그렇다면 어떻게 미졸라의 아이스댐이 갑자기 붕괴되었을까? 이에 대한 해답은 멀리 있는 아이슬란드에서 밝혀졌다. 아이슬란드에서는 미졸라 빙하호수와 같은 아이스댐을 곳곳에서 볼 수 있다. 얼음과 빙하의 장벽이 강과 계곡을 막아 아이스댐을 만들고, 여기에 빙하호수가 형성된다. 빙하가 녹고 호수의 물이 불어나거나 지진 등으로 갑작스런 아이스댐 붕괴가 일어날 수 있다. 아이슬란드에서는 이러한 빙하 홍수가 흔한 일이고 '요쿨라웁(jokulhaup)'이라고 부른다. 1996년 11월 아이슬랜드에서는 유럽 최대의 빙하인 바트나요쿨이 만든 빙하호수가 지진에 의해 붕괴되었다. 대규모 빙하와 녹은 물이 강으로 흘러들기 시작하여 초당 최대 200억 톤의 대홍수가 하류를 덮쳤다. 히말라야 지역에서는 이를 '글로프(GLOF, Glacial Lake Outburst Flood)'라고 부르며, 네팔의 랑모체 빙하호수가 1985년에 붕괴되면서 세티콜라강 유역 450㎢가 물에 잠기기도 했다.

❖ 과학적 모델

드라이폴 지형이 격변적인 대홍수에 의해 형성되었다는 가설은 많은 도전을 잘 견뎌냈고, 새로운 증거들이 더해지면서 탄탄한 이론으로 발전했다. 이러한 이론과 지식, 관측 결과들은 자연 시스템이 어떻게 만들어졌고, 행동하는지에 대한 정확한 표현을 할 수 있는 과학적 모델로 발전한다. 모델은 관련된 여러 생각들과 결합되어 예측에 활용되며, 과학자들은 모델을 활용하여 어떤 지식이나 가설의 일관성을 평가하기도 한다. 오늘날에는 과학적 모델이 컴퓨터 가상현실과 만나 시뮬레이션으로 오랜 시간과 대규모 공간에서 일어나는 자연현상을 재현하고 모의할 수 있게 되었다.

과학자들은 드라이폴 지형의 축소판 모형을 제작하여 미졸라 대홍수로 대규모의 협곡과 연흔, 돌개구멍, 표석 등이 만들어질 수 있는지 모의실험을 해보았다. 미졸라 빙하호수과 같은 대홍수로 충분히 드라이폴 지형을 만들 수 있음이 증명되었다. 엄청난 물의 소용돌이는 고속의 공기방울이 만들어지고, 공기방울의 회전과 폭발(cavitation)은 단단한 암석을 풍화시키며 짧은 시간 동안 거대한 돌개구멍을 만들 수 있음이 밝혀졌다. 모형에 의한 실험은 15,000년 전 드라이폴과 미졸라 지역에서 일어난 대홍수 사건을 다시 재현할 수 있었고, 이를 토대로 대홍수에 의한 격변적인 지형변화에 대한 과학적 모델을 만들었다. 이제 대홍수 이론은 지질 형성의 중요한 이론으로 자리 잡았고, 이 공로를 인정받아 브레츠 교수는 1979년 미국 지질학회 최고 훈장인 펜로즈(penrose) 훈장을 수여받았다.

❖ 도전과 발전

[그림 2-3] 백색 퇴적층

최근에는 드라이폴 지역의 퇴적층에서 화산재 성분으로 구성된 흰색의 응회암 줄무늬층이 관찰되었고(그림 2-3), 이 화산재 퇴적물은 15,000년 전 세인트 헬렌 화산의 폭발에 의한 것임이 밝혀졌다. 이것은 이 지역의 퇴적층이 단 한 번의 대홍수로 이루어진 것이 아니라, 여러 차례 일어났다는 증거이다. 과학자들은 드라이폴 지역의 퇴적층은 약 2만 년 동안 퇴적된 지층으로 이루어져 있으며, 여러 차례 대홍수가 있었음을 밝혔다. 불과 80여 년 전만 하더라도 상상 속의 이야기처럼 들리던 대홍수 격변설이 이제는 되풀이되는 대자연의 일상적인 사건이었음이 밝혀진 것이다. 시대와 공간을 넘나들며 자연 변화의 원리를 찾고자 노력해온 과학자들의 헛수고 같은 노력들이 놀랍고도 극적인 발견을 이루어내었고, 지형 형성에 대한 지질학자들의 사고방식과 패러다임을 바꾸어 놓은 것이다.

지금까지 살펴본 과학탐구의 사례를 통해 과학에 대한 인식과 과학적 방법에 대한 우리의 올바른 자세를 살펴보면 다음과 같다.

첫째, 과학 지식은 절대불변한 진리가 아니라 잠재적으로 변할 수 있다. 지금으로부터 300년 전에는 지구의 나이가 6천 년이라고 생각했었고, 100년 전에는 1억 년 정도라고 추정하였다. 이러한 연구 결과들은 모두 권위 있는 학술지에 실렸으며, 당시의 대부분 과학자들도 수긍하는 내용이었다. 그 후 1950년대에 지구 나이는 46억 년이라는 연구 결과가 발표되었고, 많은 과학자들의 검증을 통해 지금은 46억 년이라는 지구의 나이에 사회적 합의가 이루어졌다. 앞으로 새로운 발견이 더해진다면 지구의 나이가 또 변할 수도 있다. 〈표 2-1〉은 지구 나이에 대한 과학사적 지식의 발전 과정으로서, 지구 나이가 밝혀지는 과정에 드러난 과학 이론의 통합적 특성과 과학의 본성에 대한 이해를 돕는다.

표 2-1 지구 나이에 대한 과학사적 지식의 발전 과정(신동희와 강혜진, 2011)

연도	이름	주장
1650년대	제임스 어셔	지구 창조의 날짜 발표 BC 4004년 10월 22일
1798	제임스 허튼	시작과 종말에 대한 그 어떤 증거도 없다
1790년대	윌리엄 스미스	암석의 규칙적이고 체계적인 순서 발견
1817	윌리엄 스미스	최초의 지질도(잉글랜드와 웨일즈의 지층을 나타내는) 출간
1830	찰스 라이엘	지질학의 원리(Principles of geology) 출간
1859	찰스 다윈	종의 기원 출간
1860	윌버포스, 헉슬리	영국과학진흥협회의-윌버포스 주교와 헉슬리의 논쟁
1896	폴턴	화석은 오랜 시간을 포함
1897	존 졸리	바다의 염 증가율 계산해서 지구 나이 추정
1902	러더퍼드, 소디	우라늄→라듐→라돈, 암석 나이 계산→지구 나이 5억 년
1907	볼트우드	우라늄→납, 지구 연령 22억 년 주장
1911	아서 홈스	데본기의 나이가 3억 7천만 년이라고 발표
1944	아서 홈스	자연지질학 원리, 지구의 연령이 적어도 30억 년 주장
1953	클레어 패터슨	지구의 연령을 45억 년이라고 밝힘
1956	클레어 패터슨	지구의 연령을 45억 년 5천만 년(±7천만 년)으로 수정

둘째, 과학적 해석은 그때 당시의 과학 패러다임에 의존한다. 즉, 새로운 기술과 지식에 따라 새로운 해석이 나올 수 있다. 예를 들면, 망원경이 개발되기 전 티코 브라헤는 육안으로 천체 운동을 관측했는데, 지동설의 증거인 연주시차와 금성의 위상 변화를 찾을 수 없었다. 그래서 티코는 그의 관측 사실에 적합한 절충된 천동설 패러다임을 갖게 되었다. 그 후 1609년 갈릴레이는 망원경을 통하여

목성의 4개 위성이 목성 주위를 공전하는 것을 관측하였고, 금성의 크기와 위상이 변화하는 것을 관측함으로써 태양 중심의 지동설을 지지하게 되었다.

셋째, 과학은 객관성과 엄밀함을 지향하는 학문 영역이다. 그러나 과학을 하는 주체는 사람이다. 그렇기 때문에 과학 논쟁은 의사 소통 과정에서 저지르는 어리석음, 편견, 객관성 결여라는 한계로부터 자유롭지 못하다. 오늘날 많은 과학자들이 참이라고 믿는 지식이 곧 부정될 수도 있고, 오늘 과학자들의 비웃음거리가 되는 이론이 내일 과학적 사실로 입증될 수도 있다. 과학지식은 영원하거나 무한한 진리가 아니라, 지금까지 축적해 온 현재의 지식일 수밖에 없다는 점을 인식해야 한다. 그러므로 과학의 자세는 겸허하고 포용적이어야 하며, 상대 과학자를 존중할 줄 알아야 한다. 과학사에서 오랫동안 정설로 받아들여졌던 이론이 젊은 과학자의 황당한 것 같은 도전에 의하여 무너진 예는 헤아릴 수 없을 정도로 많다. 대륙이동설도 이 같은 사례 중 하나라고 할 수 있다

미니탐구 1

현재의 세계 지도는 과거에도 이런 모양이었을까? 만약 현재와 다르다면, 과거의 대륙은 어떤 모양이었을까? 과학자들은 대륙이 현재와 같은 모양으로 움직여왔다는 것을 어떻게 알게 되었을까?

퍼즐 조각 맞추기를 해 본 적이 있을 것이다. 어쩌면 지구도 퍼즐 조각처럼 여러 개의 조각으로 붙어 있는 것은 아닐까?

'남아메리카 대륙 동쪽 해안과 아프리카 대륙 서쪽 해안선을 맞추어 보면 비교적 잘 들어맞는다. 왜 이런 현상이 나타난 것일까?' 마치 반으로 자른 비스켓을 잘 맞추면 원래 모습대로 잘 맞추어지는 것과 비슷하다. 다음과 같은 가설-연역적 탐구과정을 통해 이 문제를 해결해 보자.

▣ 가설: 세계의 대륙은 과거 하나의 대륙에서 현재 여러 개의 대륙의 위치로 이동하였을 것이다.

▣ 탐구수행

1. 다음 세계지도 그림을 A4 용지에 확대 복사한 후 각 대륙을 오리자.
2. 서로 떨어져 분포되어 있는 화석과 빙하의 흔적 지역이 잘 이어지도록 대륙의 조각을 맞추어 풀로 붙이자.

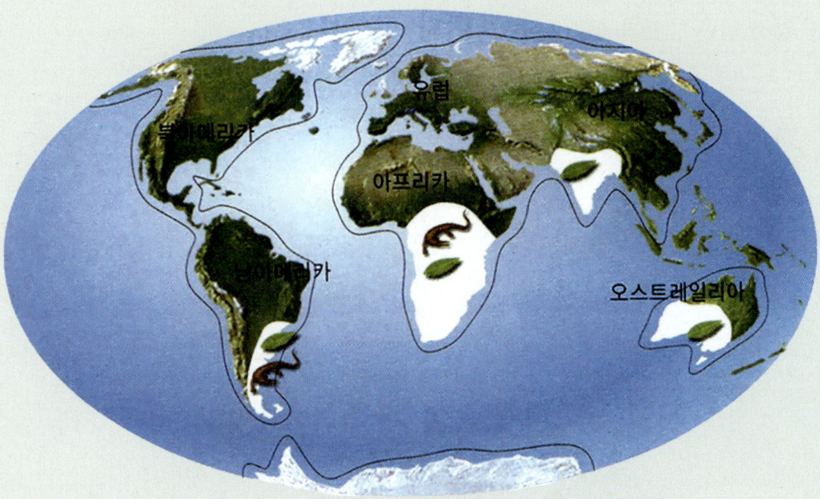

빙하의 침식 지역 / 메소사우루스 / 글로소프테리스

맞추어진 대륙 조각들

■ 자료해석 및 분석

1. 대륙의 오려낸 각 조각을 맞추어보면 어떤 모양인가?
2. 해안선이 잘 맞는 곳은 어디인가?
3. 대서양 연안 대륙이 잘 맞는 것으로 보아 추정할 수 있는 것은?
4. 해안선이 완전히 일치하지 않은 까닭은 무엇일까?
5. 대륙을 서로 맞추었을 때 글리솝테리스 화석과 메소사우르스 화석의 분포 지역은 서로 연결되는가? 연결된다면 현재 두 화석이 각 대륙에 흩어져 분포하고 있는 사실을 어떻게 설명할 수 있는가?
6. 빙하의 분포와 흔적은 어떠한가?
7. 과거의 대륙이 하나였다는 증거를 요약해보시오.

■ 결론 및 일반화

- 앞서 얻은 증거를 통해 얻은 결론은 무엇인가?

▲ 대륙 이동설

Q&A

다음을 읽고 판구조론의 성립과정을 읽고 고찰해보시오.

베게너(1880~1930)는 1911년 가을 어느 날 도서관에서 우연히 옛날 브라질과 아프리카 사이의 대서양에 육교가 있었다는 내용의 논문을 발견하였다. 그 후 베게너는 독일의 지질협회에서 육교설을 부정하고 지질학적, 기후학적, 생물학적인 증거를 제시하여 대륙의 이동을 설명하는 논문을 발표하였다. 약 2억 년 전에 하나의 대륙인 초대륙(팡게아)이 이동하기 시작했다는 것이다. 그러나 많은 학자들은 베게너가 대륙 이동의 원동력으로 제시한 지구 자전과 중력 에너지에 대하여 전혀 불가능하다는 결론을 내렸고, 1930년 그린랜드 탐험 중 베게너의 사망과 더불어 대륙 이동설은 점차 잊혀져갔다.

제2차 세계대전이 끝나고 1950년대에 고지구자기학 연구 결과의 여러 증거에 의해 대륙 이동설은 부활하게 되었다. 대륙 이동의 원동력에 대해서는 홈즈가 제시한 맨틀 대류가 유력한 가능성으로 제시되었으나 이에 대한 증거를 찾지 못하였다. 여기에 돌파구를 마련한 것이 헤스와 디츠의 해양저 확장설이다. 이들은 당시 중앙 해령에 대한 여러 관측 사실들(높은 열류량, 지형적 특징, 천발 지진 활동 등)에 주목하여 해령 아래에서 맨틀 대류가 상승하기 때문에 해양 지각이 해령의 양쪽으로 이동해간다고 설명했다. 윌슨에 의해 변환 단층의 존재가 밝혀지면서 해저 확장설을 더욱 합리적으로 설명하게 되었고, 후에 판구조론을 확립하는 계기가 되었다. 대륙 이동설에서 출발하여 해저확장설을 거쳐 발전된 판구조론의 정립은 분산된 지질학적 현상들을 종합시켜 설명하고, 지구 진화의 양상을 통합적으로 설명하는 계기를 마련하였다.

1. 베게너의 대륙이동설은 어떤 문제 인식에서 출발하였는가?

2. 대륙이동설과 해저확장설은 어떠한 탐구방법을 통해 확립되었는가?

❖ 되먹임 작용(feedback mechanism)

지구시스템을 구성하는 하나의 성분 내에서 작은 섭동이 다른 성분에 영향을 미칠 때 상호작용이 발생하는데 이를 되먹임작용이라고 한다.

대규모 역학적인 되먹임은 기후 시스템 내에서 작은 규모의 과정에 의해서도 영향을 받는다. 기후시스템에서의 다양한 되먹임은 원래의 반응을 증폭시키거나(양의 되먹임, positive feedback) 소멸시킨다(음의 되먹임, negative feedback).

〈보충자료〉

기후되먹임(climate feedback) : 기후시스템 내에 존재하는 각 과정들 사이에서 최초 과정의 결과가 두 번째 과정에 변화를 촉발하고, 이 과정이 다시 최초의 과정에 번갈아 영향을 미치게 될 때 이러한 상호작용 메커니즘을 '기후되먹임'이라고 부른다. 양의 되먹임은 원래의 과정을 증폭시키는 것을 말하며, 음의 되먹임은 감소시키는 것을 말한다.

정리하기

1. 과학은 관찰과 실험을 통하여 가설을 검증하는 과정이라고 할 수 있다. 가설 설정의 2가지 방법을 설명하시오.

2. 과학은 자연현상에 대한 진리를 찾는 데 목표를 두지만 과학지식은 대부분 잠재적으로 변할 수 있어서, 실험과 검증을 통하여 꾸준히 진리를 찾아가는 과정임을 이해해야 한다. 과학사에서 지구의 나이에 대한 지식의 변화 과정을 통하여 이를 설명하시오.

3. 동부 워싱턴 주 '드라이폴 협곡'의 지형 형성 이론을 사례로 과학의 연구방법에 대하여 스토리텔링하시오.

제2장 참고자료

김희수 외(2010). 과학교육론. 서울: 도서출판 보성.

김희수 외(2014). 지구과학교육론. 파주: 교육과학사.

신동희, 강혜진(2011). 지구의 연령 측정 관련 과학사 수업 개발. 한국지구과학회지, 32(3), 324-333.

Baker, V. R.(1978). The Spokane Flood controversy and the Martian outflow channels. Science, 202, 1249-1256.

Bretz, J. H.(1923a).glacial drainage on the Columbia Plateau.geological Society of America Bulletin, 34, 573-608.

Bretz, J. H.(1923b). The Channeled Scabland of the Columbia Plateau. Journal ofgeology, 31. 617-649.

Forrester, J. W.(2010). System Dynamics: the Foundation Under Systems Thinking. Sloan School of Management Massachusetts Institute of Technology, Cambridge, MA 02139. Revised, December 31, 2010.

Oard, M. J.(2004). The Missoula Flood Controversy and thegenesis Flood. Michigan; CRS Books, p.133.

Tolan, E.(1989). Volcanism and Tectonism in the Columbia River Flood-Basalt Province.geological Society of America Special Paper 239, 1-20.

McNamara, C.(1998). Applied Systems Thinking, http://www.tc.umn.edu/~ahler002 / tft~1.htm, International Society for the Systems Sciences Conference, 1-20.

대홍수 격변설에 관한 동영상 자료. Earth shocks megaflood, Naturalgeographic Channel, UK. http://natgeotv.com/uk/earth_shocks

http://channel.pandora.tv/channel/video.ptv?ch_userid=jinwencan&prgid=41762518&-categid=33351123&page=3&ref=ch&lot=2_1_1)

제2장 탐구 해설

〈미니탐구 1〉

대륙의 경계선 맞추기, 화석과 빙하의 분포를 통해 알게 됨.

〈미니탐구 2〉

과학의 신념과 태도: 증거 중심의 과학, 진리에 대한 합리적 주장, 포기하지 않는 과학에 대한 열정, 동료에 대한 우정과 존중

Chapter_ 3

하나뿐인 소중한 지구

아폴로 우주선에서 본 지구로 귀환하기 위해 도킹하려는 달 탐사선(Lunar Module)과 떠오르는 지구

출처: NASA, 1969.7.22.

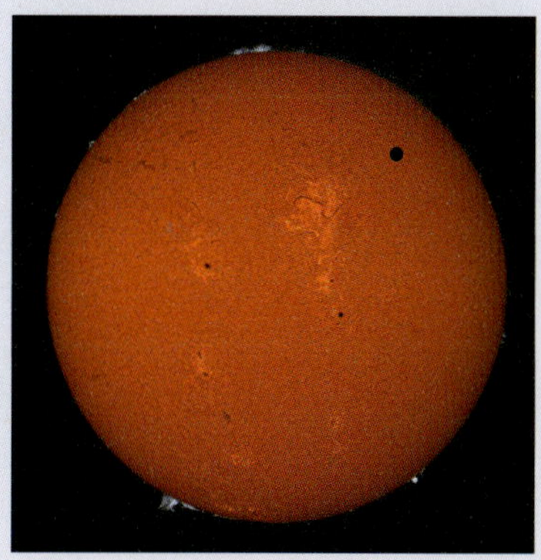

금성에 의한 일식

출처: Americaspace, 2012.6.6.

지구는 하나의 점에 불과하고, 우리가 사는 이곳은 그 점의 한 구석에 지나지 않는다.

마르쿠스 아우렐리우스(Marcus Aurelius, 121–180), 「명상록(Meditations, 170)」 제4권에서

미래의 하늘에는 천상의 바람을 잘 탈 수 있는 돛단배들이 우주의 광막함을 두려워하지 않는 탐험가에 의해 가득할 것이다. 우주의 여행객들은 달 표면에 서서 달의 하늘에서 아름다운 행성 지구가 천천히 자전하는 광경을 볼 것이다.

요하네스 캐플러(Johannes Kepler, 1571–1630), 공상과학소설(1571년) 「솜니움 Somnium」 에서

사람들이 눈의 기능을 크게 확장하여 지구와 같은 행성들을 볼 수 있는 날이 언젠가 오고야 말 것이다.

크리스토퍼 렌(Cristopher James Wren, 1632–1723), 1657년 그레샴 대학교 취임사에서

제3장 하나뿐인 소중한 지구

제3장에서는 인류가 처음으로 우주로 나가서 지구의 모습을 온전히 볼 수 있게 된 과정과 지구가 우주 공간에서 어떻게 존재하고 있는지에 대하여 알아 본다. 인공위성이 없었던 시절에는 어떻게 지구의 모양과 크기를 알아낼 수 있었을까?

또한 지구에서 한 사람이 차지할 수 있는 땅의 면적과 지속적인 개발 및 활용을 위해 우리가 어떻게 해야 할 것인가를 생각해 본다.

3-1. 우리는 어디에 있는가?

3-2. 지구의 모양과 크기는 어떻게 측정했는가?

3-3. 지구는 완전한 구형인가?

3-4. 지속 가능한 지구의 개발과 활용

탐구 1: 월식을 이용한 달까지의 거리 측정

탐구 2: 금성식을 이용한 태양까지의 거리 측정

탐구 3: 우리는 여기에 있다.

3-1. 우리는 어디에 있는가?

❖ 우주에서 본 최초의 지구 모습

지구는 우리가 만질 수 있는 가장 큰 물체이다. 캄캄한 밤에 코끼리 다리를 만지면서 코끼리의 온전한 모습을 상상하는 것처럼 우리 인류는 역사가 시작되면서부터 지구의 모습을 상상해 왔다. 처음으로 지구의 모습을 우주에서 바라본 행운아는 구소련의 우주비행사 유리 가가린(Yuri gagarin, 1934~1968)이었다.

1961년 4월 12일 옛 소련의 바이코누르 우주 기지에서는 유인 우주선 보스토크(Vostok)호가 발사를 앞두고 있었고, 조종석에는 인류 최초로 지구의 온전한 모습을 보게 될 27세의 젊은 청년 가가린이 앉아 있었다. 오전 9시 7분, 우주선의 발사 명령이 내려지자 가가린은 "파예할리(П о е х а л И, 그래 가자)"를 외치며 힘차게 날아 올랐다. 우주선은 지상 299km까지 올라간 뒤 76분에 걸쳐 지구 궤도를 한 바퀴 돌았다. 궤도에 진입한 가가린은 "지평선이 보인다. 하늘은 검고 지구는 파랗다"라고 기지에 알려왔다. 가가린은 지구 궤도를 돌고 지상 7km 상공에서 귀환 모듈에서 튀어나와 낙하산으로 다시 돌아왔다. 108분 간에 걸친 인류 최초의 우주 비행에 성공한 것이다. 그러나 유리 가가린이 299km 상공에서 바라본 지구의 모습은 온전한 구형의 모습이 아니었고, [그림 3-1]과 같이 둥근 지구의 일부분만 관측할 수 있었다. 또한 안타깝게도 가가린은 지구 밖에서 바라본 아름답고 푸른 지구의 모습을 사진으로 담아오지 못했다.

[그림 3-1] 보스토크호와 비슷한 고도인 350km 상공의 국제우주정거장(ISS)에서 촬영한 지구 사진
출처: NASA, 2014.11.1 관측사진

❖ 태양계 끝에서 바라본 지구 모습

유리 가가린을 시작으로 1969년에는 아폴로 11호의 닐 암스트롱(Neil Armstrong, 1930~2012)은 인류 최초로 지구 밖의 또 다른 천체, 달에 착륙하여 지구를 바라보는 감동의 순간을 맞이했다. [그림 3-2]는 아폴로 11호가 달에 착륙하면서 기록한 달의 지평선 위로 떠오르는 지구의 모습이다. 달에서 바라보는 푸르고 둥근, 아름다운 지구의 모습은 오래전부터 꿈꾸어 온 인류의 오랜 소망이 이루어진 순간이었다.

[그림 3-2] 아폴로 11호에서 촬영한 달의 충돌분지 스미트(Smyth) 바다 위로 떠오르는 지구
출처: NASA 1969.7.20 촬영, 지구로부터 약 38만 km 거리

요하네스 케플러[7]는 최초의 공상과학 소설이라고 할 만한 책 '솜니움(Somnium)' 즉 '꿈'을 저술했다. 「꿈」은 상상 속의 달 여행을 그린 소설로서 우주 여행객들이 달 표면에 서서 달의 하늘에서 아름다운 행성 지구가 천천히 자전하는 광경을 바라보는 장면이 있다. 케플러는 자연에 대한 진리와 보이지 않은 미래에 대한 확고한 신념으로 미래에는 천상의 바람을 잘 탈 수 있는 돛을 단 배들이 우주 공간을 날아다니고, 우주의 광막함을 두려워하지 않는 탐험가들이 넘칠 것이라고 확신했다. 케플러가 평생에 걸쳐 이루어 놓은 행성 운동의 법칙과 우주의 이정표를 따라 닐 암스트롱과 같은 탐험가들이 360년 만에 비로서 달 표면에 서서 자전하고 있는 지구를 볼 수 있었던 것이다.

우주탐사는 인류의 과학기술과 정치, 사회의 모든 역량이 동원되는 혁명적인 사업이다. 드넓고 광막한 우주 공간에서 지구의 존재는 너무나 미약하며 우리 인류가 하나의 지구 공동체임을 확인시켜 주었다. 1977년 발사된 보이저 1호는 우주탐사 역사에서 하나의 전설이다. 우주탐사선 보이저는 우리에게 태양계 외행성에 대한 풍부한 정보를 가져다 주었으며, 인류가 만든 물체로서 지구를 가장 멀리 떠나 우주 공간을 탐험하는 선구자 역할을 하고 있다. [그림 3-3]은 1990년 2월 14일 보이저 1호가 촬영한 것으로, 이 사진에서 지구의 크기는 0.12 화소에 불과하며 작은 점으로 보인다. 촬영 당시 보이저 1호는 태양 공전면에서 32° 위를 지나가고 있었으며, 지구와의 거리는 64억km였다. 사진에서 지구 위를 지나가는 넓은 선은 보이저 1호의 카메라에 태양 빛이 반사되어 생긴 것으로 우연한 효과에 불과하다. 창백한 푸른 점으로 보이는 지구를 촬영하도록 주도했던 칼 세이건은 사진에 대한 소감을 다음과 같이 기록했다(Carl sagan, 1994).

7) 요하네스 케플러(Johannes Kepler, 1571~1630) : 독일의 천문학자, 수학자, 점성술사, 저술가로 17세기 천문학 혁명의 중심 인물. 주요 저서로는 우주구조의 신비(Mysterium Cosmographicum, 1596), 신천문학(Astronomia nova, 1609), 꿈(Somnium, 1611), 육각형 눈송이에 관하여(Strena Seu de Nive Sexangula, 1611), 우주의 조화(Harmonices Mundi, 1619), 루돌핀 목록(Rudolphine Tables, 1627)이 있다.

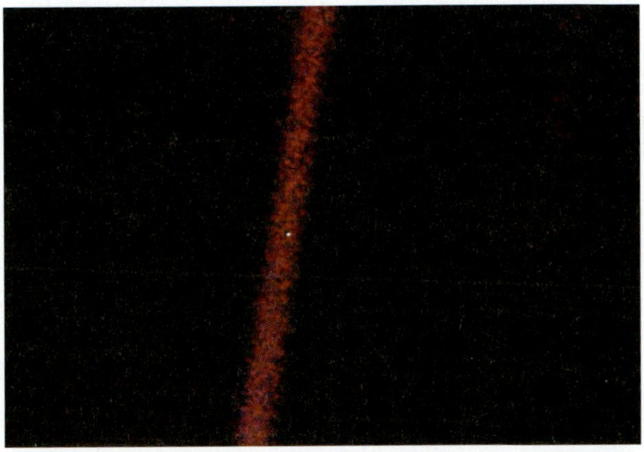

[그림 3-3] 보이저 1호가 태양계 행성 궤도 밖에서 촬영한 지구(pale blue dot). 지구로부터 64억km 떨어진 거리에서 촬영한 것으로 태양계 행성의 궤도 밖에서 지구를 찍은 최초의 사진이다.

출처: NASA, 1990.2.14.

"여기 빛나는 점을 보라. 창백한 푸른 점(pale blue dot) 하나가 여기 있다. 여기가 우리의 고향이고 집이고 자신인 것이다. 우리가 사랑하는 모든 이들, 우리가 알고 있는 모든 사람들이 이곳에서 삶을 누렸다. 우리의 기쁨과 슬픔, 숭상되는 수천의 종교, 이데올로기, 경제이론, 모든 사냥꾼과 약탈자, 영웅과 겁쟁이, 문명의 창조자와 파괴자, 왕과 농부, 사랑에 빠진 젊은 연인들, 모든 아버지와 어머니, 희망에 찬 아이들, 발명가와 탐험가 등 인류의 역사에서 이 모든 것의 총합이 여기에, 이 햇빛 속에 떠도는 먼지와 같은 작은 티끌 위에서 살았던 것이다.

지구는 우주라는 광활한 곳에 있는 너무나 작은 무대이다. 이 작은 점의 극히 일부를 차지하려고 했던 역사 속의 수많은 정복자들이 보여준 피의 역사를 생각해 보라. 또 이 조그만 점의 한 모퉁이에 살던 사람들이 거의 구별할 수 없는 다른 한 구석에서 살던 사람들에게 자행하였던 그 무수한 잔혹함을 생각해 보라. 서로를 죽이려고 얼마나 애를 써왔는지, 그 증오는 얼마나 깊었는지 생각해 보라. 이 작은 점을 본다면 우리가 우주의 선택된 곳에 있다고 주장하는 자들을 의심할 수밖에 없다.

우리가 사는 이곳은 암흑 속 외로운 한 점의 얼룩일 뿐이다. 우리의 작은 세계를 찍은 이 사진보다 우리의 오만함을 쉽게 보여주는 것이 존재할까? 이 창백한 푸른 점보다 우리가 아는 유일한 고향을 소중하게 다루고 서로를 따뜻하게 대해야 한다는 책임을 적나라하게 보여주는 것이 있을까?"

–「창백한 푸른 점」, p.26–27에서

미니탐구 1

보이저 1호는 어디쯤 날아가고 있을까?

NASA[8]에서는 1977년 발사된 이후 보이저 1호의 현재 위치를 실시간으로 제공하고 있다. 2019년 2월 1일, 보이저 1호는 지구로부터 약 217억km 떨어져서 날아가고 있다. 즉, 보이저 호에서 촬영한 사진이 지구까지 전송되는 시간은 빛의 속도로 약 20시간 7분 이상이 소요되는 먼 거리이다.

1. 보이저 1호는 현재 지구로부터 얼마나 먼 거리에서 날아가고 있는가?
   〈찾아보기〉 http://voyager.jpl.nasa.gov/where

2. 이 속도(185억km/35년)로 태양계에서 가장 가까운 별(센타우리 α별, 4.3Ly)까지 날아간다면 얼마나 걸릴까?

8) 관련 홈페이지: http://voyager.jpl.nasa.gov/where

3-2. 지구의 모양과 크기는 어떻게 측정했는가?

우리는 지구가 둥글다는 것을 당연한 사실로 받아들인다. 인공위성에서 찍은 지구 사진을 보아도 의심할 여지가 없다. 그러나 인공위성이 없었던 옛날에는 지구의 모양을 어떻게 알았을까? 지금으로부터 2,300년 전, 아리스타르코스는 이미 지구가 둥글다는 사실과 태양, 달의 거리 및 크기를 측정했다.

❖ 둥근 모양의 지구

지구의 모양에 대한 고대인들의 생각은 대부분 지평선에서 착안하여 평평하다고 생각하였고, 일부 관심이 있는 지식인들만이 지구가 둥근 모양일 것이라고 추측하였다. 거대한 지구 표면에서 작은 점에 불과한 인간에게는 지표면이 평탄하게 보이는 것은 당연한 것이었을 것이다.

과학적으로 지구 모양에 대한 최초의 논의는 BC 230년경, 아리스타르코스[9](Aristarchos)의 「태양과 달의 크기와 거리에 관하여(Peri megethon kai apostematon heliou kai selenes)」에서 이루어졌다. 그가 어디에 살았고 언제 죽었는지에 대해서는 잘 알려지지 않았지만, 그는 우주의 중심이 지구가 아니라 태양이라고 생각한 최초의 과학자였다. 지동설을 주장한 코페르니쿠스 보다도 1,800여 년이나 앞선 생각이었다. 아리스타르코스가 지구가 움직인다는 혁명적인 생각을 할 수 있었던 것은 그의 해박한 기하학 지식과 철저한 연역적인 사고방식 때문이었다. 그러나 그의 태양중심설은 지구가 움직인다는 결정적인 증거를 찾을 수 없었고, 그때 당시의 지배적인 우주관이었던 아리스토텔레스의 천동설을 극복하기에는 역부족이었다.

9) 아리스타르코스(Aristarchos, BC 310?~230?) : 고대 그리스의 천문학자이자 수학자임. 지동설(태양중심설)의 선구자로서 저서 「태양과 달의 크기와 거리에 관하여」가 남아 있다. 해시계를 발명하였고, 지구와 태양 크기를 계산하였으며 지구의 자전과 공전을 주장하였다.

간단한 관측 사실과 기하학적인 방법으로 아리스타르코스는 태양과 달의 상대적인 크기와 거리를 비교한 후, 태양이 달이나 지구보다 훨씬 크다는 결론을 얻었다. 그의 합리적인 생각은 이렇게 큰 태양이 작은 천체인 지구 주위를 돌 수 없다는 것이었다. 그래서 지구가 태양의 주위를 돌아야 한다는 결론을 내리게 되었다. 그는 지구가 둥글다는 사실뿐만 아니라, 태양과 달의 상대적인 크기와 거리까지도 측정할 수 있었다.

아리스타르코스는 달의 위상이 태양 빛을 반사하여 생긴 것으로 보고, 반달일 때 지구-달-태양의 위치가 직각 삼각형을 만든다고 생각했다. 즉, 달은 태양 빛을 반사해서 우리에게 보이는 것이므로, 지구에서 정확히 반달로 보일 때는 [그림 3-4]와 같이 지구와 달을 잇는 선분 EM과 달과 태양을 잇는 선분 MS가 직각을 이룰 것이다. 그러므로 지구-달 거리(EM)와 지구-태양 거리(ES)의 상대적인 거리는 지구에서 달을 연결한 선분 EM와 지구에서 태양을 연결한 선분 ES 사이의 각(∠MES)을 측정하여 구할 수 있다.

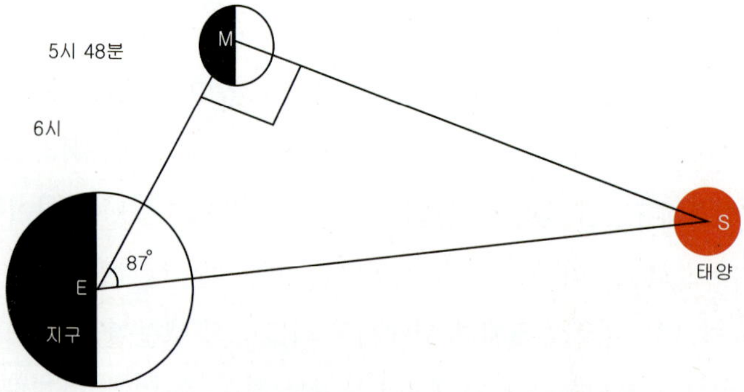

[그림 3-4] 아리스타르코스의 태양 거리 측정 방법

아리스타르코스는 반달일 때 달과 태양 사이의 각을 측정하여 87° 를 얻었고, [그림 3-4]와 같은 작도와 삼각법, 연역적인 생각을 이용하여 지구로부터 태양까지의 거리는 지구로부터 달까지의 거리의 19배 정도(18배보다 크고 20배보다 작다)임을 밝혔다.

그러나 실제 각도는 이보다 커서 지구에서 태양까지 거리는 달까지 거리의 약 400배에 해당한다. 이것은 그 당시의 관측 오차에서 비롯된 것이지만 그 방법과 탐구의 과정은 정확했다.

달-지구-태양의 각도는 시간으로 측정할 수 있다. 반달이 뜰 때, 달이 정확히 남중고도에 있을 때의 시간을 알면 각을 측정할 수 있다. 18시에 달이 남중했고, 달이 정확히 반달이면, 태양-달-지구가 이루는 각(남중: ∠MES=90°)과 태양-지구-달이 이루는 각(반달: ∠SME=90°) 모두가 90°이다. 하지만 해시계를 발명해 시간을 측정했던 아리스타르코스가 달이 남중하고 정확히 반달일 때를 측정했을 때 시간은 아마도 현대시간으로 18시가 아니라 17시 48분에 해당하는 시간이었던 것 같다. 지구는 1시간에 15°를 자전하므로 4분에 1°씩 동에서 서로 움직이는 것처럼 보이므로 17시 48분에 해당하는 각도는 87°이다. BC 220년경인 아리스타르코스 시대에는 시간을 정확하게 알 수도 없었고, [그림 3-5]처럼 완벽한 반달이 아니라는 점, 위도에 따른 각도 변화, 달이 지구의 자전축과 기운 정도 등의 오차를 감안하면 지금으로부터 2,300년 전에 이런 생각과 관측을 했다는 사실 자체가 놀라울 뿐이다. 현대의 관측으로는 이 각이 89.85° 이며, 계산하면 지구와 태양 사이의 거리는 달 거리의 약 400배에 해당한다.

또한 아리스타르코스는 달이 태양을 가려 보이지 않게 되는 개기일식 때, 달이 태양과 꼭 맞게 겹쳐지는 사실에 착안하여 태양과 달의 거리(19배) 비율에 따라 태양의 지름은 달 지름의 19배라고 추정했다(그림 3-6).

[그림 3-5] 월식 때 달에 비친 그림자는 지구의 일부분으로 이를 연장하면 지구의 모습과 크기를 알 수 있다.

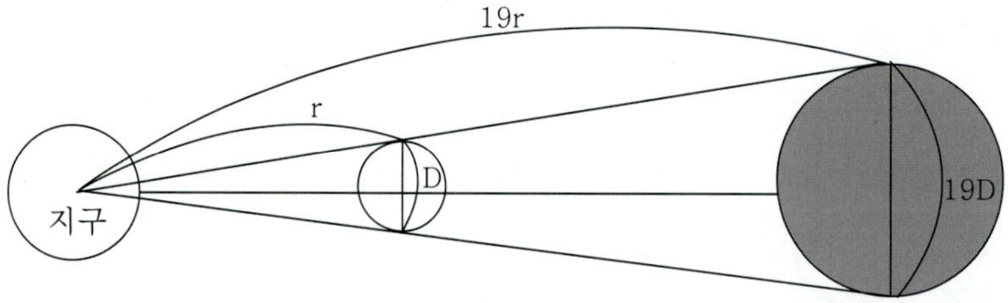

[그림 3-6] 아리스타르코스의 태양 크기 측정

뿐만 아니라, 아리스타르코스는 월식이 지구의 그림자 안으로 달이 들어가 보이지 않게 되는 현상이라고 하면서 월식 모양을 근거로 달이 둥글다는 사실을 증명했다. 또한 지구의 그림자 모양에서 지구 지름을 추론하여 지구는 달의 3배에 해당한다고 생각했으며, 태양의 크기도 지구의 7배 정도가 됨을 밝혔다. 그러나 태양의 실제 크기는 지구의 109배 정도이다.

❖ 지구의 크기 측정

BC 230년경, 아리스타르코스가 관측한 사실로부터 연역한 태양과 달의 실제 크기와 거리를 계산하는 데에는 지구 크기를 정확히 알 필요가 있었다. 최초로 지구 크기를 정확하게 측정한 과학자는 알렉산드리아 도서관장이었던 에라토스테네스[10](Eratosthenes) 이다.

에라토스테네스는 지중해의 남쪽 연안에 있는 키레네(Cyrene)에서 태어났으며 아르키메데스보다 몇 살 아래였다. 젊은 시절의 대부분을 아테네에서 보내고 약 40세쯤 되었을 때 이집트 국왕 프톨레마이오스 3세(에우에르게테스, BC 288~221: 알

10) 에라토스테네스(Eratosthenes, BC 275~195) : 고대 그리스의 천문학자, 수학자. 하지 때 태양의 고도에 의하여 지구의 둘레를 계산하였고, 그의 저서 「지오그래피카(Geographica)」에는 지리상의 위치를 위도와 경도 개념을 처음 도입하여 표시하였다.

렉산드리아 도서관이 가장 번성했던 시대)의 초청으로 알렉산드리아로 와서 왕세자의 개인교수와 알렉산드리아 도서관장을 지냈다. 그를 경쟁 상대로 여기고 시기했던 사람들은 그를 '베타(β)'라고 불렀다고 한다. 베타는 그리스어 알파벳에서 알파(α) 다음의 두 번째 글자로서 에라토스테네스가 무슨 일이든 그 분야에서 똑똑하기는 한데 첫째는 아니고, 둘째라고 하면서 깎아내리고 싶어했다. 그러나 그는 겸손한 사람이었다. 나는 베타가 좋다. '최고를 향해 끊임없이 노력하는 사람이 되겠다'라고 하며 학문에 정진했다고 한다. 에라토스테네스는 천문학자이자, 철학자, 지리학자, 역사학자, 시인, 연극 평론가이면서 수학자였다. 그가 손을 댄 모든 분야에서 그는 '베타'가 아니라 확실한 '알파'였다.

그는 당대의 최고 지성이었던 알렉산드리아 도서관장이었다. 어느 날 거기서 알렉산드리아 남쪽 도시 시에네(Syene, 지금의 아스완 지방)에서는 하짓날 정오에 수직으로 꽂은 막대기가 그림자를 드리우지 않는다는 기록을 보게 되었다. 시에네에서는 1년 중 낮의 길이가 가장 긴 하짓날에는 한낮에 가까이 갈수록 그림자가 점점 짧아져서 정오가 되면 완전히 없어진다는 것이다. 그때 시에네의 우물 속 수면 위에는 태양이 비춰 보인다는 사실이 기록되어 있었다.

그는 나무막대기, 그림자, 우물 속의 태양 등과 같은 일상적이고 단순한 것들에 대해서 가만히, 자세히, 유심히 볼 줄 앎으로서 세상을 바꾸어 놓았다. 에라토스테네스는 실험 정신이 강한 과학자였다. 그는 즉시 알렉산드리아에서도 그런 일이 일어나는지 조사했다. 막대기를 수직으로 꽂고 그 막대가 6월 21일 한낮에 그림자를 드리우는지를 직접 관찰했는데, 알렉산드리아에서는 하짓날 정오에도 막대기의 그림자가 생기는 것을 확인했다.

[그림 3-7] 하짓날(6월 21일경) 정오에 시에네의 우물에서는 수면 위로 태양이 비춘다.

에라토스테네스는 어떻게 같은 시각에 시에네에 꽂힌 막대기는 그림자를 드리우지 않는데, 그보다

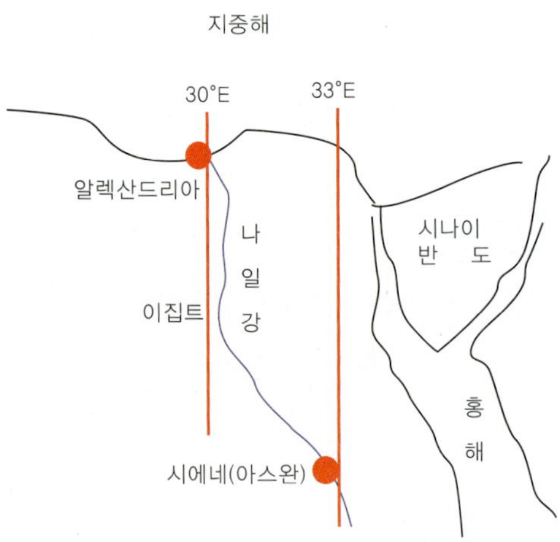

[그림 3-8] 이집트 지도

800km 정도 북쪽에 있는 알렉산드리아에서는 왜 그림자가 만들어지는지 깊이 생각해 보았다. 지구가 평탄하다면 두 지역에서 수직으로 세운 막대기의 그림자는 같아야 한다(그림 3-9). 만약 태양이 머리 위에서 비춘다면 두 곳 모두에서 그림자가 생기지 않을 것이고, 태양 빛이 비스듬히 비출 때에도 그림자의 길이와 각도가 같을 것이다. 그러나 왜 같은 시각에 시에네에서는 막대의 그림자가 생기지 않는데, 알렉산드리아에서는 그림자가 생기는 것일까?

이를 설명할 수 있는 유일한 해답은 지구가 곡면을 이루고 있다는 것이다. 곡면의 구부러진 정도가 크면 클수록 그림자 길이의 차이도 클 것이다. 태양은 워낙 멀리 떨어져 있기 때문에 지구에 다다른 태양광선은 지구 표면 어디에서나 평행하게 진행한다. 그러므로 태양광선에 대해 다른 각도로 세워져 있는 두 막대는 각각 서로 다른 길이의 그림자를 드리우게 된다. 즉, 그림자 길이의 차이는 두 지역 사이의 거리를 의미하게 된다(그림 3-10).

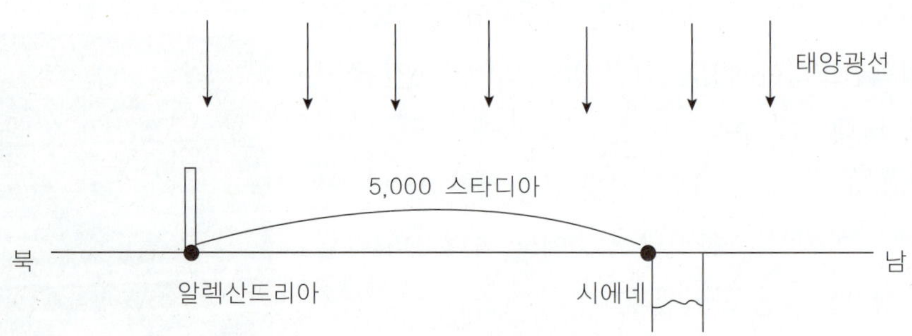

[그림 3-9] 지구 표면이 평탄한 경우

알렉산드리아에서 잰 막대기와 그림자의 비율에서 각 A를 측정할 수 있다. 또한 두 평행선을 지나는 직선이 지나면서 만드는 두 내각은 서로 같다는 기하학의 원리에서 각 A와 각 B는 같은 크기이다. 그러므로 에라토스테네스는 알렉산드리아에서 각 A를 잼으로써 시에네와 알렉산드리아가 지구 곡면 사이에서 7.2°떨어졌다는 사실을 알아냈다.

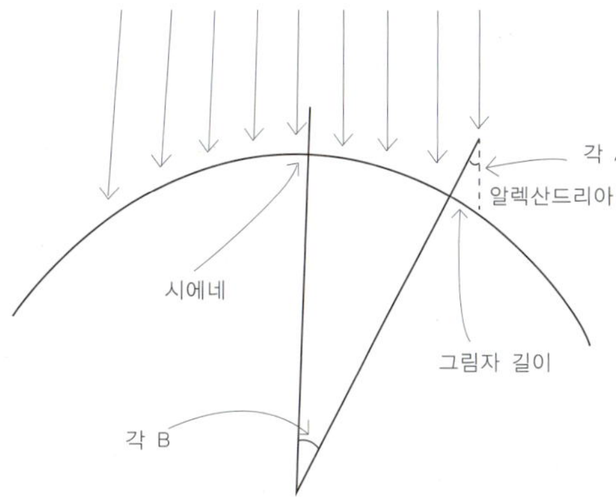

[그림 3-10] 지구 표면이 곡면인 경우

에라토스테네스는 시에네의 막대기 그림자가 사라졌을 때의 알렉산드리아에 세워진 막대기의 그림자를 측정하였다. 알렉산드리아에서 그림자의 길이는 막대기의 1/8이었다. 이 측정값은 알렉산드리아로 들어오는 태양광선과 막대기 사이의 각도가 7.2° 임을 알려주었고, 간단한 기하학의 원리로부터 알렉산드리아와 시에네가 7.2° 떨어져 있음을 알았다. 지구 둘레 전체가 360° 이므로 7.2° 는 전체의 1/50 정도이다. 에라토스테네스는 그때 당시 알렉산드리아에서 시에네까지 낙타를 타고 가는 여행이 50일 걸리고, 낙타는 하루 평균 100 스타디아를 가기 때문에 두 지역의 거리는 약 5000 스타디아라고 추정하였다. 스타디아(stadia)라는 거리 단위는 고대 이집트에서 157.5m 정도였으므로, 알렉산드리아와 시에네 사이의 거리는 약 787.5km가 된다. 지구 둘레는 두 지점의 거리(약 800km)의 50배(360°/7.2°=50)이므로, 지구의 크기가 4만km임을 계산할 수 있다. 오늘날 알려진 지구 반지름은 6,378km이므로 지구 둘레 값은 약 40,054km이다.

에라토스테네스가 사용한 관측 도구는 오로지 막대기뿐이었으며, 실험으로 확인하고자 하는 실험정신이 전부였다. 이 정도만 가지고도 지금으로부터 2,200년 전에 지구 둘레를 현대의 관측값과 거의 일치하는 측정값을 얻었다는 것은 정말 대단한 일이었다. 에라토스테네스는 인류 역사상 처음으로 한 행성의 크기를 정확하게 측정한 과학자였으며, 우리가 만질 수 있는 가장 큰 물체인 지구의 크기를 잰 사람이라고 할 수 있다.

3-3. 지구는 완전한 구형인가?

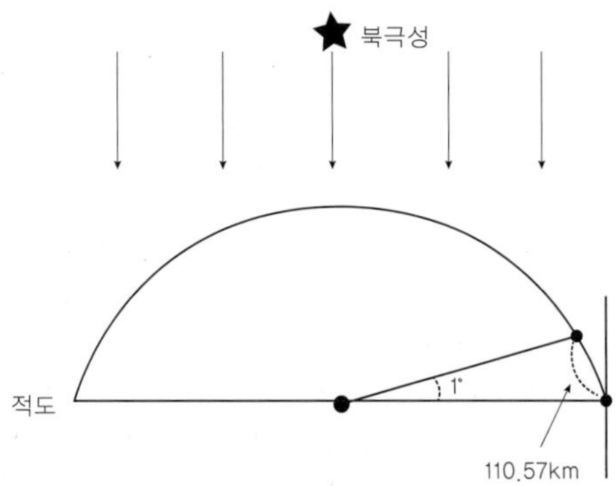

[그림 3-11] 적도 해상에서 북극성을 따라 북쪽으로 계속 항해하여 북극성 고도가 1° 되었을 때 진행한 거리는 110.57km이다.

에라토스테네스는 지구 크기를 측정하기 위해 지구가 완전한 구형이라고 가정했다. 또한 인공위성 지구 사진에서도 지구는 완벽한 구형의 모습으로 보인다.

지구가 과연 완전한 구형인가를 알아보기 위해서 어떤 실험으로 검증할 수 있을까?

우리가 정확히 적도상의 바다에 떠 있는 배 위에 있다고 가정해 보자. 북극성은 지구 자전축상에 위치하며 매우 멀리 위치하고 있으므로, 여기서 오는 광선은 지구에 평행하게 도달한다고 볼 수 있다. 그러므로 배 위에서 관측하는 북극성은 수평선의 정북쪽에서 보이게 될 것이다. 배가 북극성을 향해 똑바로 항해하여 북극성 고도가 1° 높이로 보이는 지점까지 진행한다고 하자. 이것은 위도 1° 만큼 북쪽으로 간 것이므로 이 지점의 위치는 북위 1°가 된다. 이때까지 거리를 측정하면 110.57km이다(그림 3-11).

계속 북쪽으로 항해하여 북극성 고도가 1° 만큼 더 커지도록 이동하여 이때의 거리를 측정해 보면 조금씩 거리가 더 커지는 것을 발견했다. 위도 45°에서는 111.14km이고, 극 지방 부근에서는 111.70km가 됐다. 지구가 완전한 구형이라면 위도 1°, 즉 중심각 1°에 해당하는 지표상의 거리는 지구 표면 어디에서나 같아야 한다. 위도에 따른 북극성의 고도 차이를 이용하여 위도 1°에 해당하는 거리를 측정한 결과 고위도에서 측정할수록 더 크게 측정되었다.

이와 같은 관측 사실을 이용하면 지구 모양이 어떻다고 추정할 수 있는가?

관측 결과는 적도에서 극 지방으로 갈수록 곡률 반경이 더 크다는 것을 의미한다. 즉, 극 지방으로 갈수록 지표면이 더 평탄해진다는 것으로 해석된다. 결국 지구 모양은 적도 지방이 부푼 타원체 모양으로 생각할 수 있다. 지구가 완전한 구형으로부터 얼마나 타원체를 이루고 있는지는 편평도를 통해 가늠할 수 있다. 지구의 편평도는 적도와 극 지방에서의 반지름 차이를 적도 반지름으로 나눈 값이다. 최근의 정확한 지구 반지름 측정에 의하면 적도 반지름은 6378.2km, 극 반지름은 6356.8km로서 지구의 편평도는 0.0034(약 1/300)이다.

미니탐구 2

지구 모양을 적도 반지름이 10cm인 축구공 크기로 만든다고 하자. (단, 지구의 적도 반지름은 6,378km, 극 반지름은 6,356km이다. 실제 FIFA 공인구의 축구공 둘레는 68cm 로서 반지름은 10.8cm이다)

1. 지구의 극 반지름에 해당하는 축구공의 반경은 얼마인가?

2. 지구에서 가장 높은 에베레스트 산(8,848m)과 가장 깊은 마리아나 해구(11,034m)는 축구공 지구 모형에서 몇 cm 솟거나 깊게 만들어야 할까?

3. 지구 모양은 구형인가? 타원체 모양인가?

3-4. 지속 가능한 지구의 개발과 활용

❖ 지구에서 내가 차지하는 땅덩이는?

내가 지구에서 차지하는 공간은 얼마나 될까? 지구상에 살고 있는 모든 사람들이 똑같이 지구의 땅을 나누어 갖는다면, 한 사람이 차지할 수 있는 땅은 얼마나 될까? 다음의 자료를 고려한다면 계산할 수 있을 것이다.

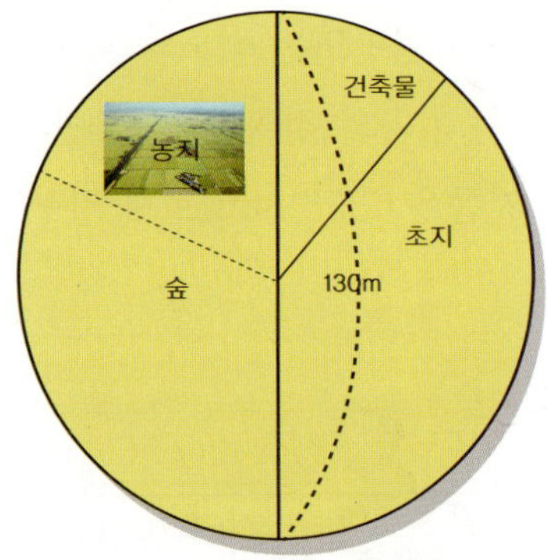

[그림 3-12] 지구에 사는 한 사람이 차지하는 땅의 면적

- 지구의 인구는 얼마나 되는가?
- 사람이 살 수 있는 땅은 얼마나 되는가?
- 지구는 완전한 구형이고, 지구 반지름은 6,400km, 원주율(π)은 3.14이다.

지구의 인구는 계속 증가하고 있는데, 미국 인구조사국[11]에서는 실시간으로 세계인구시계를 제공하고 있다. 2013년이 시작되면서 이미 지구 인구는 70억 명을 넘어섰다. 지구의 70%는 바다로 덮여 있고, 나머지 육지 중에서도 상당 부분은 사람이 살 수 없는 빙하와 사막지대, 호수 등이므로 이들을 제외하면 사람들이 생활할 수 있는 땅덩어리는 지표의 약 18%에 불과하다. 지표면의 18%에 해당하는 땅을 70억 인구에게 균등하게 분배할 경우, 1인당 1.32ha(1ha=10,000㎡) 정도이

11) 미국 인구조사국 : http://www.census.gov

다. 이는 축구장 크기(132m×100m)의 면적과 같고, 지름이 130m인 원의 넓이 정도이다. 이 땅 중에서 약 1/6은 농지이며 나머지는 숲이나 초원, 건물들이 차지한다. 모든 인류가 같은 수준의 의식주 생활을 한다면, 1인당 1.32ha의 땅에서 생산되는 식량과 에너지 등을 이용하며 살아야 한다.

❖ 지속 가능한 소비와 개발

지구촌의 모든 사람들이 같은 수준으로 살고 있지는 않다. 즉, 사람들이 지구의 땅을 똑같이 나누어 공평하게 사용하지 않는다. 유럽의 선진국과 아프리카 후진국 사람들의 의식주와 생활수준은 매우 다르다. 주요 국가의 생활수준에 따라 이론적으로 계산한 소유면적과 실제 면적과의 비교가 〈표 3-1〉이다. 우리나라 국토 면적은 약 90,000㎢이고, 인구가 약 4,700만 명이라면 국민 한 사람에게 돌아가는 1인당 소유 가능 면적은 0.19ha(1,900㎡)이다(1996년 기준). 이 크기는 축구장 크기의 약 절반 정도이며 전 세계 평균(1.54ha)의 12% 정도에 불과한 적은 양이다. 그러나 한국인들의 생활수준과 현재 먹고 쓰는 생활양식은 1인당 2ha의 소유면적에 해당하고 있어서 1인당 부족량은 950%에 이른다. 즉, 한국 사람들은 좁은 땅덩어리에 많은 사람들이 살면서 너무 많이 먹고 많이 소비하여 우리나라 면적의 10배가 넘는 넓은 땅을 다른 나라로부터 활용하고 있는 셈이다. 현재 우리는 스마트폰과 전자제품 등을 수출하여 많은 농산물과 원유 등을 수입하는데, 이 수입하는 양을 땅으로 환산하면 우리나라 땅덩어리의 10배에 해당하는 것이다. 유럽과 미국 등 선진국들은 우리나라보다 더 잘 먹고, 잘 살기 때문에 더 넓은 땅을 소유(3~5ha/1인당)해야 하므로 네덜란드의 경우에는 자기 땅의 20배에 해당하는 소비생활을 하고 있다.

표 3-1 주요 국가의 생활수준에 따른 소유면적과 실제 소요면적의 비교 (Wackernagel M. & Rees W., 1996)

나라 이름	A	B	C	D	1인당 부족량		비고
	생활수준에 따라 계산한 소유면적 (ha)	국가의 생산 가능면적(ha)	인구수 (1995년 기준) B/C	1인당 소유 가능면적 (ha)	E=A−D	F=E/D× 100 (%)	
대한민국	2	9,000,000	47,000,000	0.19	1.81	950	
영국	3	20,360,000	58,000,000	0.35	2.65	760	
독일	3	27,734,000	81,300,000	0.34	2.66	780	
네덜란드	3	2,300,000	15,500,000	0.15	2.85	1,900	
호주	3.74	575,993,000	17,900,000	32.18	−28.44	−760	
미국	5	725,643,000	258,000,000	2.81	2.29	80	
캐나다	4.3	434,477,000	28,500,000	15.24	−10.94	−250	

국민 한 사람의 일상생활이 자연 생태계에 미치는 영향을 토지 면적으로 환산한 수치를 1인당 생태발자국이라고 한다. 생태발자국(Ecological footprint)은 인간이 지구에서 삶을 영위하는 데 필요한 의 · 식 · 주 등을 제공받기 위해 자원의 생산과 폐기에 드는 비용을 토지로 환산한 지수이다. 인간이 자연에 남긴 영향을 발자국으로 표현하여 작은 발자국을 남기자는 취지이다. 생태발자국은 1996년 캐나다 경제학자 웨커네이걸과 리스(Wackernagel M. & Rees W., 1996)가 개발한 개념으로, 지구가 기본적으로 감당해 낼 수 있는 면적 기준은 1인당 1.78gha이고, 면적이 넓을수록 환경문제가 심각하다는 의미가 된다. 선진국으로 갈수록 이 면적이 넓은 것으로 나타났으며, 선진국에 살고 있는 사람들 가운데 20%가 세계 자원의 86%를 소비하고 있다. 우리나라는 1995년을 기준으로 이 기준점을 넘기 시작

했고, 2008년에는 4.6gha에 이르렀다(표 3-2).

인류는 총 생태발자국 지수를 지속가능한 수준으로 조정해야 한다. 우리의 자원 소비는 지구의 생산성 한계 수준 내로, 우리의 배출 역시 생태계가 흡수하고 처리할 수 있는 수준 내로 유지되어야 한다. 생태발자국을 줄이기 위해서는 자원 낭비를 최대한 줄이고, 대체에너지를 개발하여 환경오염의 가속화와 자원의 고갈을 막아야 한다.

표 3-2 경기도의 생태발자국 조사(한국지속가능발전센터, 2012)

지역	인구(백만명)	생태수용력 (gha/명)	생태발자국 (gha/명)	생태적자 (gha/명)
세계(2008)	6,739.6	1.78	2.70	−0.92
한국(2008)	51	0.60	4.60	−4.00
경기도(2012)	12	0.48	4.01	−3.53

세계야생동물기금(WWF)이 발표한 「살아있는 지구 보고서(Living planet report, 2012)」에 따르면, 2008년 우리나라 1인당 생태발자국은 4.6gha인 것으로 나타났다. 이는 세계 149개국 가운데 29번째로서, 세계 평균 2.7gha에 비해 약 1.7배 높고 독일(30위, 4.53gha)과 일본(37위, 4.14gha)을 앞지른 수준이다.

지구가 감당할 수 있는 생태 수용력은 1인당 1.78gha인데, 한국인들의 평균 생태발자국은 4.60gha으로서 2.82gha를 초과하고 있으며, 한국인들이 실제 사용할 수 있는 생태 수용력으로서의 토지면적 0.6gha와 비교한다면 4gha를 초과하고 있다. 우리가 우리나라 국토의 생태부양능력을 초과해서 사용하는 4gha는 어떻게 된 것일까? 바로 한국인 한 사람이 다른 나라의 토지 4gha를 수입해서 이용하고 있다는 뜻이다. 이렇게 다른 곳으로부터 빌려서 쓴 양만큼의 토지가 '생태 적자'로 남게 된다. 우리는 다른 나라의 '자연'과 '사람'들에게 '생태적 빚'을 지며 살고 있는 것이다. 세계 모든 사람들이 한국인들처럼 산다면 지구가 2.6개는 더 있어야 한다. 지구는 하나뿐이다. 하나뿐인 지구가 계속 유지되려면, 지구가 지속가능한 부양 능력 내에서 살아야 하며, 그러기 위해서는 우리의 소비 수준을 62.5% 이상 줄여야 한다. 우주 속에서 창백한 푸른 점 하나로 존재하는 소중한 지구, 하나뿐인 지구는 우리가 지키고 보존해야 한다.

탐구 1: 월식을 이용한 달까지의 거리 측정

BC 130년경, 그리스의 천문학자 히파르쿠스[12](Hipparchus)는 아리스타르코스가 반달일 때 태양과 달, 지구가 직각 삼각형이라는 전제 아래 달 거리를 추정한 연구를 이어 받아 월식을 이용하여 지구에서 달까지의 거리를 측정했다. 히파르쿠스가 여러 관측 사실과 창의적인 가설을 통해 어떻게 정확하게 달까지의 거리를 측정할 수 있었는지 그 방법을 알아보자.

히파르쿠스는 본격적으로 별을 연구했던 인류 최초의 천문학자로 꼽힌다. 그는 천문대를 설치하여 기초적인 장비만을 이용하여 1년의 길이를 거의 정확하게 계산했고, 옛날부터 내려오는 북극성의 위치가 시대에 따라 변해왔다는 사실에서 지구의 자전이 지축을 흔들리게 하는 세차운동도 알아냈다. 그가 BC 129년에 출간한 별자리 목록에는 별들의 위치와 함께 밝기를 측정하는 척도가 나와 있다. 육안으로 관측할 수 있는 가장 밝은 별을 1등성, 가장 어두운 별을 6등성으로 분류한 그의 별 등급은 아직도 사용되고 있다. 1856년 포그슨은 1등성과 6등성은 100배의 밝기 차이가 있음을 밝혔다.

히파르쿠스는 두 지역의 다른 위도에서 달의 고도를 관측하여 간단하게 지구로부터 달까지의 거리를 측정할 수 있음을 알았다. 두 지점에서 동일한 시각에 이를 관측한 달의 고도가 α, β라고 하면, 두 지점에서 지평선과 이루는 각이 α, β가 되도록 직선을 그어 만나는 곳이 달의 위치가 된다는 생각을 한 것이다. 히파르쿠스는 관측하고 작도한 결과 달까지의 거리는 지구 지름의 약 36배가 됨을 알아냈다. 이것은 아리스타르코스가 얻은 값인 지구 지름의 약 7배라는 계산을 크게 개량한 것이었다. 현대 과학에서 달을 적도와 북극 지방에서 동시에 관측하면 시차

12) 히파르쿠스(Hipparchus, BC 190~120?) : 그리스의 천문학자이며 수학자. 관측과 실험에 의한 연구를 중시하였고, 천문대를 세워 별의 밝기와 등급을 정의하였다. 지구의 세차운동을 밝혔으며 월식을 이용하여 달까지의 거리를 정확하게 측정하였다.

가 57′(약 1° : 보름달 시각의 2배 정도) 정도로 관측된다. 이는 달까지의 거리가 지구 반경의 약 60배라는 것으로 실제 거리(38.4만km)와 일치한다.

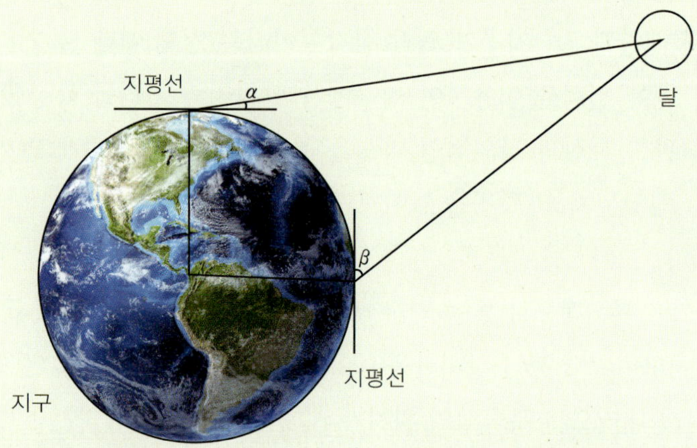

[그림 3-13] 달의 고도를 이용한 히파르쿠스의 달 거리 측정

달의 고도 관측을 통한 달까지의 거리 측정 결과에 고무된 히파르쿠스는 BC 130년경 월식이 지속되는 시간과 시차를 이용하여, 더욱 정확하게 달까지의 거리를 계산할 수 있는 방법을 생각했다.

월식은 지구가 달과 태양 사이에 위치하여 지구의 그림자에 월면이 가리는 현상이다. 달이 지구의 본그림자(umbra)에 전부 들어가면 개기월식, 일부가 들어가면 부분월식이 생긴다. 월식은 보름달일 때에만 일어나는데, 매달 보름마다 일어나지 않는 것은 달의 궤도와 지구 궤도가 약 5° 기울어져 있어서 태양-지구-달이 일직선상에 놓일 기회가 적기 때문이다. 개기월식은 보통 3년마다 1번 정도 관측되는데, 우리나라에서 전 과정을 볼 수 있는 개기월식이 2011년 12월에 있었고, 앞으로 2018년 1월 31일에도 전 과정을 볼 수 있는 개기월식이 나타난다.

2011년 12월 10일, 대전에서 관측한 개기월식의 지속시간이 157.8분이라고 할 때 히파르쿠스의 방법으로 달거리를 구해 보자. [그림 3-14]는 개기월식이 나타날 때 태양과 지구, 달의 위치를 작도한 것이다.

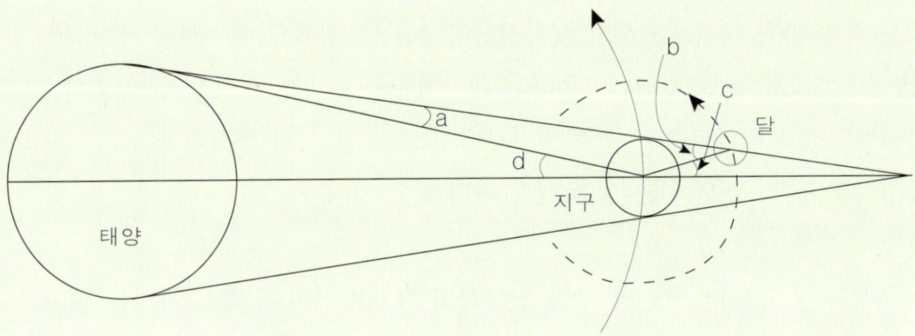

[그림 3-14] 개기월식일 때 태양과 지구, 달의 위치

[그림 3-14]에서 'a+b=c+d'이다.

태양은 달에 비해 매우 멀기 때문에 a≒0(실제로는 8.8″)으로 볼 수 있고, d는 지구에서 본 태양의 시반경으로 약 0.27°(16.2′)이다. c는 월식의 지속시간과 1삭망월(29.5일)의 비례로 계산된다. 여기서 b가 계산되므로 지구와 달 사이의 거리를 계산할 수 있다. c 값을 구하기 위해 개기월식 지속시간 157.8분의 1/2을 각도로 계산하면 0.67° 이다. 그러므로 b 값은 0.94° 이다. sine 법칙을 이용하여 b 값을 적용하면 지구와 달 사이의 거리(x)는 지구 반지름(R)의 약 60배가 됨을 계산할 수 있다.

$$X = \frac{R}{\sin 0.94 = 0.0166} \fallingdotseq 60R$$ ∴ 달까지 거리는 지구반지름의 60배

탐구 2: 금성식을 이용한 태양까지의 거리 측정

히파르코스는 2,100년 전, 육안 관측과 달에 대한 주의 깊은 관찰, 마음을 열고 직접 실험해 보는 열정으로 달이 지구 주변을 돌고 있다는 사실과 달까지의 거리를 측정했다. 히파르코스의 실험정신이 2천 년 후에도 이어져서 금성식(금성의 일면통과 Transit of Venus)을 이용하여 태양까지의 거리도 측정할 수 있었다. 아르스타르코스와 히파르쿠스 등 기원전부터 그토록 알고 싶었던 태양까지의 거리를 금성식을 통해 1882년에야 비로서 알아내게 된 것이다.

금성식은 1639년 영국의 무명 천문학자 제리마이어 호록스가 처음 예고하고 발견한 이래 지금까지 1882년과 2012년을 포함해 8차례를 관측할 수 있었다. 지난 2004년과 2012년 나타난 금성식은 우리나라에서도 관측되었다. 특히 2012년 6월 6일 우리나라에서는 오전 7시 9분부터 13시 49분까지 금성식의 전 과정을 관측할 수 있었다. 다음 금성식은 백 년이나 지난 후인 2117년 12월에 볼 수 있다. 금성의 일면통과를 이용하여 태양까지의 거리를 구해 보자.

핼리혜성 예측으로 유명한 핼리(1716년)는 1882년 금성의 일면통과(태양면 통과, 금성일식)를 예측하고, 태양시차에 의한 태양까지 거리를 결정하는 방법을 시도하였다. 1882년 금성식이 나타났을 때 많은 과학자들이 같은 시각 지구상의 두 지점에서 태양면에 나타나는 금성일식 모양을 관측했다. 그 결과 금성의 일면통과 시차를 구할 수 있었고, 이것으로 태양까지 거리를 측정할 수 있었다.

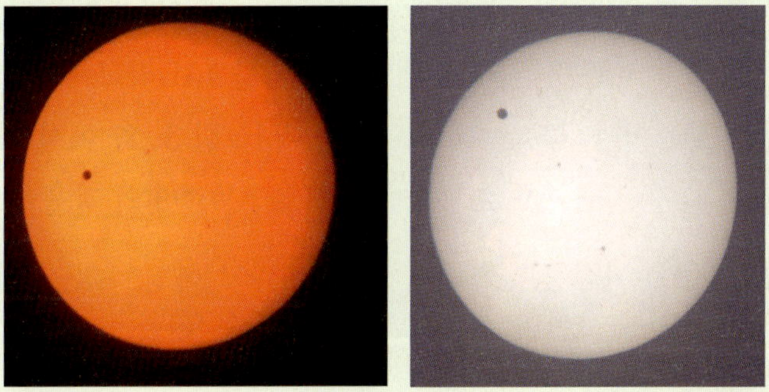

[그림 3-15] 2012년 6월 6일 금성식 VIXEN D-105. 굴절망원경과 스마트폰 갤럭시S II를 이용한 금성식 관측 사진. (좌) 11시40분, 직초점 관측. (우) 12시13분, 투영판 관측.

출처: 김힘찬, 고수영, 고한범

※지구와 태양 전주대 사이의 거리측정

1) 천체 관측 프로그램 「스텔라리움[13](Stellarium)」은 실황으로 천체 관측 상황을 시연해 주는 유용한 공개 프로그램이다. PC 또는 스마트폰에 S/W를 설치하여 2012년 6월 6일 10시 30분의 태양을 찾아 관측해 보자.

2) [그림 3-16]은 스텔라리움(v0.12.0)을 이용하여 대전과 비슷한 경도상의 러시아 야쿠티아 공화국의 주도 야쿠츠크(Yakutsk)에서 관측한 금성 일면통과 사진이다.

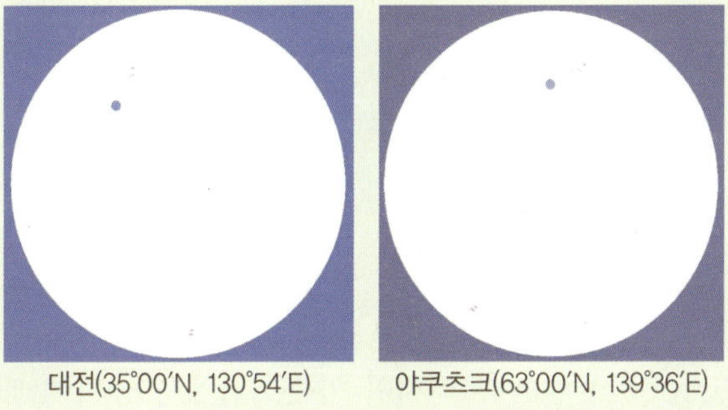

대전(35°00′N, 130°54′E)　　야쿠츠크(63°00′N, 139°36′E)

[그림 3-16] 스텔라리움으로 대전과 야쿠츠크에서 같은 시간에 관측(2012.6.6. 10:30)한 금성의 일면통과

13) 스텔라리움(Stellarium, v0.12.0) 프로그램 제공 사이트 http://www.stellarium.org/

3) 케플러(1571–1630)는 조화의 법칙으로 각 행성의 상대적인 거리를 구하는 방법을 제시했다. 지구와 태양의 거리를 1AU라고 할 때 금성까지 거리는 0.3AU이다. 금성식이 일어났을 때 [그림 3–17]에서 태양의 겉보기각 지름은 약 0.5° 이므로 태양 관측으로 A'–B'(θ)의 각을 알 수 있다. 지구상의 A–B 지점 직선거리의 $\frac{\theta}{2}$를 1이라고 하면, $\tan\frac{1}{2}\theta = \frac{1}{0.3AU}$이므로 태양과 지구 사이의 거리(1AU)를 구할 수 있다.

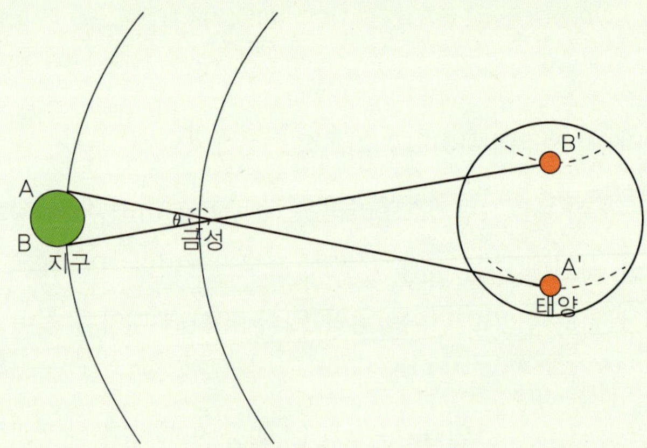

[그림 3–17] 지점 A, B에서 동시에 금성을 관측하면 태양면의 A′, B′에서 금성식이 관측됨(시차 θ)

4) 스텔라리움 천체 관측 프로그램에서 2012년 6월 6일, 같은 시간에 같은 경도상의 두 지점에서 금성의 일면통과를 관측하고, 태양면에 나타나는 위치를 표시하여 시차를 구해 보자(그림 3–16).

5) 토의

금성일면 통과가 있었던 2012년 6월 6일 10시 30분, 대전과 북쪽으로 약 3,000km 떨어진 러시아 야쿠츠크에서 동시에 태양 관측을 실시했다. 관측 결과 태양 사진에서 분석된 금성의 일면통과 시차는 [그림

3-18]과 같았다. 이 관측 자료를 이용하여 지구에서 태양까지 거리를 구하시오. (단, tan 0.002=0.000035, 금성까지 거리는 0.3AU이다.)

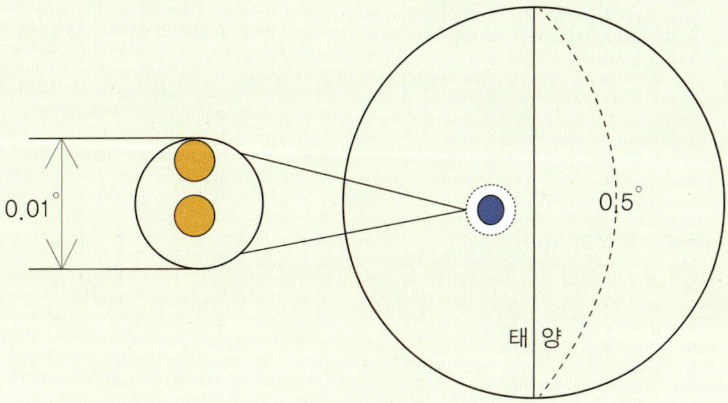

[그림 3-18] 금성의 일면통과 시 대전과 야쿠츠크에서 관측한 시차

탐구 3: 우리는 여기에 있다.

태양계의 여러 천체와 지구에서 가장 가까운 이웃에 있는 센타우리 α 별까지 거리와 크기에 대한 비교를 통해 우주 공간에서 지구가 어떻게 위치하고 있는지 알아보자. 〈표 3-3〉은 태양계를 구성하는 천체들의 크기와 태양으로부터의 거리에 대한 자료이다.

표 3-3 태양과 행성의 거리와 크기

	태양	수성	금성	지구	달	화성	목성	토성	천왕성	해왕성
태양과의 평균 거리 (10^8km)	–	0.58	1.08	1.50	–	2.28	7.78	14.27	28.71	44.97
상대 거리 (AU)	–	0.39	0.72	1.00	–	1.52	5.20	9.54	19.18	30.06
반지름 (km)	696,000	2,439	6,052	6,378	1,738	3,393	71,398	60,000	25,559	24,800
상대크기	109	0.38	0.95	1.00	0.27	0.53	11.19	9.41	4.01	3.89
질량 (10^{24}kg)	1,990,000	0.33	4.87	5.97	0.07	0.64	1,900	569	87	103
상대질량	333,333	0.06	0.82	1.00	0.01	0.11	318	95	14.5	17.2

※ 태양계 천체들의 크기 비교

1) 고무찰흙과 팥(지름 4mm 정도 되는 것)을 준비한다.

2) 고무찰흙을 이용하여 행성과 달의 모형을 만들어 보자.

① 〈표 3-3〉을 참고하여 팥을 지구라고 생각하고, 아래 표를 작성한 후 고무찰흙으로 각 행성들의 모형을 만들어 보자.

	수성	금성	지구	달	화성	목성	토성	천왕성	해왕성
상대크기	0.38	0.95	1.00	0.27	0.53	11.19	9.41	4.01	3.89
고무찰흙 반지름 (mm)			2.0						

② 지구를 팥으로 생각할 때, 목성 모형에는 팥이 몇 개 정도 들어갈 수 있을까?

3) 태양 크기의 모형으로 만들려면 팥 크기의 고무찰흙이 얼마나 필요할까?

※ 태양계 천체들의 크기 비교

1) 하드보드지(A1 크기), 자, 압정을 준비한다.

2) 태양으로부터 각 천체들의 상대적인 거리를 하드보드지에 표시하고, 고무찰흙으로 만든 천체 모형을 여기에 위치시켜 보자.

① 〈표 3-3〉을 참고하여 지구와 태양 사이의 거리를 1cm라고 가정하여 각 행성까지의 거리를 아래 표를 작성해 보자.

	수성	금성	지구	화성	목성	토성	천왕성	해왕성
태양으로부터 거리(AU)	0.39	0.72	1.00	1.52	5.20	9.54	19.18	30.06
상대거리 (cm)			1.0					

② 하드보드지 한쪽 변에 태양의 위치를 표시하고, 각 행성들의 상대적인

거리를 표시한 후, 고무찰흙으로 만든 행성 모형을 위치시켜 보자.

③ 달은 지구로부터 약 38만 km 떨어져서 지구 둘레를 공전하고 있다. 달 모형을 하드보드지에 위치시켜 보자.

④ 인간이 만든 물체 중 가장 멀리 우주로 날아간 보이저 호는 현재(2015년 2월 10일) 태양으로부터 약 195억 km에서 멀어져 가고 있다. 보이저 호의 위치를 표시한다면 하드보드지 밖의 책상 어디쯤에 위치할까?

⑤ 태양계에서 가장 가까운 센타우리 α 별은 지구로부터 약 4.3광년(Ly) 거리에 있다. 이 모형에서(1AU=1cm) 센타우리 α 별은 지구로부터 얼마의 거리에 위치하는가?

⑥ 지구를 팥으로 축소한 후, 이 팥을 지구의 북극에 위치시킨다면 센타우리 α별은 북극으로부터 남쪽으로 얼마만큼 떨어진 곳에 위치할까? (단, 지구 반지름 6,400km, 팥의 반지름 2mm)

정리하기

1. 인류가 우주 밖으로 나가서 지구의 모습을 바라본 과정과 지구의 모습에 대하여 스토리텔링하시오.
2. 여러분이 유리 가가린(Yuri gagarin)과 닐 암스트롱(Neil Armstrong) 같은 우주 탐험가라고 가정하고, 우주에서 지구를 바라보면서 느낄 수 있는 양면성을 스토리텔링하시오.
3. 인류 최초로 아리스타르코스(Aristarchos)가 달과 태양까지 거리를 알아냈던 방법에 대하여 설명하시오.
4. 아리스타르코스가 지구의 모양과 크기, 태양의 크기를 추정하였던 방법을 설명하시오.
5. 에라토스테네스(Eratosthenes)가 지구의 크기를 측정하였던 방법을 설명하시오.
6. 지구에서 내가 차지하는 땅덩이 크기는 얼마 정도인가?
7. 인류의 생태발자국(Ecological Footprint)을 이용하여 지속 가능한 소비와 개발을 위해 어떻게 해야 할 것인지를 스토리텔링하시오.
8. 히파르쿠스(Hipparchus)가 월식을 이용하여 달까지의 거리를 측정했던 방법을 설명하시오.
9. 금성식(Transit of Venus)을 이용한 태양까지의 거리 측정 방법을 설명하시오.
10. 우주 공간에서 지구의 공간적인 위치와 존재에 대하여 스토리텔링하시오.

제3장 참고자료

강혜성 외(2010). 천문학 및 천체물리학. 서울: 센게이지러닝코리아(주).

국제우주정거장(ISS)에서 촬영한 지구 사진(그림 3-1) : http://www.nasa.gov/images/content/718614main_iss034e016601_full.jpg

금성에 의한 일식(금성의 일면통과, 2012.6.6)
http://www.americaspace.com/?attachment_id=20953

보이저 1호가 64억km 밖에서 찍은 지구 사진(Pale Blue Dot)
http://solarsystem.nasa.gov/multimedia/display.cfm?IM_ID=2148

아폴로 11호에서 촬영한 달의 충돌분지 스미트(Smyth) 바다 위로 떠오르는 지구 : http://nssdc.gsfc.nasa.gov/imgcat/html/object_page/a11_h_44_6552.html

아폴로 우주선(Apollo 11 Command/Service Module)에서 본 지구로 귀환하기 위해 도킹하려는 달 탐사선(Lunar Module)과 떠오르는 지구(LM approaches CSM for docking / earthrise) http://www.hq.nasa.gov/office/pao/History/ap11ann/kippsphotos/6642.jpg

유리 가가린의 우주비행 과정 동영상 : http://www.youtube.com/watch?v=b0ktgWlN7SE

윤여찬, 최돈형(2007). 환경친화적 소비자 교육이 생태 발자국에 미치는 영향. 환경교육학회지, 20(3), 67-77.

한국지속가능발전센터(2012). 2012경기도 생태발자국 조사 · 분석. 경기도.

Carl Sagon(1994). 창백한 푸른 점, 현정준 역. 서울: 민음사.

Wackernagel, M. and W. Rees.(1996). 생태발자국, 이유진 · 류상윤 역. 서울: 이매진; Our Ecological Footprint: Reducing Human Impact on the Earth.gabriola Island, BC: New Society Publishers, 1996.

제3장 탐구 해설

〈미니탐구 1〉

1. NASA의 보이저호 실황 사이트(http://voyager.jpl.nasa.gov/where)에서 보이저의 현재 위치 확인
2. 약 7만 7천 년

〈미니탐구 2〉

1. 9.966cm
2. 에베레스트산: 0.0139cm, 마리아나 해구: 0.0173cm
3. 지구의 실제 모습을 반지름이 1cm 구슬로 만든다면 아마도 인간이 만들 수 있는 가장 정교한 구슬 중 하나가 될 것이다.

〈탐구 1〉 지구와 달 사이의 거리는 지구 반지름(R)의 60배 정도

〈탐구 2〉

$$\tan\frac{\theta}{2} = \tan 0.02 = 0.00035 = \frac{1500\text{km}}{\text{AU}} \quad \therefore 1\text{AU} = 1.43 \times 10^{8}\text{Km}$$

〈탐구 3〉

※ 태양계 천체들의 크기 비교

2) ①

	수성	금성	지구	달	화성	목성	토성	천왕성	해왕성
상대크기	0.38	0.95	1.00	0.27	0.53	11.19	9.41	4.01	3.89
고무찰흙 반지름 (mm)	0.8	1.9	2.0	0.5	1.1	22.4	18.8	8.0	7.8

3) 130만 개 정도(1,295,029개)

※ 태양계 천체들의 크기 비교

2) ①

	수성	금성	지구	화성	목성	토성	천왕성	해왕성
태양으로부터 거리(AU)	0.39	0.72	1.00	1.52	5.20	9.54	19.18	30.06
상대거리 (cm)	0.4	0.7	1.0	1.5	5.2	9.5	19.2	30.1

④ 195억km는 130AU이므로 하드보드지에서 태양 모형으로부터 130cm 거리

⑤ 2.7km

⑥ 12,700km 정도

Chapter_ 4

지진과 화산

2010년 4월 16일 아이슬란드의 에이야프얄라요쿨(Eyjafiallajokul)에서 화산이 폭발하여 엄청난 양의 화산재를 공기 중으로 내뿜어 유럽의 항공기 이착륙이 금지되는 항공기 대란이 발생했다.

출처: http://www.boston.com

고즈므슨 일로 뷔며서 쉬이 디고
풀은 어이 하야 프르는 둣 누르나니
아마도 변티 아닐손 바회뿐인가 하노라

윤선도(1587–1671)의 오우가에서

내 죽으면 한 개 바위가 되리라.
아예 애린(愛隣)에 물들지 않고
희로(喜怒)에 움직이지 않고
비와 바람에 깎이는 대로
억년(億年) 비정의 함묵(緘默)에
안으로 안으로만 채찍질하여
드디어 생명도 망각하고
흐르는 구름
머언 원뢰(遠雷)
꿈 꾸어도 노래하지 않고
두 쪽으로 깨뜨려져도
소리하지 않는 바위가 되리라.

유치환(1908–1967)의 바위

백두산 천지

신생대에 여러 차례 폭발을 거듭하면서 백두산 화산체가 형성되었으며,

천지는 정상부분이 급하게 함몰된 칼데라에 물이 고이면서 형성된 칼데라호임

제4장 지진과 화산

제4장에서는 지진은 무엇이며, 지진에 대한 개념과 지진이 어떻게 활용되고 있는지와 지진으로 인한 피해와 방지에 대한 내용을 알아본다. 또한 화산에 대한 일반적인 개념과 백두산, 제주도와 같은 친숙한 상황에서 화산을 이해해보고 지진이나 화산이 전 지구적으로 어떤 곳에서 발생하는지에 대한 실시간적인 자료를 활용해 본다.

4-1. 지진파와 지구내부

4-2. 지진 피해와 대책

4-3. 화산과 마그마

4-4. 판구조 운동

탐구 1: 지진파를 이용한 진앙 결정

탐구 2: 해저 확장 속도 구하기

탐구 3: 실시간 지진 현황 조사하기

4-1. 지진파와 지구내부

❖ 지진과 지진파

[그림 4-1] 2011년 3월 11일 해저 지진에 의한 쓰나미로 해안가 마을이 폐허가 됨
출처: http://www.boston.com

시장에서 수박을 살 때는 누구나 잘 익은 수박을 사고 싶어 한다. 그러나 속을 직접 보기 전에는 알 수 없다. 이때 많은 사람들이 생각하는 것이 두드렸을 때 수박 속을 통해 전달되는 소리를 듣고 수박 내부를 짐작한다. 병원에서 다리를 다쳤을 때도 X선을 이용해 뼈의 형태를 볼 수 있다. 그렇다면 지구는 어떨까? 그 누구도 지구 속으로 20km 이상 파고 들어가 본 사람이 없다. 그러나 수박의 내부를 두드려 알아보는 것처럼 지진이라는 두드림으로 지구 내부를 간접적으로 확인할 수 있고, 이를 통해 현재 지구 내부에 대한 과학적인 사실들이 밝혀져 있다. 지진이란 빠르게 방출되는 에너지에 의해 땅이 흔들리는 현상을 말하며, 다양한 원인에 의해 발생한다. 지각은 탄성체인 암석으로 되어 있으며 이 암석에 탄성한계 이

내에서 힘이 가해지면 변형되고, 힘이 사라지면 다시 원래 상태로 돌아온다. 그러나 탄성한계이상에서는 외부에서 가해진 힘에 의해 깨지게 되고, 이런 깨진 단층면에 의해 나타나는 지진을 단층지진이라고 한다. 1906년 미국의 산안드레아스 단층대에서 발생한 지진을 설명하기 위해 리드(Reid)는 탄성반발설을 제안하였다. 단층의 양쪽에 상대적으로 어긋나는 힘이 가해지면 양쪽 땅덩어리가 서서히 변형되면서 탄성에너지가 저장된다. 그러다 암석이 탄성한계 이상으로 변형되어 파괴되면 저장된 탄성에너지가 일시에 사방으로 전파되어 지진이 발생한다. 단층지진 이외에도 화산폭발이나 마그마의 이동으로 생기는 화산지진, 판의 움직임에 의해 생기는 지진, 인위적인 발파나 지하 핵실험으로 생기는 인공지진, 지하의 빈 공간이 함몰되어 생기는 함몰지진 등이 있다. 일본 신화에서는 땅속에 사는 큰 메기에 의해 지진이 발생한다고 하고, 러시아 캄차카반도의 사람들은 거대한 개가 털에 떨어진 눈을 털어낼 때 발생한다고 믿었다. 지하에서 지진이 발생한 지점을 진원이라고 하고 진원의 수직 위 지표상의 지점을 진앙이라고 한다. 지진이 발생한 진앙의 위치를 알기 위해서는 적어도 3개 이상의 지진관측지점이 있어야 한다. [그림 4-2]처럼 A, B, C 세 관측지점을 중심으로 진원까지의 거리를 반지름으로 하는 원을 그린 후 공통현의 교점을 찾으면 그 곳이 진앙이 된다.

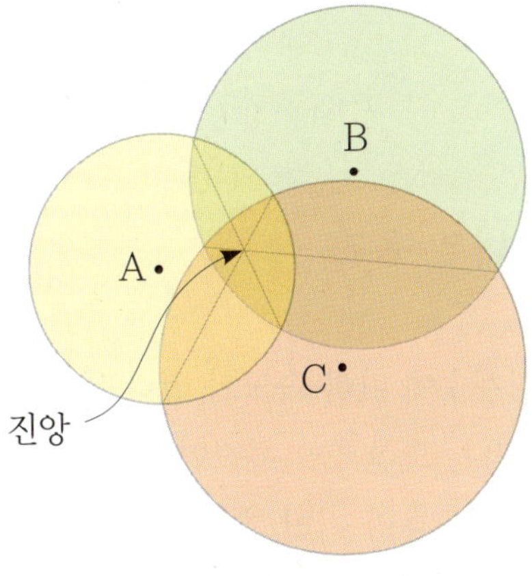

[그림 4-2] A, B, C 세 관측소와 진앙 위치

지진이 발생하면 지진파의 형태로 에너지가 전달된다. 우리가 공기 중에서 소리를 들을 수 있는 것은 공기를 진동시키며 음파가 전달되기 때문이다. 지진파는 실체파와 표면파로 구분되며, 실체파는 전달되는 방식에 의해 P(Primary wave)파와 S(Secondary wave)파로 구분된다. P파는 가장 먼저 도달하는 지진파로 매질의 진동방향이 파의 전파방향과 나란한 종파로서 고체, 액체, 기체를 모두 통과한다. S파는 두 번째로 도달하는 지진파로 매질의 진동방향이 파의 전파방향과 직각을 이루며 전파되는 횡파이고 고체만 통과한다. 표면파는 가장 나중에 도달하는 지진파로 지표면을 따라 전파되고 진폭이 커서 피해는 다른 지진파에 비해 가장 크다. 표면파는 지표면에 수직인 평면 내에서 매질이 타원을 그리며 전파되는 레일리파(Rayleigh), 표면에서 S파와 비슷하게 파의 진행방향에 대해 매질이 직각으로 진동하며 전파되는 러브파(Love)로 구분된다. P파와 S파가 도달한 시간차이를 PS시라고 하며, PS시를 이용하여 진원까지의 거리를 구할 수 있으며 PS시와 진원까지의 거리는 비례관계이다.

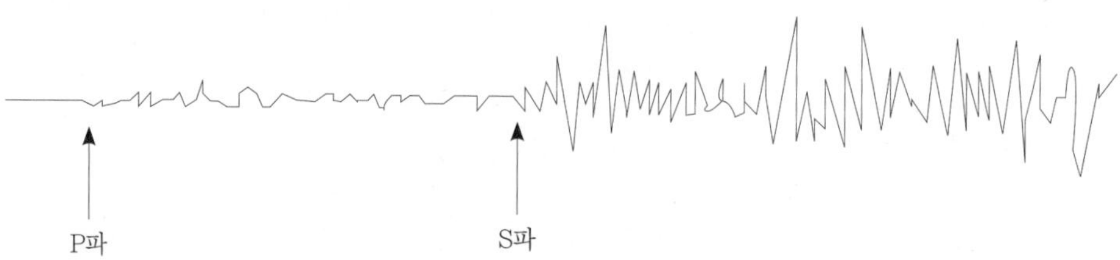

[그림 4-3] 지진기상

❖ 지진파와 지구 내부 구조

지진파는 밀도와 탄성계수에 따라 속도가 달라지며 맨틀에서는 지구 내부로 갈수록 빨라지는 경향이 있다. 또한 불연속적인 경계면에서는 반사나 굴절 등이 나타나고, 이를 이용해 지구 내부의 여러 가지 불연속면을 찾게 되었고 층상구조를 알게 되었다. 지각과 맨틀의 경계는 모호면, 맨틀과 외핵의 경계는 구텐베르그면,

외핵과 내핵의 경계는 레만면이 존재한다. 모호면은 모호로비치치가 발칸반도에서 일어난 지진을 분석하던 중 지하 약 30km 깊이에서 지진파의 속도가 갑자기 증가하는 불연속면을 찾아냈다. 지진이 지구 내부를 통과할 경우 지표에서 관측할 수 있는데, 일부 지역에서는 지진파가 관측되지 않는 곳이 있고 이 지역을 암영대라고 한다. 구텐베르그는 암영대를 분석하면서 지하 약 2,900km 부근의 구텐베르그 불연속면을 발견하게 되었다. 1936년 레만은 지진 기록을 분석하여 암영대(각 거리 103°-142°)에 해당하는 진앙으로부터의 각 거리 110°되는 곳에서 약한 P파를 관측하여 지하 약 5,100km에 레만면이라는 불연속면을 발견하였다.

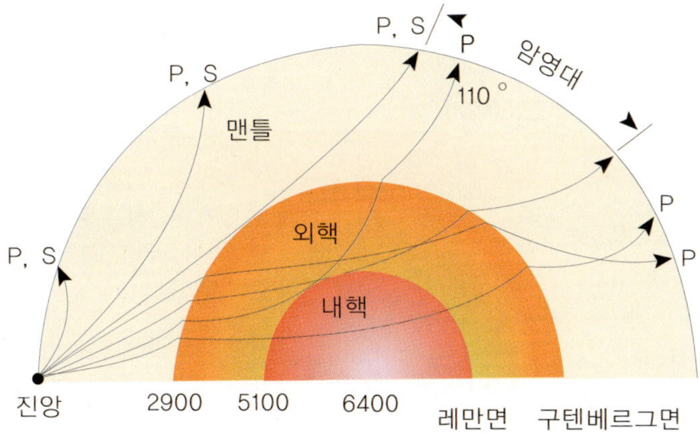

[그림 4-4] 지구 내부 구조와 불연속면

4-2. 지진 피해와 대책

❖ 지진의 규모와 진도

밤하늘에 떠 있는 별 중에서 어떤 별은 더 밝게 보이고 어떤 별은 좀 어둡게 보이기도 한다. 또한 별까지의 거리는 다 제각각이다. 그래서 별의 밝기를 표현하는 방법으로 절대등급과 실시등급이 있다. 지구에서 10pc(파섹)의 같은 거리에 별이 있다고 가정한 후, 계산한 밝기를 절대등급(M)이라고 하며 별까지의 거리를 무시하고 지구에서 관측한 밝기를 실시등급(m)이라고 한다. 이를 활용해 지진의 크기를 나타내는 표현은 규모(Magnitude)와 진도(Intensity)가 있다. 규모는 지진에 의해 방출된 에너지를 나타내는 수치로 동일한 지진에 대해 장소에 관계없이 규모는 같다. 이는 별의 밝기에서 절대등급에 해당한다. 지진이 발생했을 때 매스컴 및 공공기관에서 지진의 세기를 주로 규모로 발표한다. 지진의 규모 중 리히터 규모를 가장 많이 사용하며 진앙에서 100km 떨어진 곳에 있는 표준지진계에 나타나는 지진 기록의 최대 진폭을 이용해 결정한다.

표 4-1 수정된 메르칼리 진도(MM)

진도	상황	진도	상황
Ⅰ	미세한 진동, 특수한 조건에서 극히 소수 느낌	Ⅶ	서 있기 곤란하고 운전 중에도 지진을 느낌, 회벽이 무너지고 느슨한 적재물과 담장이 무너짐
Ⅱ	실내에서 극히 소수 느낌	Ⅷ	차량 운전 곤란, 일부 건물 붕괴, 사면, 지표의 균열이나 탑, 굴뚝이 붕괴됨
Ⅲ	실내에서 소수 느끼고 매달린 물체가 약하게 움직임	Ⅸ	견고한 건물의 피해가 심하거나 붕괴, 지표의 균열이 발생하고 지하 파이프관이 파손됨
Ⅳ	실내에서 다수 느끼고, 실외에서는 감지하지 못함	Ⅹ	대다수 견고한 건물과 구조물 파괴, 지표 균열, 대규모 사태, 아스팔트가 균열됨
Ⅴ	건물 전체가 흔들림, 물체의 파손, 뒤집힘, 추락, 가벼운 물체의 위치가 이동함	Ⅺ	철로가 심하게 휘고 구조물이 거의 파괴, 지하 파이프 관 작동 불가능함
Ⅵ	똑바로 걷기 어렵고 무거운 물체의 이동 또는 뒤집힘, 약한 건물의 외벽이 떨어지거나 금이 감	Ⅻ	지표면이 파도 형태로 움직임, 물체가 공중으로 튀어 오름

지진규모(M)와 방출에너지(E) 사이에는 'logE = 11.8 + 1.5M'과 같은 관계식이 성립한다. 이 식에 의하면 지진의 규모가 1만큼 증가할 때 에너지는 약 32배가 증가하고, 2만큼 증가할 때는 1,000배가 증가한다. 진도는 지진의 크기를 사람이 느끼는 정도와 피해 정도를 기준으로 상대적으로 나타낸다. 지진은 발생한 장소에서 멀리 퍼져나갈수록 에너지가 감소하여 피해도 줄어들 가능성이 있다. 따라서 동일한 지진이라도 각 지역마다 진도는 다르게 나타난다. 1902년 메르칼리가 10단계의 진도를 제안한 후, 미국 캘리포니아 건물들을 기준으로 12단계의 수정된 메르칼리 진도가 2001년부터 우리나라에서 사용하고 있다.

❖ 지진 국민 행동 매뉴얼

지진이 발생하게 되면 인명이나 재산의 피해가 있을 수 있기 때문에 평소부터 대비를 하고 지진피해가 발생했을 때 신속하게 행동해야 피해를 줄일 수 있다. 국가재난 정보센터(http://www.safekorea.go.kr/)에서는 지진 국민 행동 매뉴얼을 제작하여 홍보하고 있다. 또한 기상청 홈페이지에는 장소별로 지진 대피 요령이 탑재되어 있다.

우리나라는 지진이 자주 발생하는 판의 경계에서는 약간 떨어져 있지만 많은 활성단층이 존재하고 있으며, 규모 2~3 정도의 지진은 매년 수십 차례씩 발생하고 있다. 게다가 큰 피해를 입힌 지진이 역사 기록에서 찾아볼 수 있다. 따라서 지진이 발생할 가능성에 대비해서 미리 준비를 하고 있어야 한다. 지진발생 시 위험을 일으킬 수 있는 집안의 가구나 물건 등은 미리 정리해 두어야 한다. 비상시를 대비한 응급처치법을 알아두어야 하고, 지진 후 가족을 만날 수 있는 장소를 미리 결정해 두어야 한다. 또한 지진이 발생했을 경우 대피할 실내외 장소를 미리 알아 두어야 한다.

지진이 멈춘 경우 여진이 있을 수 있기 때문에 미리 대비해야 한다. 부상자가 있을 경우 응급처치를 해야 하며, 가스폭발 및 화재가 발생할 수 있기 때문에 주의해야 한다. 해안가에 거주하는 경우 지진해일에 대비해야 하며, 방송에 주의를 기울여야 한다.

표 4-2 지진대피요령(http://www.kma.go.kr)

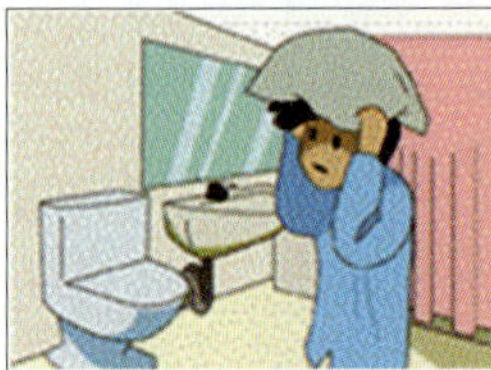	집안에 있을 때 • 책상, 침대 밑에서 책상다리를 꼭 잡아야 합니다. • 방석 등으로 머리를 보호합니다. • 벽 모서리, 화장실, 목욕탕은 비교적 안전합니다. • 불을 끄고 가스밸브를 잠급니다.
	빌딩 안에 있을 때 • 책상, 탁자 밑으로 빨리 대피하세요. • 창문, 발코니로부터 멀리 있으세요. • 엘리베이터를 이용하면 안 됩니다. • 비상계단을 이용해야 합니다.
	백화점, 극장, 지하, 운동장에 있을 때 • 지진을 느끼면 좌석에서 즉시 머리를 감싸고 진동이 멈출 때까지 그대로 앉아 있으세요. • 안내자의 지시를 잘 따르고 출구나 계단으로 급히 몰려가면 안 됩니다. • 지하시설물은 비교적 안전하지만 정전, 침수 등에 대처해야 합니다. • 넓은 운동장은 지진에 안전합니다.
	학교에 있을 때 • 책상 밑에 들어가 몸을 웅크리세요. • 넘어지는 선반이나 책장으로부터 멀리 피하여 몸을 보호해야 합니다. • 선생님 지시에 따라 행동하면서, 침착하게 운동장으로 대피하세요.
	지하철을 타고 있을 때 • 고정된 물체를 꽉 잡으세요. • 문을 열고 뛰어내리면, 지나가는 차량에 치이거나 고압선에 감전되는 등의 사고가 발생할 수 있습니다. • 차내 안내방송에 따라서 움직이세요.
	등산이나 여행 중일 때 • 산악, 급경사지에서는 산사태나 절벽이 무너질 우려가 있습니다. • 라디오, 자체방송, 안내요원의 지시에 따라 신속히 대피하세요. • 해안에서 지진해일특보가 발령되면 높은 지역이나 해안에서 먼 곳으로 신속하게 대피하세요.

4-3. 화산과 마그마

애국가에 나오는 백두산은 언제부터 어떤 원인으로 만들어졌을까? 제주도의 아름다운 경관이나 독도는 어떤 원인으로 만들어졌을까? 백두산이나 제주도, 독도는 모두 신생대의 화산활동에 의해 형성되었다. 화산은 암석의 성인을 말할 때 매우 중요한 의미를 갖게 된다. 화산을 보지 못한 독일의 베르너(Werner)는 모든 암석이 물밑의 침전에 의해 형성된다고 주장했다. 그러나 화산에서 용암이 굳어 암석이 만들어지는 것을 목격한 학자들은 암석화성론을 주장하며 베르너와 다른 주장을 펼치게 된다. 화산(火山:volcano)은 지하에 있는 용융된 물질인 마그마(magma)가 지각의 틈이나 약한 부분을 통해 지표로 나오는 현상이나 장소를 의미하며 좀 더 넓은 의미로는 마그마의 지하에서의 활동도 화산활동에 포함시킨다. 'volcano'는 '불의 신'이라는 이름인 'vulcan'에서 유래되었다. 마그마는 지하물질이 고온고압 상태에서 용융된 것을 말하며, 탄산음료에 이산화 탄소가 녹아 있는 것처럼 수증기를 포함한 가스성분이 용해되어 있다. 지하의 물질은 여러 광물이 혼합되어 있기 때문에 용융점이 낮은 광물부터 차례로 용융되어 부분적으로 용융되기도 한다. 지구 속으로 들어갈수록 온도와 압력이 높아지는 환경에서 특정 깊이에서의 물질은 온도가 더 상승하거나 압력이 감소하게 되면 마그마가 형성될 수 있고, 이런 환경조건에 따라 마그마가 생성되기 쉬운 장소가 몇 군데 있다. 대양저의 해령에서는 맨틀대류로 고온의 물질이 상승하면서 압력이 낮아져 현무암질 마그마가 형성된다. 열점에서는 방사성 원소가 농집되어 있고 붕괴에 의한 열로 온도가 상승하여 마그마가 형성된다. 하와이는 대표적인 열점 위의 화산섬이다. 판의 이동에 따라 대륙판 밑으로 파고드는 해양판이 지하로 들어가면서 마그마가 형성될 수 있다. 어떤 화산은 조용히 분출하고 또 어떤 화산은 격렬한 폭발과 함께 화산재를 내뿜기도 한다. 이런 화산의 분출 양상은 마그마의 성분, 마그마의 온도, 마그마에 녹아 있는 기체의 양 등에 의해 영향을 받는다. 마그마는

SiO_2 성분에 따라 현무암질, 안산암질, 화강암질(유문암질) 마그마로 구분된다.

표 4-3 마그마의 종류

특성	현무암질 마그마	안산암질 마그마	화강암질 마그마
SiO_2함량	52% 이하	중간	66% 이상
점성	매우 작다	중간	매우 크다
화산쇄설물 형성	적다	중간	많다
온도	높다	중간	낮다
용해 가스량	적다	중간	많다
화산활동 형태	분출형	혼합형	폭발형
화산체	순상화산	성층화산	종상화산

마그마가 지표로 올라오면 용해된 화산가스가 먼저 나오고, 그 이후에 각종 화산쇄설물과 용암이 분출한다. 화산가스는 대부분이 수증기이고 이산화 탄소, 황, 황화수소, 아황산가스, 염화수소 등이다. 마그마가 지표로 나와 휘발성 기체와 수증기를 잃은 것을 용암이라고 하며, 용암의 온도는 800~1200℃ 정도 된다. 현무암질 마그마는 현무암질 용암이 되고 마찬가지로 안산암질 마그마는 안산암질용암이 된다. 현무암질 용암은 낮은 SiO_2함량으로 점성이 작고 유동성이 커서 하와이나 제주도와 같은 순상화산 또는 용암대지를 형성한다.

용암류의 형태는 거칠고 들쭉날쭉한 덩어리들로 이루어진 아아(aa)용암과 표면이 매끈하거나 새끼를 꼰 모양의 파호이호이(pahoehoe)용암으로 구분한다. 화산이 폭발할 때 고체 상태로 분출되는 물질을 화산쇄설물이라고 하며, 크기에 따라 화산탄(지름 64mm 이상), 화산력(지름 2~64mm), 화산재(지름 0.05~2mm), 화산진(지름 0.06mm 이하) 등으로 나뉘고, 화산재나 화산진 등은 공기 중에 비교적 오래 머물며 태양빛을 차단하기도 한다. 그밖에도 검고 기공이 많은 스코리아, 희고 기공이 많아 물에 뜨는 부석 등도 있다. 제주도에서는 스코리아를 화산송이라고도 한다. 대부분의 화산 정상에는 분화구라고 불리는 깔대기 모양의 함몰된 곳이 있다. 그러나 몇몇 화산들은 칼데라라고 불리는 매우 커다란 원형의 붕괴지형을 가진다. 울릉도의 나리분지와 백두산 천지는 모두 칼데라이며 특히 천지는 칼데라에 물이 괴어 생긴 칼데라호이다. 화산 폭발 시 화산쇄설물인 스코리아, 분석 및 굳은 용암 조각들이 쌓여서 만들어진 비교적 안정적인 고깔 모양을 한 화산체를 형성하기도 한다. 화산 폭발 시 매우 위험하고 파괴적인 현상은 화쇄류이다. 고열의 화산재와 암편들이 섞인 고온의 가스가 시속 200km 정도의 빠른 속도로 흐르며 피해를 입힌다. 한편 라하르(lahar)로 불리는 이류는 화산암설들이 물에 포화되면서 화산의 급경사면을 따라 많은 피해를 입힐 수 있다.

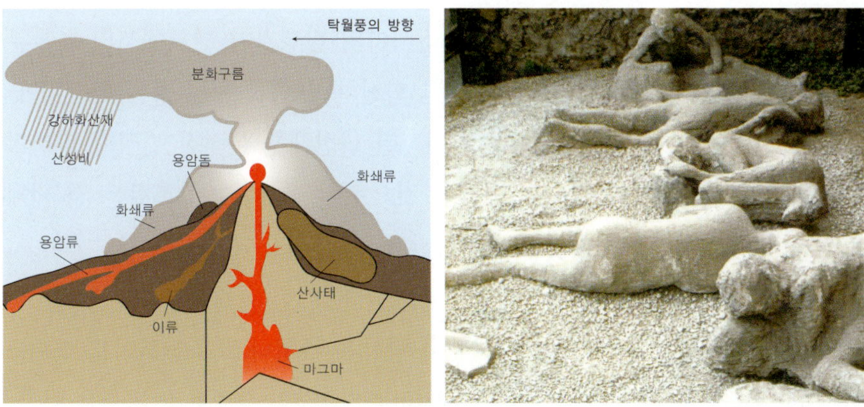

[그림 4-5] 화산 피해. 피해 모식도(좌)와 폼페이 화산에 의한 사람 몰드(우)

출처: 자연재해와 재난

❖ 백두산 화산

백두산은 우리나라 양강도 삼지연군과 중국 길림성 안도현에 솟아 있는 산이다. 화산활동 초기에는 현무암질 용암이 분출되어 평평한 용암대지를 형성했고,

중기에는 방패 모양의 순상화산을 형성했다. 후기에는 조면암질 테프라와 용암이 번갈아가면서 분출하여 고깔 모양의 성층화산을 이루었다. 그 이후 유문암질 부석들이 폭발해 백두산 봉우리 일대를 덮었고, 백두산의 윗부분이 함몰되어 칼데라호인 천지가 형성되었다. 백두산은 역사 이래 여러 차례 활동하였으며 고려시대와 조선시대에 부석을 내뿜었다는 기록이 남아있다. 천지는 세계적으로 유명한 고산호수로서 해발 2,190m까지 물이 고여 있고 크기는 여의도만 하며 최대 수심은 384m이다. 백두산 화산체에 대해 중국에서 보면 사시사철 머리에 흰 눈을 이고 있어서 장백산이라고 하고, 우리나라에서 보면 항시 머리에 흰색 부석을 이고 있어서 백두산이라고 한다. 백두산 화산 폭발에 대한 기록은 일본기략, 고려사, 고려사세가, 동국문헌비고, 조선왕조실록, 승정원일기, 장백산강강지략 등에 나와 있다. 장백산강강지략에 의하면, 1903년에는 소규모의 수증기 마그마성 분화가 있었다. 가장 최근에는 1925년 러시아의 탐험가가 천지에서의 화산분화를 기록하기도 했다. 약 1천 년 전 백두산 화산 폭발로 인해 수많은 화산재가 바람을 타고 일본까지 흘러갔다. 일본에 퇴적된 화산재를 분석한 결과와 일본기략에 의하면 929년에서 945년에 폭발했을 것으로 추정하며, 이 폭발은 전 세계적으로 가장 강한 폭발이었을 것으로 추정한다. 화산재가 태양빛을 차단하여 지구의 기온이 1℃ 하강했을 것으로 추정하기도 한다. 어떤 학자는 이 화산폭발로 인해 인근 지역에 있던 발해가 멸망하는 데 영향을 주었다고 주장하기도 한다. 백두산에서는 2002년부터 화산성 지진활동의 증가, 정밀 수준측량 관측을 통한 지표면 팽창, 특정 화산가스 방출량의 증가, 온천수의 온도 증가 등 화산 전조활동이 활발해짐으로써 나타나는 전조현상들이 관측되고 있다. 백두산 화산 폭발 시 여러 가지 피해를 줄 것으로 예측된다. 특히 20억 톤 이상의 천지 물로 인해 다른 화산과 달리 엄청난 피해를 입힐 것으로 예측하고 있다. 화산쇄설물이 고온의 가스와 함께 화산의 사면을 고속으로 흘러내리는 화쇄류와 화산재나 화산쇄설물이 물과 혼합되어 흘러내리는 화산이류(lahar) 등이 용암이나 화산재와 함께 큰 피해를 입힐 것이다. 화쇄류의 경우, 고온상태의 흐름으로 분화위치에서 하부 평탄지까지 피해 범위가 넓어지는 것이 일반적이다. 화산이류는 저온의 유체흐름으로 점도와 유출량에 따라 이동거리가 달라지지만, 백두산의 최대 이동거리는 분화 지점에 따라 송화강, 압록강, 두만강과 같이 주수계까지 연장될 수 있다. 또한 천지에 있는 20억 톤의 물이 대형 화산성 홍수를 일으킬 것으로 예측되고 있다. 역사기록과 지표조사에 따르면 백두산의 분화기록에서 송화강과 압록강, 두만강의 하구지역에서 백두산의 화산쇄설물이 발견되고 있다. 과거 백두산의 화산활동으로 인한 화산쇄설물의 피해는 천지를 중심으로 반경 400km에 이르렀을 것으로 추정된다.

❖ 화산이 준 선물, 광물과 암석

화산은 우리에게 무섭고 위험한 존재임은 분명하지만, 화산은 다양한 광물과 암석을 우리에게 선물로 주었다. 광물과 암석은 일상생활에서 다양하게 사용되고 있는 자원이다. 인류의 역사는 땅속의 광물과 암석을 어떻게 활용하느냐에 따라 구분되어 왔다. 구석기 시대에는 주변의 돌 중에서 특이한 모양의 돌을 골라서 긁개나 찍개 등으로 사용했다. 좀 더 나아가서 돌의 일부를 떼어내어 날카로운 부분이 만들어지게 한 후 뗀석기로 사용하기도 했다. 신석기 시대는 필요로 하는 용도에 맞게 돌을 갈아서 만든 간석기를 사용했다. 게다가 흙이라는 자원으로 토기를 만들어 사용했다. 그런데 돌 속에는 여러 가지 특이한 물질들이 존재하며, 그 중에 구리와 같은 물질이 있었고 불을 이용해서 구리를 분리할 수 있는 기술을 얻었다. 또한 구리에 주석을 섞으면 더 단단해지는 청동을 만들게 되었고 이를 이용한 청동기 시대가 등장한다. 하지만 청동보다 더 단단한 철을 돌에서 추출하고 제련하는 기술을 얻어 청동기 시대를 마무리하고 철기 시대로 이어졌다. 그 이후 도자기나 유리 제품을 만들어 실생활에 사용하고 각종 금속을 추출하여 사용했다. 한편 나무에 의존하여 난방에 사용하던 것에서 석탄이나 석유, 천연가스 등의 화석연료를 이용하게 되면서 인류는 급격한 발전을 하게 된다. 요즘은 석유에서 추출한 다양한 플라스틱 제품 및 합금, 신소재 등으로 원자재의 특성을 한층 개선한 시대가 도래하였다.

지각을 이루는 것은 암석이며 암석은 광물로 이루어져 있고 광물은 수많은 원소들로 이루어져 있다. 지각에 존재하는 원소 중 1% 이상 되는 것은 8가지가 있다. 산소, 규소, 알루미늄, 철, 칼슘, 소듐, 칼륨, 마그네슘 등이며 아홉 번째로 많은 것이 타이타늄이다. 이들 원소들이 모여 광물을 만들 때 특히 규소와 산소의 결합체인 규산염이 대부분의 광물을 형성한다. 광물을 만드는 데 주로 사용되는 광물을 조암광물이라고 한다. 광물(Mineral)은 자연에서 산출되는 무기물로서 일정한 범위의 화학조성과 물리적 성질을 가지며 규칙적인 원자배열을 갖고 있는 고체로 정의된다. 따라서 얼음, 금, 철, 구리, 석영, 흑운모 등은 광물이지만 물, 인공 다이아몬드, 석탄, 석유, 흑요석, 유리, 도자기 등은 광물이 아니다. 광물은 다양한 물리적 성질이 나타나며 이런 성질을 통해 광물을 구분한다. 순수한 석영의 결정인 수정은 투명하지만 산화철이라는 불순물이 포함되면 자색을 띠고 망가니즈가 포함되면 붉은 색을 띤다. 광물이 보여지는 겉보기색과 달리 광물 가루의 색이 다른 경우가 있다. 야외에서 황철석을 보면 겉보기 색이 금과 유사하여 금으로 혼동할 수 있다. 그래서 황철석을 바보금(fool's gold)이라고도 한다. 이외에도 쪼개짐과 깨짐, 광물의 단단한 정도인 굳기 등이 있다. 활석, 석고, 방해석, 형석, 인회석, 정장석, 석영, 황옥, 강옥, 금강석 순서로 광물이 단단해지며 이 순서를 모스(Mohs) 굳기계라고 한다. 전체 광물의 92%를 차지하는 규산염광물은 SiO_4사면체 구조를 하고 있으며 석영, 정장석, 사장석, 백운모, 흑운모, 휘석, 감람석, 각섬석 등이 있다. 비 규산염광물로는 방해석, 돌로마이트 등의 탄산염광물, 황철석, 황동석, 진사 등의 황화광물, 석고, 중정석 등의 황산염광물 등이 있고 금, 은, 구리 등의 원소광물, 할로겐광물 등이 있다.

❖ 희토류

2010년 9월, 동중국해 일부 섬들을 둘러싼 중국과 일본 간의 영유권 분쟁이 있었다. 이때 일본이 중국 선원을 구금시키자 중국은 일본에 대한 희토류 수출금지라는 경제적 압박을 가했다. 이에 일본은 체포했던 중국 선원을 곧장 석방하면서 희토류에 대한 관심이 높아졌다.

희토류(稀土類; Rare Earth Elements)는 '희귀한 흙'이라는 뜻으로 지각 내 총 함유량이 300ppm(100만분의 300) 미만인 금속을 의미한다. 원소기호 57번부터 71번까지의 란타넘(란탄)계 원소 15개와, 21번인 스칸듐(Sc), 그리고 39번인 이트륨(Y) 등 총 17개 원소가 희토류에 속한다. 희토류는 물질의 지구화학적 특성상 경제성이 있을 정도로 농축된 형태로는 산출되지 않고 광물 형태로는 희귀하므로, '자연계에 매우 드물게 존재하는 금속 원소'라는 의미의 희토류라는 이름이 붙었다. 하지만 실제로 희토류는 그 이름에 비해서는 상대적으로 지구상에 풍부하게 매장되어 있다. 희토류는 화학적으로 매우 안정하고, 건조한 공기에서도 잘 견디며, 열을 잘 전도하는 특징이 있으며, 상대적으로 탁월한 화학적 · 전기적 · 자성적 · 발광적 성질을 갖는다. 현대사회에서 희토류는 전기 및 하이브리드 자동차, 풍력발전, 태양열 발전, 영구자석 제작 등에 꼭 필요한 물질이다. 예를 들어, 전기자동차 한 대를 움직이는 데 필요한 영구자석에는 희토류 원소가 약 1kg 가량 포함되어 있다. 또한 희토류는 LCD · LED · 스마트폰 등의 IT산업, 카메라 · 컴퓨터 등의 전자제품, CRT · 형광램프 등의 형광체 및 광섬유 등에 필수적일 뿐만 아니라 방사성 차폐효과가 뛰어나기 때문에 원자로 제어제로도 널리 사용되고 있다.

표 4-4 희토류의 종류와 용도

원자 번호	원소명	기호	화학식	용도
21	스칸듐	Sc	Sc_2O_3	알루미늄-스칸듐 합금(우주선 재료), 레이저
39	이트륨	Y	Y_2O_3	형광램프, 초전도체, 세라믹 기능소재, TV인광제
57	란타넘	La	La_2O_3	카메라 렌즈, 세라믹, 배터리 전극, 부싯돌
58	세륨	Ce	Ce_2O_3	유리(탈색제, 연마제), 배기가스촉매제, 자석
59	프라세오디뮴	Pr	Pr_6O_{11}	영구자석, 레이저, 페인트, 부싯돌
60	네오디뮴	Nd	Nd_2O_3	영구자석, 레이저, 콘덴서, 광학유리, 세라믹
61	프로메튬	Pm	Pm_2O_3	광학유리, 세라믹, 핵 배터리
62	사마륨	Sm	Sm_2O_3	영구자석, 중성자 흡수제, 메이저(레이저와 유사)
63	유로퓸	Eu	Eu_2O_3	형광체, 원자로 제어제, 핵자기공명 완화제
64	가돌리늄	Gd	Gd_2O_3	핵반응제, 자석, 전자제품 유리, 컴퓨터 메모리
65	터븀	Tb	Tb_4O_7	형광램프, 자기영동물질 소재
66	디스프로슘	Dy	Dy_2O_3	영구자석, 자기영동물질 소재
67	홀뮴	Ho	Ho_2O_3	크리스탈 제조, 레이저
68	어븀	Er	Er_2O_3	광학유리/섬유, 크리스탈 제조
69	툴륨	Tm	Tm_2O_3	크리스탈 제조, 레이저, 이동식 X-ray 장치
70	이터븀	Yb	Yb_2O_3	형광물질 활성화제, 세라믹, 레이저, 광학유리
71	루테튬	Lu	Lu_2O_3	크리스탈 제조, 레이저

미국 USGS의 2011년 자료에 의하면, 세계 최대의 희토류 매장국은 중국으로 매장량은 약 5,500만 톤에 이른다. 중국희토류협회는 중국 내의 미확인 희토류량을 1억 톤으로 추정하기도 했다. 두 번째 최대 매장국은 독립국가연합(CIS)으로 희토류 매장량이 1,900만 톤이며, 미국의 희토류 매장량이 1,300만 톤으로 그 뒤를 잇는다. 점유율은 각각 48.4%, 16.7%, 그리고 11.4%로 세 국가의 총 매장량

점유율은 76.5%에 이른다. 희토류 생산량을 알아보면, 최대 생산국은 중국으로 2010년 생산량은 130,000톤으로 전 세계 생산량의 97%를 차지한다. 그 다음으로 인도의 생산량이 2,700톤, 브라질의 생산량이 550톤으로 그 뒤를 잇는다. 하이브리드 자동차의 영구자석에 사용되는 네오디뮴의 가격은 2011년 11월 초 톤당 79,750달러로 2010년 대비 4배 이상 뛰었고, 액정패널의 연마제에 필수적인 세륨은 톤당 가격이 2009년 8월에는 2,950달러, 2010년 9월에는 20,050달러, 2011년 11월에는 51,950달러로 폭등했다.

❖ 탄생석과 결혼 기념석

보석의 단위는 캐럿(carat)을 쓰는데 1캐럿은 0.2g이다. 캐럿은 다이아몬드의 무게를 측정할 때 캐럽나무 씨앗을 사용한데서 유래했다. 하지만 금의 순도 측정 단위인 캐럿(Karat)은 약 1.296g으로 무게 차이가 있으며, 금 18K는 금이 18/24 정도만 순금이고 나머지는 다른 구리나 은 등이 섞여 있다는 의미이다.

결혼기념 주년과 보석을 연관시키면 2주년은 석류석, 20주년은 에메랄드, 30주년은 진주, 40주년은 루비, 45주년은 사파이어, 60주년은 다이아몬드이다.

표 4-5 탄생석

월	사진	탄생석	의미
1월		가넷 (석류석)	진실, 우정, 충실, 노력 가넷을 몸에 지니고 떠나게 되면 어떤 위험도 물리쳐 준다고 믿어서 십자군 전쟁 때 전투지로 향하는 병사가 소지하기도 했다.
2월		자수정	정조, 평화, 성실 옛날 서양 사람들은 자수정을 몸에 지니고 있으면 술을 많이 마셔도 취하지 않는다고 믿었다.

<table>
<tr><td>3월</td><td></td><td>아콰마린</td><td>총명, 용감, 침착
연인들의 사랑을 부활시키고 깊은 애정을 할 수 있게 도와주는 보석이다.</td></tr>
<tr><td>4월</td><td></td><td>다이아몬드</td><td>순수, 영원 불변의 사랑
연인들의 밤을 밝혀주는 촛불의 반짝임과 정복자가 갖고 싶은 횃불의 눈부신 빛 등의 의미가 있다.</td></tr>
<tr><td>5월</td><td></td><td>에메랄드</td><td>행복, 행운
질병에 걸렸을 때 약 대신 사용했다는 이야기도 있고, 고대 로마에서는 눈의 피로를 줄여준다고 믿었다.</td></tr>
<tr><td>6월</td><td></td><td>진주</td><td>건강, 부귀
결혼예물 다이아몬드 다음으로 제일 많이 하는 보석이다.</td></tr>
<tr><td>7월</td><td>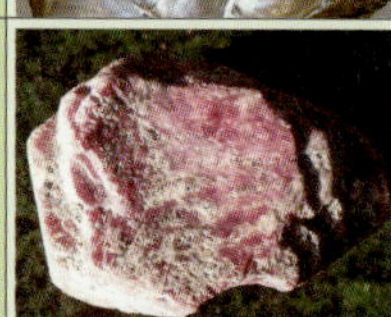</td><td>루비</td><td>정렬, 위엄, 용기, 정의
루비반지를 왼쪽 손에 끼거나 루비 브로치를 상의 왼쪽에 장식하면 마음의 평화를 가져다준다고 한다.</td></tr>
<tr><td>8월</td><td></td><td>페리도트
(감람석)</td><td>부부의 화합
태양이 인간에게 보내준 돌이라 하여 몸에 지니면 공포, 악몽, 근심걱정에서 벗어날 수 있다고 믿었다.</td></tr>
<tr><td>9월</td><td></td><td>사파이어</td><td>진리, 불변, 지혜, 덕망
옛 사람들은 사파이어와 루비가 치료의 힘을 갖고 있다고 믿었다.</td></tr>
<tr><td>10월</td><td></td><td>오팔
(단백석)</td><td>희망, 순결
큐피트의 돌이라고도 불리우며 아름다운 빛 때문에 무지개 화신이라는 별명도 있다.</td></tr>
</table>

11월		토파즈	우정, 희망, 결백 몸에 지니면 친구, 애인이 평생 떠나지 않으며 슬픔을 없애주고 지혜, 용기를 준다고 전해지고 있다.
12월		터키석	번영, 번창, 성공, 승리 재앙으로부터 몸을 지켜준다는 의미를 갖고 있으며 부적, 용기의 보석, 파워스톤이라고도 한다.

암석은 광물들이 모인 혼합물 형태이다. 이는 형성 과정에 의해 세 가지로 구분된다. 마그마가 굳어서 형성된 화성암, 퇴적물이 굳어서 형성된 퇴적암, 열과 압력에 의해 원래의 암석이 변형된 변성암으로 구분된다.

[그림 4-6] 대표적인 암석: 화성암(좌), 퇴적암(가운데), 변성암(우)

이중 화성암과 변성암은 마그마의 활동과 밀접한 관계가 있다. 우리나라의 경우 중생대에 화산활동이 활발해서 화강암이 널리 분포하고 있으며, 신생대의 화산활동에 의해 울릉도, 백두산, 제주도가 형성되었다. 화산활동에 의해 형성된 암석과 광물은 우리 주변에서 쉽게 찾아볼 수 있으며, 인식하지 못하는 곳에서도 다양하게 활용되고 있다. 고품질의 종이를 만들 때도 약 25%의 점토광물(고령토)이 포함되어 있고 대부분의 건물을 지을 때는 철골, 시멘트 등이 사용된다. 조경석으로 편마암이 쓰이거나 학교 교훈탑에는 화강암이나 보령 지역에서 산출되는 사암이 쓰이고 있다. 우리나라의 석조 문화재는 상당수가 중생대에 형성된 화강암을 쓰고 있다. 경주의 불국사, 각종 석불, 돌다리 등은 화강암을 쓰고 있으며 제주도의 돌하르방이나 돌담은 현무암을 쓰고 있다.

[그림 4-7] 암석의 활용. 화강암(좌 상), 편마암(우 상), 사암(좌 하), 현무암(우 하)

4-4. 판구조 운동

전 세계적으로 볼 때 지진이 발생하는 곳과 화산 분출이 있는 곳은 특정한 곳에 한정되어 있다. 지구의 표면은 여러 개의 판으로 구성되어 있으며, 그 판들은 수평적으로 움직이면서 경계를 이루고 판의 경계 부분에서 지진 및 화산활동이 나타난다. 이처럼 지각이 판으로 되어 있고 판들의 움직임에 의해 해령이나 해구,

습곡산맥과 같은 지형, 화산이나 지진이 특정한 장소에서 주로 나타나는 현상들을 설명하는 이론이 판구조론이다. 20세기 중반에 판구조론이 등장하기까지 여러 가지 역사적 가설들이 존재했었다. 판구조론의 모태가 되는 설명은 20세기 초 베게너의 대륙이동설에서 시작된다. 땅이 움직인다는 것은 쉽게 생각하기 어려울 만큼 당시에는 놀라운 주장이었다. 물론 베게너 이전에도 대륙 이동에 대한 생각이 있었다. 19세기 말 오스트리아의 쥐스(Suess)는 인도, 호주, 남아프리카, 남아메리카의 고생대 식물(글로소프테리스 식물군) 사이에 유사성과 빙하의 증거에 대해 언급하며 이런 대륙들로 이루어진 초대륙을 곤드와나(gondwana)라고 명명했다. 또한 이런 대륙들은 육교로 이루어져 있어 동식물이 이동했다고 생각했다. 1910년 미국의 테일러(Taylor)는 산맥의 형성이 대륙의 수평적 이동 결과라고 설명하는 최초의 대륙이동설을 주장했다. 1915년 베게너는『대륙과 해양의 기원』이라는 책에서 모든 대륙이 하나로 뭉쳐진 초대륙 '판게아(pangaea)'를 제안했고 지질학적, 고생물학적, 기후학적 증거들을 제시하면서 대륙이동설을 주장했다. 예전부터 인지되던 남아메리카의 동쪽 해안선과 아프리카의 서쪽 해안선이 유사하여 판게아가 형성되면 대륙의 해안선이 잘 맞고 고생대말에서 중생대 초까지 해성층, 비해성층, 빙하퇴적층이 곤드와나대륙에서 동일하여 대륙이 붙어 있었어야 한다고 주장했다. 베게너의 열렬한 지지자인 남아프리카의 듀 토와(Du Toit)는 북아메리카, 그린란드, 유럽, 아시아 등으로 된 북쪽의 초대륙을 로라시아(laurasia)라 명명했다. 그는 또한 담수 파충류 화석인 메소사우루스 화석이 멀리 떨어진 브라질과 남아메리카의 특정지역 페름기 암석에서만 발견되기 때문에 대륙 이동을 위한 고생물학적 증거로 제시했다. 베게너는 이런 여러 가지 증거들을 통해 대륙이동설을 주장했지만, 대륙이동의 원동력에 대해서는 달에 의해 생기는 조수의 영향 때문이라고 제안했다.

[그림 4-8] 대륙이동의 증거

대륙이동설을 받아들이는 데 있어서 주된 장애물은 대륙을 이동시키는 메커니즘이 명확하지 않다는 것이다. 1928년 홈즈(Holmes)는 맨틀 내의 방사성 원소의 붕괴열과 고온의 핵에서 맨틀로 올라오는 열에 의해 맨틀 상하부의 온도차로 인해 매우 느리지만 열대류가 일어나고, 이 대류의 상부에 위치한 판들이 대류를 따라 이동한다는 맨틀대류설을 주장했다. 홈즈의 맨틀대류설을 기초로 상부맨틀 지역인 연약권에 국한된 열대류 세포 모델과 맨틀 전체를 포함하는 열대류 세포 모델로 판운동의 원동력을 설명하기도 한다. 또한 이 기본적인 열대류 시스템에 판이 섭입하는 곳에서의 '판의 잡아당김'과 해령에서의 '해령 밀기' 등을 포함하여 판구조 운동의 원동력을 설명하고 있다. 미국의 헤스(Hess)와 디츠(Dietz)는 해저지형에 대한 연구 자료를 종합하고 해석하여 해령의 열곡에서 분출한 현무암질 마그마가 굳어져서 해양지각이 형성되고, 열곡을 중심으로 양쪽으로 이동하면서 해저가 확장된다는 해저확장설을 주장했다. 해저 확장의 증거로는 해양 지각의 나이와 퇴적물의 나이가 해령 부근이 젊고 해령에서 멀어질수록 나이가 많아진다는 것이다. 또한 해저의 고지자기 모양이 해령과 나란한 방향으로 배열된 줄무늬를 만들고 해령을 중심으로 대칭을 이루고 있는 것도 또 하나의 증거이다. 해령에서 새로운 지각이 형성될 때 암석은 당시의 지자기 방향으로 자화된다. 이 암석이 해령의 양쪽으로 이동한 후 또 다시 해령에서 새로운 지각이 형성되면서, 당시의 지자기 방향으로 자화되고 이런 일들이 반복되면서 점차 먼저 생긴 지각은 해령에서 양쪽으로 대칭을 이루며 멀어지게 된다.

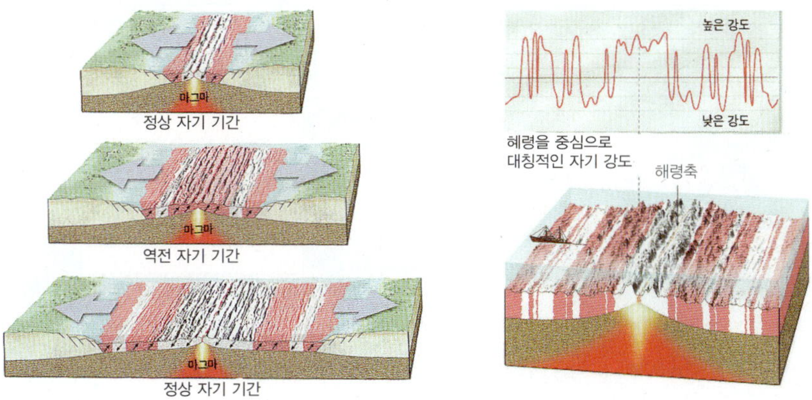

[그림 4-9] 해저확장(좌)과 해저확장에 따른 대칭적인 자기이상(우)

지구는 하나의 커다란 자석처럼 자기장을 형성하고 있어서 지표에서는 나침반을 이용해 방향을 알 수 있다. 어떤 암석은 나침반 역할을 하는 광물이 포함되어 있다. 자철석(magnetite)은 현무암 성분의 용암에 풍부한 편이며 나침반 역할을 하는 광물이다. 암석이 퀴리온도(cure point, 자철석의 경우 약 585 ℃) 이상으로 용융되면 자기적인 성질(자성)을 잃어버린다. 마그마가 서서히 식으면서 암석이 될 때 퀴리 온도 이하가 되면서 당시의 지구 자기장 방향으로 자화된다. 이렇게 과거에 형성된 자기를 고지자기라고 하며 특별한 경우를 제외하곤 변하지 않는다. 즉, 암석에서 고지자기를 분석하면 암석이 형성된 당시 자극의 위치와 암석이 형성된 고위도를 알 수 있다.

미니탐구 1

1900년대 초에 인정받지 못한 베게너의 대륙이동설이 인정받게 된 결정적인 계기가 된 고지자기 북극의 이동 경로에 대해 연구 자료를 활용해 확인할 수 있다.

표 4-6 시기별 대륙의 평균 고지자기 북극

구분	북아메리카	시베리아	아프리카
제3기	86N 158W	81N 131W	83N 115E
백악기	69N 168W	70N 168E	71N 109W
쥐라기	68N 147E	70N 148E	67N 109W
트라이아스기	65N 96E	62N 153E	69N 104W
페름기	49N 120E	63N 177W	43N 97W
석탄기	37N 125E	45N 170E	40N 145W

1. 위 표를 보고 아래 그림에 대륙별 고지자기 북극을 지질시대에 따라 표시하고 선으로 연결해 보자.

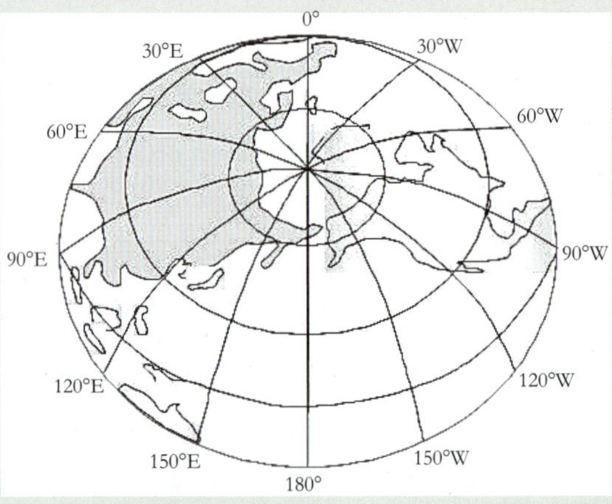

[그림 4-10] 대륙별 고지자기 북극

2. 같은 지질 시대에 여러 대륙의 고지자기 북극의 위치가 다르게 나타나는 이유를 설명해 보자.

미니탐구 2

지각은 거북이 등처럼 여러 개의 판들로 구성되어 있으며, 지구 내부의 대류로 인해 각자 다른 방향과 속도로 움직이면서 다양한 지진 및 화산활동을 일으키는 동시에 해구, 습곡산맥, 호상열도 등의 지질구조를 형성하고 있다.

아래의 인터넷 주소를 참고하여 물음에 답하시오.

인터넷 검색 주소: http://www.iris.edu/seismon/html/plates.html

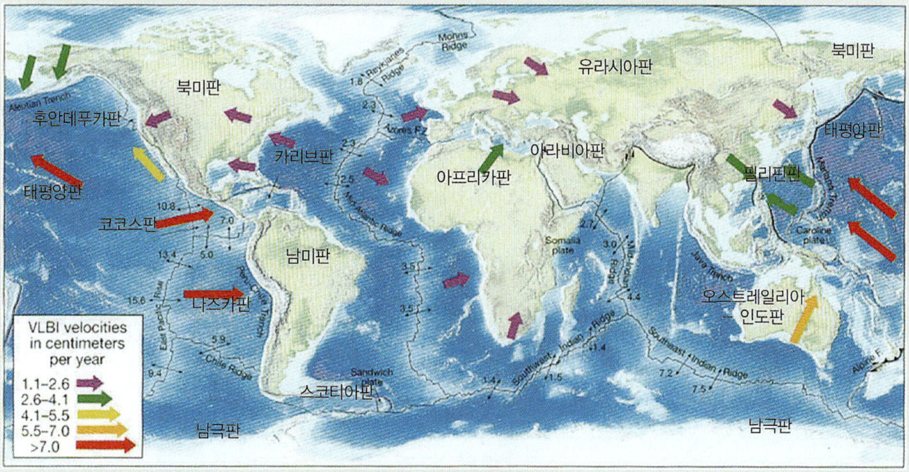

[그림 4-11] 판의 분포

출처: 심화 지구과학

현재 활동 중인 화산을 위 지도에 표시해 보자.

인터넷 검색주소: http://volcano.si.edu/reports_weekly.cfm#vn_211060

탐구 1: 지진파를 이용한 진앙 결정

우리나라에는 한국지질자원연구원 및 기상청에서 지진계를 곳곳에 설치해서 실시간으로 지진을 감시하고 있다. 각 관측소에서 보내온 지진파형을 분석하여 지진이 발생한 위치를 알아내고 있다. 지진의 파형을 이용하여 지진이 발생한 진앙의 위치를 확인하는 방법을 알아보자.

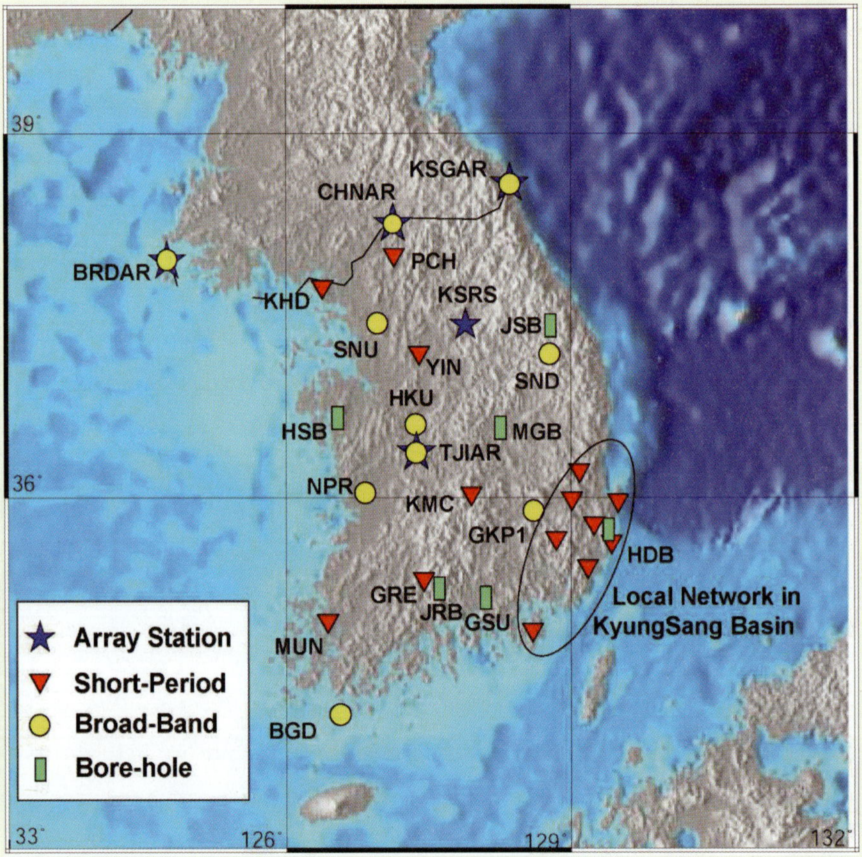

[그림 4-12] 우리나라의 지진 관측소

출처: 지진연구센터

다음 자료는 동일한 지진을 우리나라 세 지역의 지진관측소에서 기록된 지진이다.

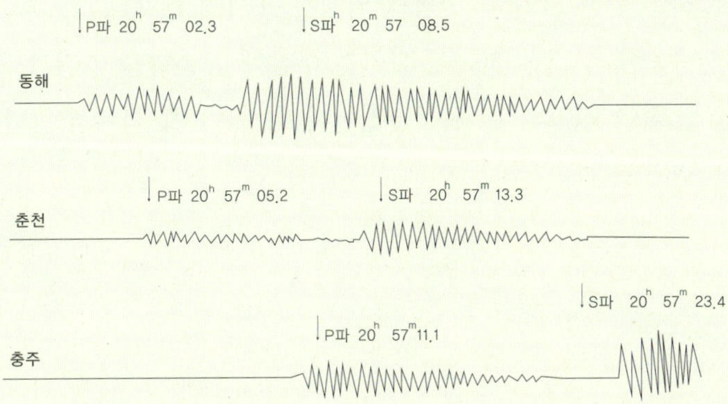

1) P파와 S파의 속도와 PS시를 이용하여 진원까지의 거리를 구하는 식을 나타내 보자.

2) 위에 제시된 자료를 이용하여 아래의 표를 작성하고 진원까지 거리를 구해보자.
(단, Vp=8km/s, Vs=4km/s, 서울에서 대전까지 140km임)

관측소	P파 도착시간 (시, 분, 초)	S파 도착시간 (시, 분, 초)	PS시 (초)	진원까지 거리 (km)
동해(TOH)				
춘천(CHC)				
충주(CHJ)				

3) PS시와 진원까지의 거리는 어떤 관계가 있는가?

4) 각 관측소의 위치를 우리나라 지도에 표시하고 진원까지 거리를 반지름으로 하는 원을 그린 후 진앙의 위치를 표시해 보자.
각 관측소에서 그린 원들이 겹치는 부분에 공통현을 그리고 그 공통현의 교점을 찾아 진앙의 위치를 결정한다(세 원이 한 점에서 만난다면 그 지점이 진앙이다).

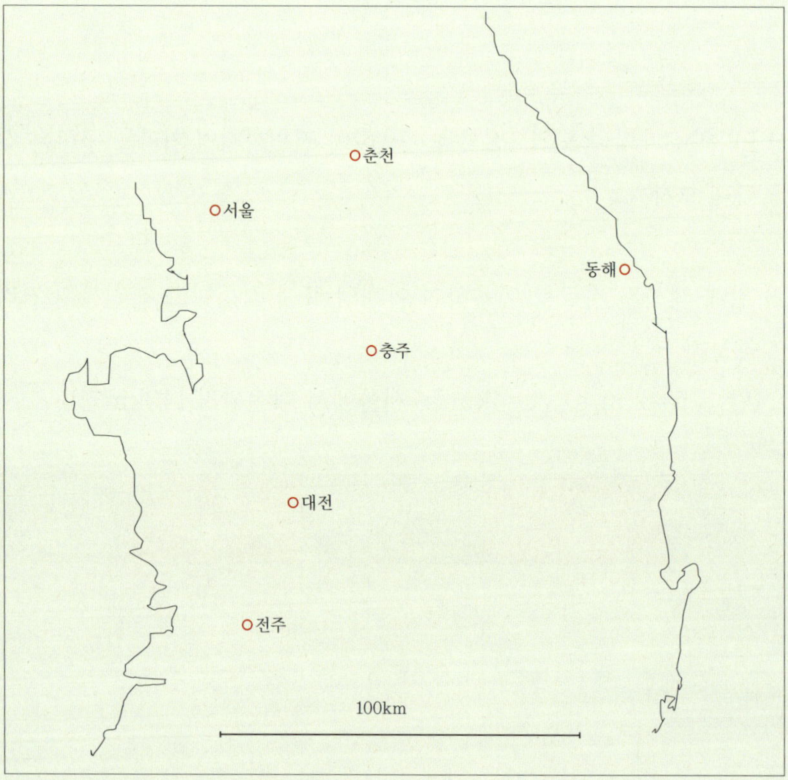

탐구 2: 해저 확장 속도 구하기

대륙이 이동한다는 사실을 확인한 것은 육지가 아닌 바다 속의 암석을 분석한 결과이다. 해령을 중심으로 시추한 자료에서 연령과 지자기 강도를 측정하여 분석한 결과, 해령에서 양쪽으로 대륙이 멀어지면서 해저가 확장된다는 사실을 알게 되었다. 어떤 방법으로 해저가 확장되었는지 실제 자료를 이용하여 확인해 보자.

다음은 주요 대양의 해저에서 맨틀 대류에 의해 확장축이나 해령으로부터 직각 방향으로 거리가 멀어져감에 따라 기록된 지자기 이상을 나타낸 것이다.

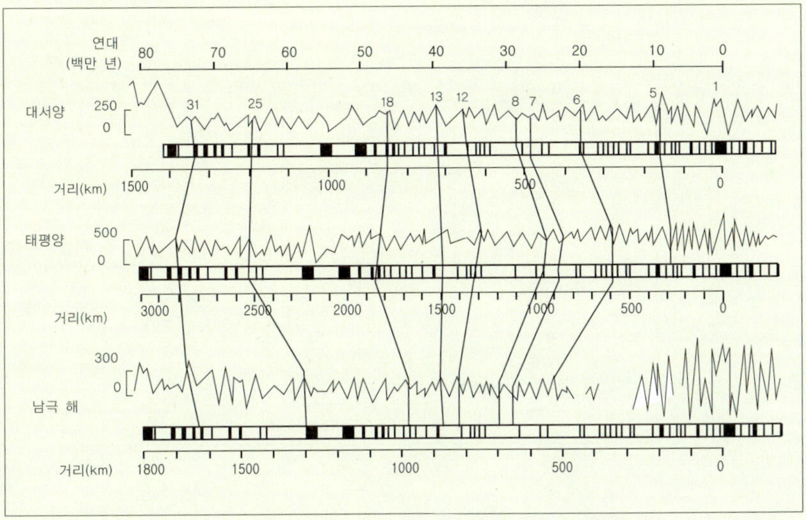

1) 동일 지자기 이상을 나타내는 시기와 중심축으로부터의 확장 거리와의 관계를 다음 표에 나타내 보자.

관측소	지자기 번호	6	7	8	12	13	18	25	31
	생성 연대(백만 년)								
대서양(km)									
태평양(km)									
남극해(km)									

2) 각 대양에서 지각의 생성 연령에 따른 중심축으로부터의 확장 거리를 그래프로 나타내 보자.

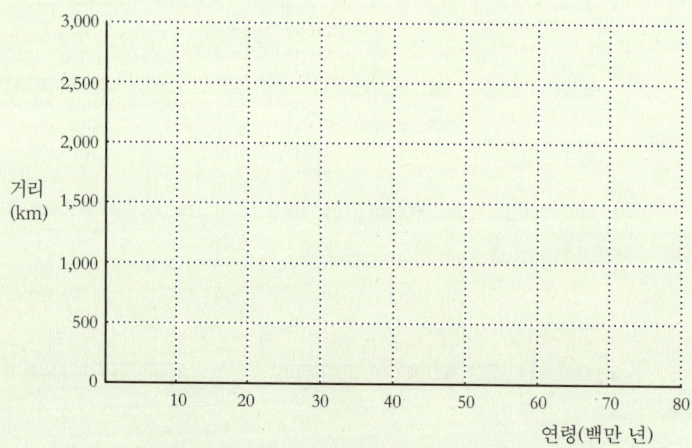

3) 각 대양의 해저에 대하여 해저 확장 속도(cm/year)를 계산해 보자.

4) 대서양과 태평양의 해저 확장 속도가 다른 이유를 설명해 보자.

탐구 3: 실시간 지진 현황 조사하기

지구는 계속해서 지진이나 화산을 통해 살아 움직인다는 것을 표현하고 있다. 인터넷을 통해 실시간으로 지진이 발생하는 장소와 지진의 규모를 알 수 있다. 만약 당신이 동남아시아의 해변에 여행을 가고자 계획한다면, 인터넷을 통해 지진과 그에 따른 쓰나미의 위험을 미리 고려해야 할 것이다.

1) 전 세계 실시간 지진 현황을 인터넷으로 확인해 보자.

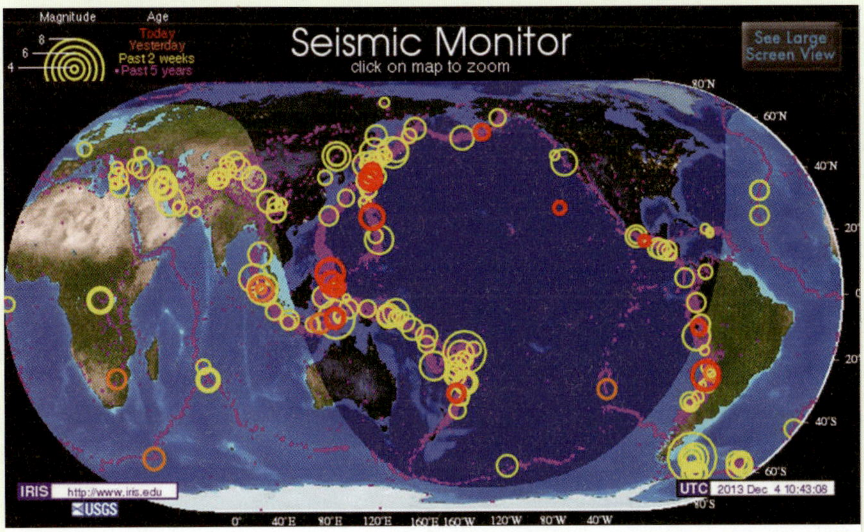

[그림 4-13] 실시간 지진 현황

출처: http://www.iris.edu/seismon/

2) 최근 30일 동안 규모 6.0 이상의 지진이 발생한 곳을 아래 지도에 점으로 찍어보자.

– 인터넷 주소 참조 : http://www.iris.edu/seismon/eventlist/

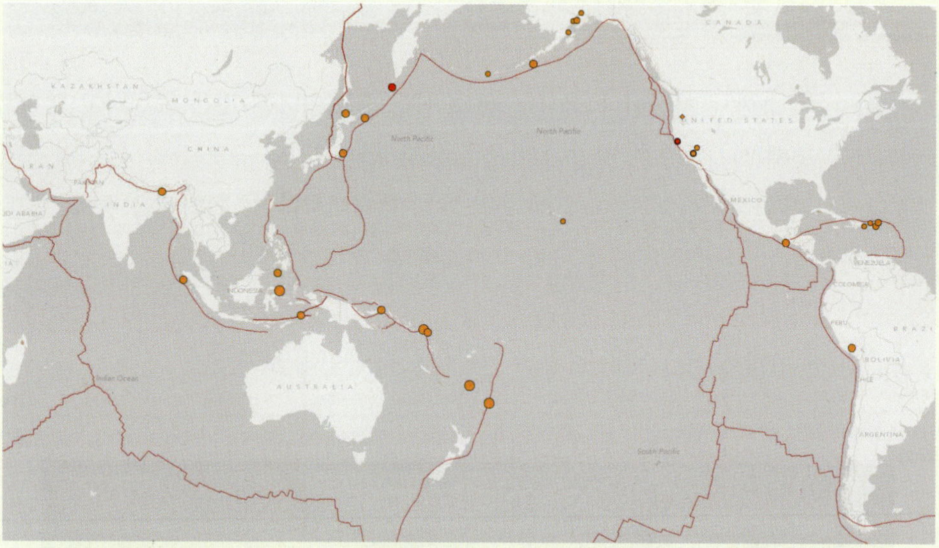

[그림 4-14] 지진 현황

출처: http://earthquake.usgs.gov/earthquakes/map/

3) 2013년에 규모 7 이상의 지진은 전 세계적으로 몇 차례 발생했는가?

4) 우리나라의 지진 발생 현황을 알아 보자.

- 실시간 지진 발생 현황: http://www.kma.go.kr/mini/earthquake/main.jsp
- 지진발생추이: http://www.kma.go.kr/weather/earthquake/domestictrend.jsp

정리하기

1. 지진이 발생하면 건물, 도로 및 인명 피해가 크게 나타날 수 있다. 만약 지진이 발생했다고 가정하고 여러 상황을 임의로 설정하여 어떻게 행동할 지에 대해 스토리텔링하시오.

2. 백두산 화산이 폭발했을 경우 나타나는 현상이나 문제를 다양한 분야에서 검토하고 스토리텔링하시오.

3. 지진파의 종류를 실체파와 표면파로 구분하여 나타내고 각각의 특징을 설명하시오.

4. 지진파를 이용해 알아낸 지구 내부의 불연속면을 각각 설명하시오.

5. 이산화 규소 함량에 따른 마그마의 종류와 그 특징을 설명하시오.

6. 광물의 정의를 말하고 광물과 유사하지만 광물이 아닌 것에 대해 예를 들어 설명하시오.

7. 학교 주변에서 볼 수 있는 암석을 생각해 보고 어떤 암석인지 설명하시오.

8. 자신이 태어난 달의 탄생석은 무엇이며 그 탄생석은 어떤 의미를 갖고 있는지 설명하시오.

9. 베게너가 주장한 대륙이동설의 증거를 설명하시오.

10. 판의 경계에 따른 지형과 그 곳에서 나타나는 화산, 지진을 설명하시오.

11. 진원까지의 거리를 구하는 식을 쓰시오.

제4장 참고자료

김경렬 외(2009). 지구시스템의 이해. 서울: 박학사.

김동주 외(2004). 지구환경과학개론. 서울: 시그마프레스.

이동우 외(2009). 자연재해와 재난. 서울: 시그마프레스.

정진우 외(2013). 심화 지구과학. 서울: 한국과학창의재단.

정창희(2006). 지질학 개론. 서울: 박영사.

최진범 외(2002). 인터넷 지구라는 행성. 서울: 도서출판 춘광.

황상구, 김백록(2011). 백두산의 화산 지질. 서울: 한국학술정보(주).

Tarbuck, E. J.(2009). Earth Science. New York : pearson prentice.

아이슬란드 화산 폭발 사진- http://www.boston.com

일본 쓰나미 사진 - Miyako city - Reuters,
http://www.boston.com/bigpicture/2012/03/japan_tsunami_pictures_before.html

실시간 지진 자료: http://earthquake.usgs.gov/earthquakes/map/,
http://www.iris.edu/seismon/

실시간 화산 자료: http://volcano.si.edu/reports_weekly.cfm#vn_211060

제4장 탐구 해설

〈미니탐구 1〉

1.

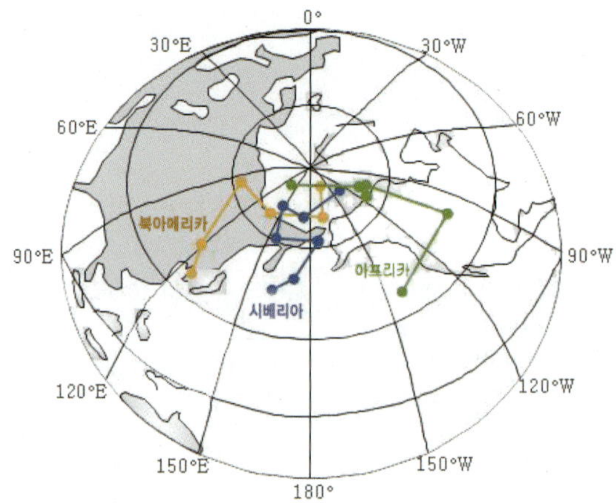

2. 대륙이 나눠져 서로 다른 방향으로 이동했기 때문이다.

〈미니탐구 2〉

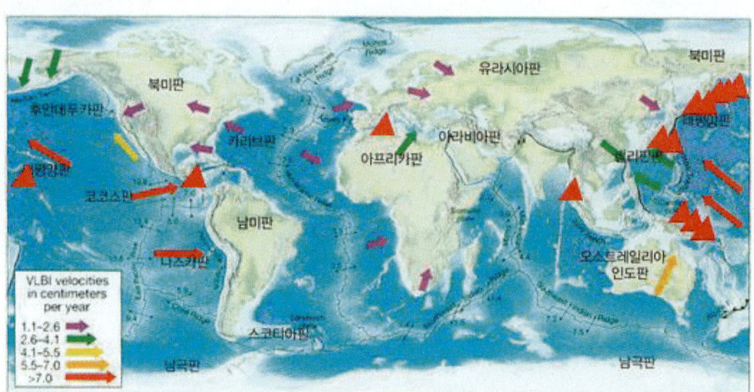

〈탐구 1〉

1) 진원거리= $d = \frac{Vp \times Vs}{Vp - Vs} PS$시

2)

관측소	P파 도착시간 (시,분,초)	S파 도착시간 (시,분,초)	PS시 (초)	진원까지 거리 (km)
동해(TOH)	20시 57분 2.3초	20시 57분 8.5초	6.2초	66.13
춘천(CHC)	20시 57분 5.2초	20시 57분 13.3초	8.1초	86.4
충주(CHJ)	20시 57분 11.1초	20시 57분 23.4초	12.3초	131.2

3) PS시는 진원까지 거리와 비례 관계에 있다.

4)

〈탐구 2〉

1)

구분	지자기 번호	6	7	8	12	13	18	25	31
	생성 연대(백만 년)	22	28	30	36	47	47	64	73
대서양(km)		375	500	520	640	850	850	1190	1350
태평양(km)		700	950	1040	1310	1820	1820	2500	2910
남극해(km)		560	680	710	820	980	980	1290	1630

2)

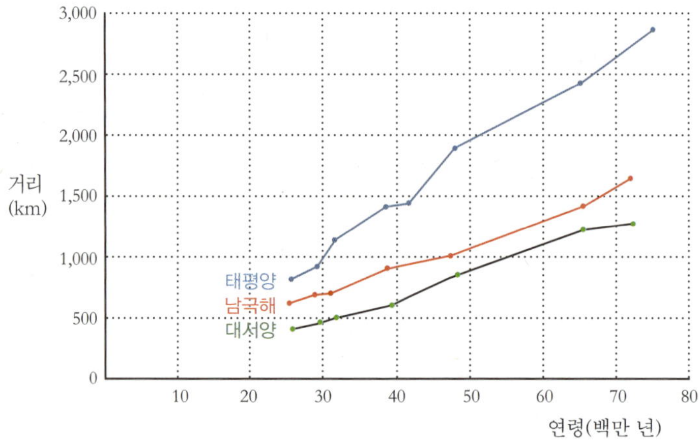

3) 대서양 : 1.91(cm/year), 태평양 : 4.33(cm/year), 남극해 : 2.10(cm/year)

4) 대서양 연안은 해구가 없고 대륙이 있어서 해구에서 확장되는 힘만으로 판이 이동해야 하지만, 태평양의 가장자리는 해구가 발달되어 지구 속으로 빨려 들어가는 힘으로 해저 확장 속도가 빠르다.

〈탐구 3〉

1) 본문 참고

2)

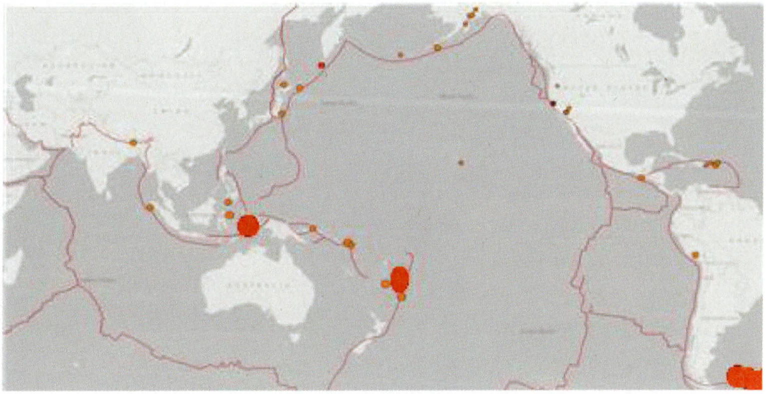

3) 16회

화석과 지질

우리나라에서 가장 오래되고 한 개체만 존재하는
거미 화석(Korearachne jinju).
약 1억 년 전 중생대 백악기의 화석이다.

경남 사천에서 발견(남기수, 2011)

미국 애리조나 주에 있는 베링거 운석구덩이(Barringer crater).
약 5만 년 전의 운석 충돌로 형성되었으며 지름은 1,186m이다.

출처: google earth

살아 남는 종(種)이 강한 종이 아니고, 또 똑똑한 종도 아니다. 변화에 적응하는 종이다.

종의 기원(On the Origin of Species, 1859), Charles Darwin

현재는 과거를 푸는 열쇠이다.

지질학 원리(Principles ofgeology, 1830), Charles Lyell

높은 산에서 조개껍질을 본 일이 있는데 아마도 돌 속에서 나온 것 같다. 그 돌은 다름 아닌 옛날 흙이고 조개는 물속에 사는 생물인즉, 낮은 데가 변하여 높아졌고 연한 물질이 변하여 딴딴하게 된 것이다.

주자어류(朱子語類), 1200년경

제5장 화석과 지질

제5장에서는 지구의 나이와 지구 형성 초기부터 현재까지 지질학적으로 어떤 일들이 있었는지를 알아보고, 나아가 과거에 살았던 생물의 흔적인 화석에 대해 알아본다. 지구가 태어날 당시의 상황과 태어난 후 오랜 세월 동안의 변화를 직접 본 사람도 없는데 어떻게 짐작할 수 있을까? 또한 우리나라에 분포하는 지층과 화석에 대해서도 생각해 본다.

5-1. 지구는 언제, 어떻게 태어났는가?

❖ 지구의 나이

우리들은 부모가 누구이며 지금까지 어떻게 성장했는지에 대해 알고 있다. 또한 현재의 나이도 알고 있다. 이는 우리가 태어나고 자라는 과정을 누군가 지켜보았고 성장과정에서 사진이나 여러 가지 기록이 남아있기 때문이다. 그렇다면 지구의 경우는 어떨까? 지구가 형성되는 모습을 본 사람은 아무도 없고 형성된 후부터 지금까지 오랜 세월 동안 지켜본 사람도 역시 없을 것이다. 지구가 형성될 당시의 연대를 직접 확인할 수 없지만, 간접적으로나마 확인한다면 지구의 나이를 짐작할 수 있을 것이다. 현재 과학자들이 연구한 결과 지구의 나이를 약 46억 년으로 추정하고 있다. 지구는 어떻게 형성되었을까? 그리고 지구는 어떤 과정을 거쳐 현재의 지구로 변화되었을까? 지구는 우주 속에서 태양계가 형성되는 과정에서 다른 행성들과 함께 태어났으며, 태양계 형성에 관련된 가설은 여러 가지가 있다.

17세기 프랑스의 데카르트는 태양계가 우주 유체 안에서 거대한 소용돌이로부터 형성되었다는 제안을 했다. 18세기 독일의 철학자 칸트는 가스로 이루어진 거대한 성운에서 태양계가 형성되었다는 성운설을 주장했다. 성운설은 18세기 후반에 라플라스에 의해 보완되었지만, 태양의 각운동량이 매우 작은 문제에 봉착된 후 잊혀졌다. 20세기 초에 미국의 챔버린과 몰턴은 원시태양과 충돌하거나 접근하는 별에 의해 행성이 형성되었다는 조우설을 주장했고, 20세기 중반에 독일의 폰 바이제커는 성운 중에 와류가 생긴 후 행성이 만들어졌다는 와류설을 주장했다. 최근에는 137억 년 전 대폭발에 의해 우주가 형성되고, 약 50억 년 전에 우리은하 내부에 먼지와 기체구름으로 형성된 성운이 초신성 폭발과 같은 외부의 충격으로 수축하기 시작하면서 태양과 행성들이 형성되었다는 설명이 널리 받아들여지고 있다.

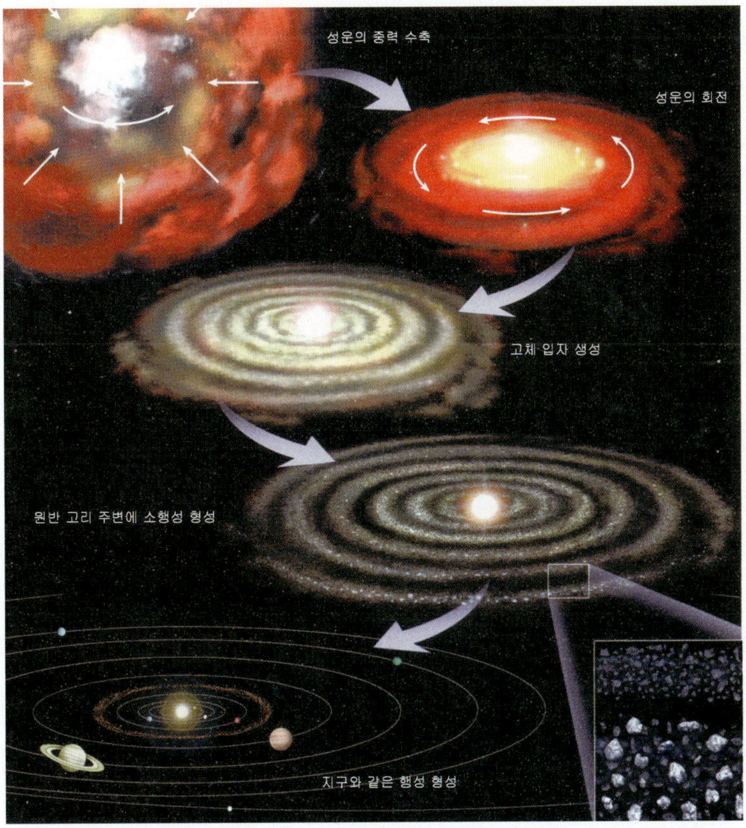

[그림 5-1] 성운설

출처: Earth science(Tar buck, 2009).

지구의 나이에 대한 생각은 종교적이고 철학적인 접근에서 시작하여 논리적이고 과학적인 방법으로 설명하려는 시도들이 있었다. 그리스의 역사학자인 헤로도투스는 기원전 450년에 나일강의 범람으로 퇴적물이 쌓이는 모습을 관찰하고 나일강의 삼각주가 현재의 크기로 쌓이는 데 수천 년이 걸렸을 것으로 추정했다. 그 이후 아일랜드 아르마 주의 대주교인 어셔는 구약성서의 족보를 근거로 지구가 기원전 4004년 10월 23일에 창조되었다고 주장했다. 이런 생각은 18세기 이전까지 지구역사에 대한 서양 연대기의 근거가 되었다. 18세기에 프랑스의 동물학자인 뷰퐁은 지구가 초기의 뜨거운 상태에서 서서히 식어 현재 상태가 되었다고 추측하고, 쇠공을 이용한 실험을 통해 지구의 나이가 적어도 75,000년이라고 주장했다. 19세기 영국의 물리학자인 캘빈은 지구가 고온의 태양에서 떨어져 나와 현재에 이르는 동안에 잃어버린 열량을 지구가 매년 잃어버리는 열량으로 나누어 계산한 결과, 지구의 연령을 2천만 년 이상 4억 년 미만이라고 주장했다. 한편 퇴적물을 분석하여 지구의 나이는 100만 년보다 젊은 시기부터 20억 년 보다 오랜 시기의 범위를 가질 것으로 해석하기도 한다. 지구의 해수는 원래 담수였으나 하천수에 용해된 염이 바다로 운반되어 오늘날의 해수가 되었다고 해석하는 학자들도 있다. 19세기 아일랜드의 지질학자인 졸리는 해수의 부피와 염분을 알고 현재 하천수에 용해된 염이 바다로 흘러가는 양을 측정하였다. 측정 결과, 적어도 9,000만 년이 걸렸을 것으로 계산하였다. 현재 어떤 물질의 나이를 알아내는 방법으로 방사성 동위 원소에 의한 연대 측정이 널리 사용되고 있고, 지구가 형성될 때 함께 만들어진 운석을 이용한 연대 측정 결과 지구의 나이는 약 46억 년으로 측정되었다. 한편 지구상의 물질로서 가장 오래된 것은 그린랜드 이수아 지방에서 발견된 변성퇴적암으로, 나이는 약 38억 년으로 알려졌지만 최근에 캐나다의 아카스타 편마암이 약 40억 년으로 가장 오래된 것으로 인정받고 있다. 그러나 맥길(McGill) 대학의 연구원들은 최근에 캐나다 퀘벡 북부에서 발견된 한 화성암에 대한 새로운 연대를 발표하였다. 그들은 방사성동위원소인 네오디뮴의 비율을 측정하였고, 42억 8천만 년 전의 것이라고 제안하였지만 일부 학자들은 이에 대해 의문을 제기하기도 한다.

[그림 5-2] 가장 오래된 암석

출처: 미국 스미소니언 자연사박물관

운석이란 지구 바깥에 기원을 둔 물질로서, 화성과 목성의 공전궤도 사이에 주로 분포하는 소행성의 파편이나 작은 천체가 지구의 중력에 이끌려 낙하한 것이다. 운석은 지구가 형성될 때 함께 만들어진 것으로 운석을 분석하면 지구의 나이를 짐작할 수 있고 지구 형성에 대한 중요한 정보를 갖고 있는 귀중한 자료가 된다. 2013년 2월 15일 러시아의 첼라빈스크 지역의 상공에서 작은 천체가 대기권에서 폭발하고 수많은 운석이 떨어져 많은 피해를 입히기도 했다. 이로 인해 1,600여 명이 다치고 7,200채의 건물이 부서졌다. 폭발 전 운석의 크기는 지름 20m에 무게 1만 3천 톤으로 추정되며 폭발 위력은 히로시마 원자폭탄의 약 40배였다고 한다. 현재까지 약 5,000kg의 운석 파편이 회수되었다. 우리나라에는 1943년 11월 23일 오후 3시 47분에 전라남도 고흥군 두원면에 운석이 떨어진 것을 근처 학교에 재직 중인 일본인이 발견하여 일본의 국립과학박물관에 소장하게 되었으나, 우리나라에서 56년 만에 가져왔고 현재 한국지질자원연구원에 보관 중이다. 한편 2014년 3월 9일 경상남도 진주에 운석이 떨어졌다. 산청 부근에서 폭발하여 그 파편들이 주변에 떨어졌으며, 진주시 대곡면 비닐하우스에 무게 약 9.4kg의 운석이 발견된 후 미천면의 밭에서 4.0kg, 420g의 운석이 발견되었다. 그리고 3월 17일에는 집현면의 한 도랑에서 20.9kg의 운석이 발견되었다. 이 운석은 미분화된 석질운석 중 하나인 오디너리 콘드라이트 H5 타입으로 잠정적인 감정을 하였다.

[그림 5-3] 두원 운석

출처: 한국지질자원연구원 지질박물관

세계적으로 유명한 운석 중 하나는 1969년 2월 8일 멕시코 북부의 알렌데 마을에 떨어진 것으로 태양계 생성의 초기 단계를 밝히는 데 중요한 기여를 했다. 이 운석은 탄소질 콘드라이트로서 태양계 성운 가스가 응축하여 생긴 것으로 추정되는 물질인 백색의 작은 입자 포유물이 포함되어 있다. 같은 해 11월에 일본의 남극 소화기지 주변의 야마토 산맥에서 방대한 양의 남극운석이 발견되어 활발한 운석 연구의 계기가 되었다. 운석은 떨어지는 것을 직접 목격한 관측 운석과 직접 떨어지는 것을 목격하지 않았지만, 나중에 발견하여 분석한 결과 운석으로 판명된 발견 운석으로 나눈다. 또한 지구가 태어날 당시의 먼 과거 환경을 짐작할 수 있는 시원적 운석(85.7%)과 이 물질이 변성되어 층 구조를 이룬 후 떨어져 나간 부분이 운석이 된 분화된 운석(14.3%)으로 구분하기도 한다. 분화된 운석은 층 구조 중 가장 안쪽을 구성했고 철과 니켈의 합금으로 된 철운석(5.7%), 중간층에서 떨어져 나오고 암석과 철, 니켈 합금이 1:1의 비율로 구성된 석철운석(1.5%), 표층이 떨어져 나와 규산염으로 구성된 에이콘드라이트(7.1%) 등으로 나뉜다.

지구의 형성 초기부터 현재까지 오랜 세월 동안 무수한 운석이 지구에 떨어졌을 것이다. 만약 운석이 지구에 떨어진다면 지표에는 어떤 자국이 남을까? 아마 운석 충돌에 의한 흔적인 크레이터가 남을 것이다. 실제로 지구상에는 많은 크레이터가 발견되고 있다. 유명한 크레이터는 미국 애리조나 주에 있는 베링어 크레이터이다. 지름 약 1.2km의 둥근 밥공기 모양을 한 이 크레이터는 약 2만 년 전 철 운석이 충돌하여 형성된 것으로 추정한다. 현재 발견된 크레이터는 약 150개 정도이다. 대기가 없는 달에서는 운석이 마찰 없이 그대로 지상에 떨어져 수많은 운석 충돌에 의한 크레이터가 존재한다.

지구가 형성된 약 46억 년 전부터 지구는 어떤 과정으로 현재의 상태가 되었을까? 태양계가 형성될 당시 태양 주위에는 크기가 작은 수많은 미행성들이 존재했었고 서로 충돌하며 부서지기도 하고 때론 합쳐지면서 일부 미행성들은 그 크기가 점차 커졌을 것이다. 반지름이 현재의 절반 정도에 달한 원시의 지구에는 1년에 약 1,000개 이상의 미행성이 충돌했을 것으로 추정하고 있다. 이 과정에서 원시 지구의 크기는 점차 커지고, 이로 인해 중력이 더 강해지면서 더 멀리 있는 미행성들에게까지 힘을 미쳐 더 많은 미행성들을 잡아당기게 되고 미행성 충돌은 더욱 가속화되었을 것이다. 충돌하는 미행성의 속도는 초속 수 킬로미터(km)에서 수십 킬로미터(km)로 상당히 빠른 속도이다. 이런 미행성이 갖고 있던 운동 에너지가 충돌에 의해 지구표면에 있던 휘발성분을 순식간에 증발시키고 증발한 가스는 대기를 형성하면서 더욱 농도가 짙어지게 된다. 휘발성분을 많은 양을 차지한 것이 수증기와 이산화 탄소이다. 원시 대기는 미행성이 충돌하던 초기 단계에서 CH_4나 H_2O 등이 주류를 이루다가 분자들 간의 화학반응, 지구 내부에서의 기체 방출로 대기 성분이 변화되어 두 번째 단계에서 N_2, SO_2, H_2O, CO_2 등이 대부분을 차지했을 것이다. 그 중 CO_2는 해양에 녹아들어가고 침전되어 석회암을 만들면서 급속히 줄어들었다. 반면 O_2는 해양의 광합성세균이 광합성을 통해 산소를 만들면서 대기 중에 방출되기 시작했고 일부는 O_3층을 형성하여 육상식물의 출현에 영향을 미쳤을 것이다.

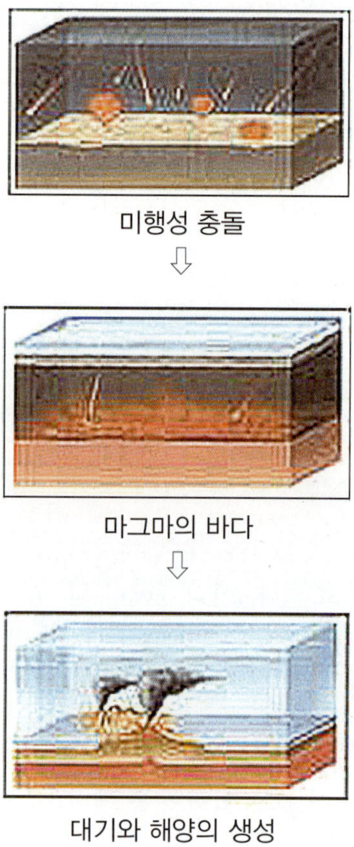

[그림 5-4] 지구 형성

원시 지구의 대기는 대부분 수증기이고, 그 다음이 이산화 탄소로서 두 기체가 온실효과를 일으켜 지표의 온도는 더 상승했을 것이다. 한편, 미행성 충돌은 충돌 당시의 높은 에너지를 열에너지로 전환하여 지표의 암석을 모두 녹일 수 있었을 것으로 추정한다. 용융된 이후에는 암석 속의 여러 가지 성분이 중력에 의해 이동할 수 있게 되고, 철과 니켈처럼 무거운 성분은 지구 중심으로 모여서 핵을 구성하고 나머지 성분들이 맨틀을 형성했을 것이다. 지표의 암석이 모두 녹아 마그마의 바다가 형성되면 대기 중에 있던 수증기가 마그마에 흡수되어 대기 중의 수증기량은 일정 수준 이상으로 증가하지 않고 평형을 유지하게 된다. 원시 지구의 반경이 현재와 비슷해지면 원시 지구 주변에 있던 미행성은 대부분 중력에 의해 끌려와서 충돌 횟수가 급격히 감소하고, 지구의 성장률은 극히 저하된다. 결국 지표의 온도는 서서히 식게 되고 마그마의 바다는 표면부터 점차 굳게 된다. 마그마의 바다가 식기 시작할 무렵 원시 지구를 덮고 있던 수증기의 구름은 지상으로부터 수백 킬로미터(km) 상공에 위치해 있으며, 지표가 고온이기 때문에 쉽게 지표 가까이 내려올 수 없었을 것이다. 그러나 지표가 식으면서 구름도 식게 되고 무거워져서 하강을 시작한다. 더욱 지표의 온도가 내려가면 구름에서 비가 형성되어 지표에 내리게 되고, 지표의 낮은 곳에 비가 쌓여서 원시 바다가 형성되게 된다. 원시대기 형성모델에서 계산한 대기 중의 수증기량은 약 1.9×10^{21}kg이며, 대기압은 약 100기압이다. 이중 상당수가 비로 지표에 내려 바다를 형성했을 것이다.

5-2. 지질시대의 구분

[그림 5-5] 변산반도 채석강

전라북도 부안군 변산반도 해안가에 가면 암석에 층을 이루는 무늬가 뚜렷하게 보인다. 퇴적암은 지표에 눈이 내려 쌓이는 것처럼 차곡차곡 쌓인 후 단단하게 굳어서 얇은 층이 나타나며, 변산반도의 해안가에서 보이는 암석은 퇴적암이 대부분이다. 지구는 원시 지각이 생성된 후부터 현재까지 계속 퇴적과정을 거치면서 당시의 환경을 지층에 숨겨 놓았다. 물론 어떤 부분은 유실되고 변성되어 그 기록이 없어진 경우도 있다. 역사학자들은 인류의 역사를 알기 위해 당시 사람들이 남긴 기록이나 유물들을 연구의 자료로 활용하여 잃어버린 시간들을 끼워 맞추면서 해석하게 된다. 지금부터 약 1만 년 동안의 인류 흔적을 토대로 역사시대를 정의한다. 한편 지질학자들은 원시 지각이 형성된 약 40억 년 동안의 암석을 토대로 지질시대를 정의한다. 지질시대는 이처럼 역사시대와 구분하여 원시 지각이 형성된 후부터 약 1만 년 전까지로 그 기간을 정의하기도 하며, 최근에는 퇴적물이 퇴적되는 현재까지도 지질시대에 포함시키기도 한다. 역사학자들이 어느 한 권의 책 만에 의존하여 역사를 해석하지 않는 것처럼, 지질학자들도 가능하면 많은 노두를 조사하고 여러 곳의 지질조사를 통해 지사학적인 기록을 객관적으로 해석하려 노력한다. 국립과학수사연구원의 연구원들은 사건현장에 남아 있는 현재의 여러 가지 단서를 통해 과거에 어떤 일들이 있었는지를 해석한다.

과거에 일어난 지구상의 지질학적 사건을 연구하는 기본 원리는 다음과 같은 몇 가지가 있다. 덴마크의 해부학자이며 지질학자인 스테노는 야외에서 퇴적암층의 형성 순서를 인지한 최초의 사람으로서 지층 누중의 원리를 적용했다. 변형을 받지 않은 퇴적암에서는 아래에 놓여 있는 것이 먼저 쌓인 지층이고 위에 놓여 있는 것이 나중에 쌓인 지층이라는 것이다. 스테노는 또한 퇴적면 수평성의 원리를 인지하였다. 대부분의 지층이 퇴적될 때 수평으로 퇴적된다는 원리이다. 만일 지층들이 굽어 있거나 경사져 있다면 지층들은 수평으로 퇴적된 후 지각변동을 받았기 때문으로 해석할 수 있다. 그러나 지층이 직립하거나 역전되어 버리면 국부적으로는 지층의 상하 판단이 잘못될 수가 있다. 이런 때에는 지층의 상하를 판단할 수 있는 사층리, 연흔, 건열, 점이 층리 등을 이용해야 한다. 1800년대 후반 허튼은 동일 과정의 원리를 주장했다. 이 원리에서는 현재 지구상에서 일어나고 있는 변화와 같은 변화가 과거에도 비슷하게 일어났다고 해석한다. 그러나 동일

과정의 법칙은 무조건 적용될 수 없는 것이다. 왜냐하면 현재 일어나고 있는 변화를 현재와 환경이 다른 시생대나 원생대에 그대로 적응시킬 수는 없기 때문이다. 선캄브리아시대 초기에는 기권과 수권이 없었고, 점점 기권과 수권이 생겨났지만 대기의 조성이 현재와는 달랐으며 대기 중에는 산소가 없었다.

1800년대 초 영국의 스미스는 생물군 천이의 원리를 주장했다. 스미스는 지층 누중의 법칙을 적용하여 지층을 아래로 또는 위로 계속하여 따라가면 지층 속에 들어 있는 화석의 내용이 점점 달라짐을 알 수 있다고 생각했다. 특히 동물화석을 조사해보면 1종의 화석도 점점 변해가지만, 화석동물군의 내용도 변해감을 알 수 있다. 이는 시대가 달라지면 동물군에도 변화가 일어난다는 것으로서 시간이 흐름에 따라 동물에 진화가 일어났다는 의미를 내포한다. 이와 같이 시간을 대표하는 지층의 상 · 하 양 지층 사이에서도 화석동물군의 내용이 달라진다는 사실을 동물군 천이의 법칙이라고 한다. 이 법칙은 또한 어떤 내용을 가진 화석동물군은 한 시대밖에 존재할 수 없음을 가르쳐 준다. 왜냐하면 시대가 변하면 동물군의 내용이 변하기 때문이다. 이 법칙은 지층을 대비하는 데 큰 도움이 된다.

부정합 관계는 부정합을 경계로 상하 두 지층 간에는 큰 시간적인 간격이 있음을 나타낸다. 지층이 퇴적되다가 오랫동안 퇴적이 중단되거나 퇴적면이 육화되어 침식을 받은 면이 퇴적층 속에서 발견되면 이 면을 부정합면이라고 하고, 이 면 상위 및 하위의 지층 사이의 관계를 부정합이라고 한다. 만일 하위의 지층이 심한 습곡을 받았거나 부정합면 아래 화성암이 있을 경우에는 부정합면은 대단히 긴 시간의 간격을 의미한다. 부정합의 시간적 간격이 큰 경우에는 상하 양 지층 중의 화석 내용에 큰 차이가 생겨난다.

관입 관계는 어떤 지층에 화성암이 관입했을 때, 관입당한 지층이 관입한 화성암보다 먼저 형성되었음을 나타낸다. [그림 5-6]의 왼쪽 그림은 A지층부터 D지층까지 쌓인 후에 마그마가 관입하면서 기존 지층과 관입암과의 경계부분이 변성된 것을 나타낸다. 그러나 오른쪽 그림은 A지층과 B지층이 쌓인 후 마그마가 분출한 것으로, 마그마의 윗부분과 접하고 있는 지층과의 경계는 변성 작용을 받지 않았다. 오히려 분출된 마그마가 노출된 후 풍화 작용을 받은 흔적이 C지층에 나타나 있다.

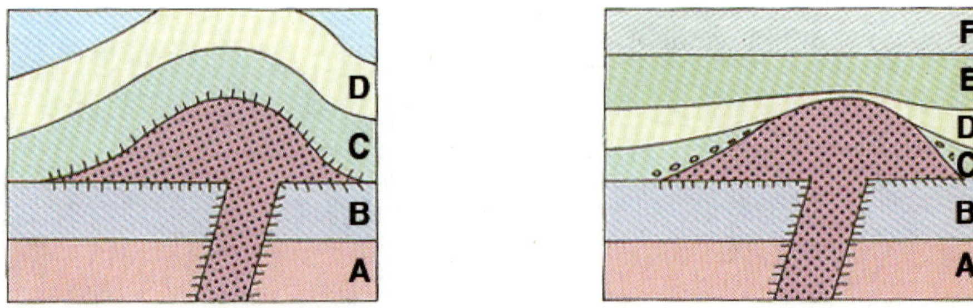

[그림 5-6] 지층의 퇴적 순서 해석 관입(왼쪽)과 분출(오른쪽)

지질학적 사건의 상대적인 선후 관계만을 나타내는 연령을 상대 연령이라고 한다. 지사학의 원리와 암상의 유사성 등을 이용하여 결정하며 화석이 발견될 경우 더 정확한 선후관계를 밝힐 수 있다. 그러나 상대 연령으로는 정확한 연대를 알 수 없기 때문에 지질학적 사건의 선후관계뿐만 아니라, 구체적인 지질학적 연령을 수치화하여 표현하는 것을 절대 연령이라고 한다. 1896년 프랑스의 베크렐이 천연 방사성 동위원소인 우라늄을 최초로 발견했다. 방사성 원소는 더 안정한 다른 동위원소로 스스로 붕괴하고 그 과정에서 에너지를 방출한다. 이런 붕괴 과정은 세 가지 유형의 붕괴로 나뉜다. 알파(α)붕괴에서는 두 개의 양성자와 두 개의 중성자가 핵에서 방출되며 원자번호가 그만큼 줄어들고 질량 수 4개가 감소된다. 베타(β) 붕괴에서는 핵의 중성자로부터 전자 하나가 방출되며, 그 중성자 한 개가 양성자로 변하여 원자번호가 하나 증가하고 원자 질량 수는 변화가 없다. 전자포획 붕괴는 양성자가 전자껍질에서 전자 하나를 포획하여 중성자로 변하며 원자번호 하나가 감소하나 질량 수는 변화가 없다. 루비듐(^{87}Rb)은 한 번의 베타붕괴로 스트론튬(^{87}Sr)으로 붕괴되며, 포타슘(^{40}K)은 한 번의 전자 포획으로 아르곤(^{40}Ar)으로 붕괴한다. 한편 우라늄(^{235}U)은 7번의 알파붕괴와 6번의 베타붕괴를 거쳐 납(^{207}Pb)으로 붕괴하고, 우라늄(^{238}U)은 8번의 알파붕괴와 6번에 베타붕괴를 거쳐 납

(^{206}Pb)으로 붕괴한다. 방사성 원소의 반감기는 원래 불안정한 모원소 원자의 절반이 새로운 안정한 자원소의 원자로 붕괴하는 데 걸리는 시간이다.

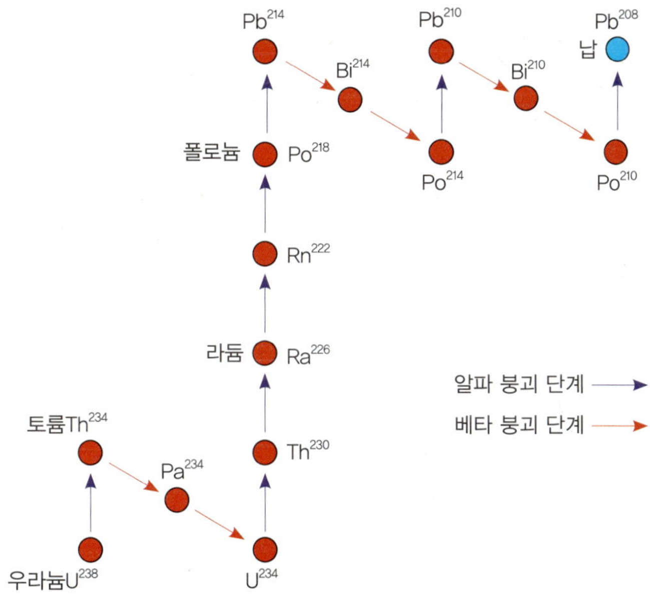

[그림 5-7] 우라늄 붕괴

방사성 원소의 반감기는 원소마다 일정하며, 절대 연령 측정은 방사성 동위원소의 반감기를 이용한다. 어떤 방사성 원소의 반감기가 알려져 있다면 그 원소를 함유하고 있는 암석이나 광물의 생성 연령을 다음 식으로 구할 수 있다.

$$N = N_o = (\frac{1}{2})^{\frac{t}{T}}$$

- No : 방사성 원소의 처음 양, N : 방사성 원소의 현재 양, t : 경과된 시간, T : 반감기

표 5-1 방사성 연대 측정에 이용되는 5개의 중요한 방사성 동위원소

모원소	자원소	반감기(년)	효과적인 연대 측정 범위 (년)	측정될 수 있는 광물과 암석
^{238}U	^{206}Pb	45억	1,000만 – 46억	저어콘, 우라니나이트
^{235}U	^{207}Pb	7억 400만	1,000만 – 46억	저어콘
^{232}Th	^{208}Pb	140억	1억 – 46억	저어콘
^{87}Rb	^{87}Sr	488억	1,000만 – 46억	백운모, 흑운모, K장석, 전체 변성암, 화성암
^{40}K	^{40}Ar	13억	10만 – 46억	해록석, 각섬석, 백운모, 전체 화산암

한편 비교적 젊은 시료는 방사성 탄소나 나이테를 이용한 연대 측정법이 활용된다. 탄소는 자연계에서 흔한 원소로 모든 생명체에서 볼 수 있다. 탄소는 3가지 동위 원소를 갖고 있으며, ^{12}C와 ^{13}C는 안정하나 ^{14}C는 대기 상층부에서 우주선에 의해 끊임없이 생성되는 방사성원소이다. ^{14}C는 5,730년의 반감기를 갖고 베타 붕괴에 의해 ^{14}N으로 변한다. 생물이 죽을 때 ^{14}C는 다시 보충되지 않으며 ^{12}C와의 비율이 점차 달라지게 된다. 따라서 죽은 생물체 안에 존재하는 방사성 탄소 ^{14}C가 정상적인 탄소 ^{12}C에 대하여 차지하는 비율을 조사하여 대기 속의 값과 비교하면 죽은 생물체의 연대 측정이 가능하다. 나이테를 이용한 방법은 지질학적으로 젊은 사건의 연대 측정에 유용한 또 다른 방법이다. 나무에 있는 각각의 나이테는 1년의 성장을 나타내고 넓고 좁은 나이테의 간격을 활용하여 수많은 나무와 나무 파편들에 있는 나이테 형태를 맞추는 과정을 통해 교차연대 측정을 할 수 있다. 이 방법으로 약 14,000년 전까지의 연대표가 만들어질 수 있다.

역사시대는 인류 문화의 발달 정도, 국가의 흥망성쇠 등으로 구분한다. 예를 들어 역사시대를 선사시대, 청동기시대, 삼국시대, 고려시대 등으로 표현하여 구분하기도 한다. 한편 지질시대는 지각에 가해진 변화를 통해 구분할 수 있다. 원시 지각이 형성된 후 지각에 가해진 변화는 풍화, 침식, 퇴적, 지각변동, 마그마 활동, 변성 작용 등이다. 또한 생물계의 변화는 생명의 출현, 진화, 이동, 멸종 등으로 이런 변화들이 반복적으로 되풀이된다. 지질학자들은 이런 지층의 변화와 생물계의 변화를 시간적으로 정리하고, 이런 변화들이 현저하게 나타날 때를 경계로 지질시대를 구분한 후 상대적인 시간순서를 나타낸 지질연대표(Geological time scale)를 만든다. 18세기 말부터 유럽의 지질학자들에 의해 지층을 시대별로 구분하려는 노력이 시작되었다. 영국의 지질학자들은 영국 서쪽의 심한 습곡을 받은 지층과 그 위에 습곡을 덜 받은 지층의 이름을 순서대로 제1층(primary strata), 제2층(secondary strata)이라고 불렀다. 그 이후 제2층을 부정합으로 덮은 수평에 가까운 지층을 발견하여 제3층(tertiary strata)라고 불렀으며, 제3층을 부정합으로 덮은 고결되지 않은 사력층, 점토층에 대해 제4층(quaternary strata)이라 명명하였다. 그 이후 각 층에서 독특한 동물화석이 발견되어 제1층은 paleozoic으로, 제2층은 mesozoic으로 바뀌었으나 제3층과 제4층은 cenozoic에 포함시켜 그대로 남아있다. 지질학자들은 전체 지질시대를 여러 규모의 단위들로 나누었다. 가장 광대한 시간 단위는 이언(eon) 또는 누대이며 은생이언과 현생이언으로 구분한다. 지층 중에서 가장 오래되었고 화석이 거의 발견되지 않는 긴 시대를 은생이언이라고 하고, 고생물을 기준으로 구분되며 화석이 많이 산출되기 시작한 때부터 오늘날까지를 현생이언이라고 한다. 은생이언은 선캄브리아시대라고도 한다. 누대에 쌓인 지층을 누대층이라고 한다. 지질시대 동안 큰 부정합이 4회 있었으며, 이것을 기준으로 대(era)로 구분한다. 은생이언은 시생대와 원생대로 구분하고 현생이언은 고생대, 중생대, 신생대로 구분한다. 대에 쌓인 지층을 대층이라고 한다. 대를 더 작은 시간 단위로 구분한 것을 기(period)라고 하고, 기에 퇴적된 지층을 계라고 한다. 기를 더욱 세분한 시간의 단위를 세(epoch)라고 하며, 세에 퇴적된 지층을 통이라고 한다. 세를 더 세분한 시간단위가 절(age)이며, 절에 퇴적된 지층을 조라고 한다. 한편 지질도 작성 및 기재에 사용되는 기본적인 암석층서적 단위는 층(Formation)이 있다. 이 층들의 이름은 지층이 분포하는 지역명을 사용하는 것이 관례이다. 둘 이상의 층들이 모인 것을 층군(Group)이라고 하며, 이 층군들이 모여 누층군(Supergroup)을 형성한다.

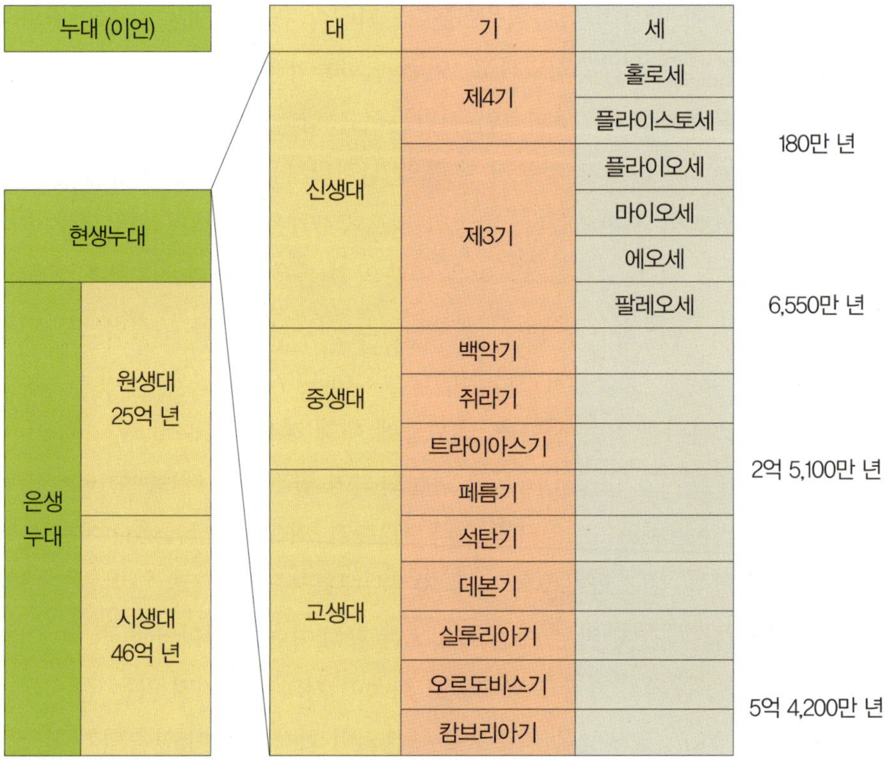

[그림 5-8] 지질연대표

미니탐구 1

<지질시대와 역사 시대의 순서>

우리나라에는 다양한 지질시대의 지층이 퇴적되어 있다. 또한 우리나라의 역사는 학자마다 의견은 다르지만 6~8단계로 구분한다.

• 다음 자료를 활용하여 물음에 답해보자.

우리나라에 퇴적된 지층(가나다순)

경상누층군, 대동누층군, 선캄브리아층, 조선누층군, 제3기층, 제4기층, 평안누층군

우리나라의 역사(가나다순)

구석기 시대, 고대(삼국시대–남북국시대), 근대(강화도 조약–일제강점기), 근대 태동기(조선 후기, 임진왜란 이후), 근세(조선 전기, 임진왜란 이전), 신석기 시대, 중세(고려시대)

1) 연대표를 보고 지질시대별 기(period)를 기록해 보시오.

2) 지질시대별 한반도의 지층을 해당되는 위치에 기록해 보시오.

3) 우리나라의 역사시대를 과거부터 순서대로 기록해 보시오.

대	기	한반도	역사시대
신생대	제		
	제		
중생대	백		
	쥐		
	트		
고생대	페		
	석		
	데		
	실		
	오		
	캄		
원생대			
시생대			

5-3. 지질시대의 화석

'Fossil'이라는 말은 200년 전까지만 해도 명확한 정의 없이 사용되어 땅속에서 파낸 특이한 것들을 모두 지칭했지만, 지질학자들에 의해 생물에 관계있는 것들에만 사용하게 되었다. 즉, 화석(fossil)이란 지질시대에 살던 생물의 유해나 흔적이 암석에 보존된 것을 나타내는 말이다. 생물의 껍데기, 뼈, 이빨과 같이 주로 골격으로 이루어진 것을 체화석(body fossil)이라고 하며, 주로 퇴적암 속에 포함되지만 예외적으로 타르 피트의 중유 속에 갇히거나 동결, 미라화 등에 의해 보존되기도 한다. 체화석과는 대조적으로, 생물의 유해는 아니지만 발자국, 기어간 자국, 서식굴, 배설물 등은 생물에 의해 형성된 것으로 생흔화석(trace fossil)이라고 한다. 석탄이나 석유는 생물의 유물이지만 생물의 구조가 나타나지 않아 화석으로 취급하지 않는다. 또한 역사 시대에 살던 생물의 유해나 흔적도 화석으로 취급하지 않는다. 암석의 틈 속에는 화석처럼 보이지만 생물에 의해 형성되지 않은 것이 있다. 모수석(dendrite)은 망가니즈(Mn)가 지하수에 녹아 암석의 틈에서 MnO_2로 침전되어 독특한 무늬가 형성된 것으로, 마치 화석처럼 보이지만 화석이 아니다.

[그림 5-9] 모수석(Dendrite). 화강암의 틈 사이에 MnO_2가 스며들어 식물의 줄기 모양이 나타난다.

프랑스에서 발견된 네안데르탈인의 유골과 함께 완족류 화석이 발견된 것으로 보아, 초기의 인류에게도 화석은 장식품으로 사용되거나 관심의 대상이 되었던 것 같다. 기원전 450년경 헤로도투스(Herodotus)는 이집트 여행 중 조개 화석을 발견하고 지중해 부근이 전에는 더 넓은 바다였을 것으로 생각했다. 한편 아리스토텔레스(Aristoteles)는 화석을 생물로 생각하면서도 이 생물이 암석 속에서 자라난 것이라고 생각했다. 레오나르도 다빈치는 수에즈 운하를 팔 때 조개 화석을 많이 발견하고 그 곳이 이전에 바다였다는 기록을 남겼다. 어떤 사람들은 암석 중에 광물이 만들어지는 것처럼 화석도 만들어질 수 있다고 생각했고, 또 어떤 사람들은 화석에 대해 사람을 미혹하게 하는 귀신의 장난이라고 주장했다. 독일의 지질학자인 베링거(Beringer) 교수는 화석 수집광이었으며 바위 위에서 살아있는 조개가 생겨날 수 없기 때문에 화석은 암석에서 저절로 생겨난다는 플라스티카 이론의 열렬한 지지자이다. 그런데 베링거 교수의 생각을 탐탁히 여기지 않은 다른 교수가 고용한 학생들이 가짜 화석을 만들어 화석산지에 놓았고, 교수는 그 가짜 화석을 진짜로 오인하여 1726년 「뷜츠부르크의 화석」이라는 책을 출판했다. 그러나 히브리어로 자신의 이름이 새겨진 화석을 발견하고는 여생을 출판된 책을 회수하는 데 쓰다가 사망하였다. 현생의 동식물에는 과학적인 이름 즉, 학명(Scientific name)을 붙여서 전 세계 사람들이 공통으로 사용할 수 있도록 약속했다. 사람의 학명은 '*Homo sapiens* LINNE'라고 명명하며 이런 명명법을 린네가 주장한 이명법이라고 한다. *Homo*는 속명이고 대문자로 시작하며, *sapiens*는 종명이고 소문자로 시작한다. 종명과 속명은 모두 이텔릭체로 쓰고, 종명과 속명을 명명할 때는 라틴어화하여 공식 인정을 받는다.

최초의 생명체는 원핵세포로 된 고세균과 세균이다. 원핵세포는 핵막의 전형적인 구조가 없는 세포를 말한다. 남아프리카에서 발견된 30억 년 전의 스트로마톨라이트에서 박테리아가 발견되었고, 33~35억 년 된 호주의 와라우나층군에서도 박테리아로 추정되는 것이 발견되어 스트로마톨라이트일 가능성이 높다. 1947년 오스트레일리아의 지질학자 스프리그가 호주 남쪽의 에디아카라 언덕에 분포하는 파운드 규암층에서 연체로된 동물의 인상을 발견하였고, 그 이후 에디아카라 동물군으로 명명되었다. 이는 신원생대에서 산출된 최초의 다세포 생물군으로 추정되며, 비슷한 시기 중국과 러시아에서도 다세포 생물들이 발견된다.

[그림 5-10] 에디아카라 생물군

출처: 스미소니언박물관

고생대 초기인 캄브리아기에는 캐나다 브리티시컬럼비아의 버제스셰일에서 다양한 해양 무척추 동물 화석들이 산출된다. 중국에서는 첸지앙 지역에서 삼엽충을 비롯한 해양생물의 화석이 다량 산출된다.

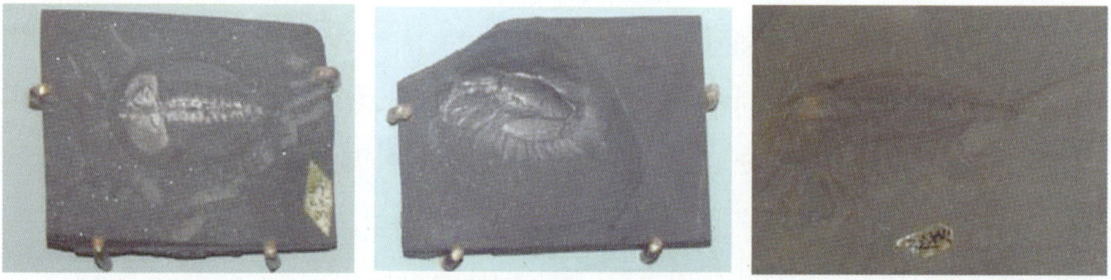

[그림 5-11] 버제스 세일층 화석

출처: 스미소니언박물관

오르도비스기에는 산호류, 두족류, 필석류 등이 번성했으며 최초의 척추동물인 어류가 출현했다. 실루리아기에는 바다전갈류가 번성했고 최초의 육상식물인 쿡소니아가 출현했다. 데본기에는 고사리류가 번성했고 상어류, 경골어류가 출현했으며 갑주어가 번성했다. 또한 최초의 곤충이 출현하기도 했다. 석탄기에는 유공충에 속하는 푸줄리나가 번성했고 인목, 봉인목, 노목 등의 양치류가 번성하여 현재의 석탄이 되었다. 또한 파충류도 출현했다. 고생대 말인 페름기에는 양치식물이 쇠퇴하고 겉씨식물인 은행류, 송백류, 소철류가 출현했고 양서류가 번성했으며 고생대말에 50%의 해양 무척추동물, 33%의 곤충, 양서류와 파충류의 65%가 멸종하며 중생대로 이어진다.

[그림 5-12] 고생대 화석 사진(최초의 식물인 쿡소니아(좌), 삼엽충의 등 부분(가운데), 배 부분(우)

중생대는 공룡과 암모나이트가 번성한 시기이다. 1842년 영국의 비교해부학자인 오웬(Owen)이 굉장히 큰 도마뱀이라는 의미의 공룡이라는 용어를 사용한 이래, 무수히 많은 책과 영화의 소재로 활용되었고, 대부분의 자연사박물관에는 대형 공룡 골격이 전시되어 있다. 공룡은 치골의 형태에 따라 용반류와 조반류로 구분된다. 용반류는 도마뱀처럼 생긴 골반을 갖고 있고 조반류는 새처럼 생긴 골반을 갖고 있다. 용반류는 수각류와 용각류로 분류하며 수각류는 티라노사우루스처럼 이족보행하는 육식공룡이다. 용각류는 브라키오사우루스처럼 매우 크고 사족보행하는 초식공룡이다. 조반류는 이구아노돈, 스테고사우루스, 안킬로사우루스, 트리케라톱스 등이 있으며, 초식공룡이고 주로 이족보행한다. 척추동물 중에 하늘을 날 수 있는 것은 익룡(pterosaurs)이었으며, 백악기 말에 멸종했다.

[그림 5-13] 공룡골격 모형(지질자원연구원 지질박물관)

중생대 해양 무척추동물은 두족류, 이매패류, 복족류와 같은 연체 동물이 가장 큰 비중을 차지하고 있었다. 봉합선을 가진 두족류인 암모노이드류는 고니아타이트(goniatites), 세라타이트(ceratites), 암모나이트(ammonites)로 분류된다. 암모나이트는 쥐라기와 백악기 동안 가장 번성했으며, 대부분이 나선형이었고 일부는 직경이 2m에 이르는 것도 있었다. 암모나이트는 백악기 말에 멸종했지만 서로 유연관계가 있는 일부 종은 신생대까지 살아남았다. 현생 노틸러스(nautilus)를 포함하는 노틸로이드와 오늘날의 오징어, 문어 등은 암모나이트의 후손이다.

[그림 5-14] 현생 앵무조개(좌)와 암모나이트(우)

중생대 초기와 중기에는 후기 고생대와 마찬가지로 양치식물과 겉씨식물이 번성하였다. 겉씨식물 중 종자고사리류는 트라이아스기 말에 멸종했으나 은행류는 계속 번성하다가 현재까지 이르렀다. 구과류 또한 번성하다가 현재 고위도 지역 및 해발 고도가 높은 지역에 넓게 분포한다. 하지만 양치류와 겉씨식물은 백악기에 쇠퇴하였고 꽃이 피는 식물이 백악기에 등장한다.

현재 주변에서 흔히 보는 새는 언제부터 출현했고 그 조상은 무엇일까? 조류의 출현은 중생대까지 거슬러 올라간다. 조류는 깃털이 있는 반면, 파충류는 비늘이나 단단한 피부를 갖고 있다. 외적으로 보기에는 너무도 달라 보이지만 조류와 파충류는 외형과 달리 서로 밀접한 관계가 있다. 1860년 이후 독일의 졸른호펜 석회암에서 시조새(Archaeopteryx)로 알려진 화석이 10여 개 발견되었다. 또한 지난 수년 동안 중국에서는 수각류와 조류 사이의 관계를 더 잘 입증해주는 깃털 달린 수각류 화석이 발견되었다.

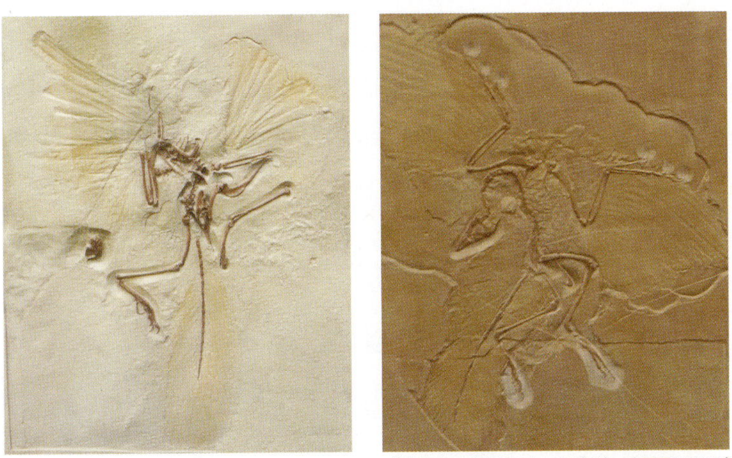

[그림 5-15] 시조새(Archaeopteryx lithographica) 복제 표본(런던 표본(좌), 베를린 표본(우))

중생대 말이 되면 공룡이 대량멸종 되었기 때문에 다른 시기보다 더 주목을 받는다. 이때의 대량멸종에 대해 여러 가지 가설들이 제기되지만, 1980년에 백악기와 고제3기 경계층에서 지구상에 흔하지 않고 일부 운석에 다량 함유된 이리듐이 다량 발견되어 운석충돌설이 제안되었다. 중생대 말에 멕시코 유카탄반도에 지름 약 10km 정도의 운석이 충돌하면서 충돌에 의해 발생한 열과 에너지로 많은 생물이 멸종했고, 대기 중에 먼지나 그을음 등이 유입되어 태양빛을 가리게 되었다. 이로 인해 지구 표면온도가 급감하여 공룡과 같은 생물들이 멸종하게 된다.

신생대의 해양무척추동물은 유공충, 방산충, 산호, 연체동물, 성게 등이다. 신생대 동안 양치식물과 속씨식물이 많이 존재했지만, 속씨식물의 경우 분화를 거듭하여 더욱더 현재와 비슷한 모습으로 변해갔다. 현존하는 조류의 대부분은 신생대에 출현했고 타조처럼 날지 못하는 조류로는 북아메리카와 유럽에 살았던 디아트리마(Diatryma), 뉴질랜드의 모아새(Moa), 마다가스카르의 코끼리새 등이 있었고 모두 멸종했다. 오늘날 말의 초기 조상은 히라코테리엄(Hyracotherium)으로 알려진 여우 크기의 동물이다. 이 생물은 네 개의 앞발가락과 세 개의 뒷발가락을 갖고 있었으며, 플라이스토세의 현재 말과 유사한 에쿠우스(Equus)로 진화하면서 크기 증가, 다리의 길이 증가, 발굽 수의 감소, 복잡한 씹는 표면을 가지는 높은 치관의 발달 등의 경향을 보인다. 신생대 에오세에 출현한 메리테리엄(Meritherium)은 매머드와 현재 코끼리의 조상으로 여겨지고 있다. 매머드는 북반구 전 대륙에 살고 있었고 플라이스토세 말경에 멸종하게 된다.

5-4. 우리나라의 지질과 화석

한반도는 경기도, 충청남북도, 경상남북도, 전라남북도 등 행정구역으로 구분하고 세부적으로 군, 면 등으로 나눌 수도 있다. 이와 달리 한반도의 땅은 지질학적 관점에 의해 구분할 수 있다. 암석의 연령, 암석의 종류, 지질구조 등에 따라 여러 개의 작은 땅으로 나눈 것을 지체구조라고 하며 한반도는 여러 개의 육괴, 습곡대, 분지 등으로 구성되어 있다. 선캄브리아시대의 변성암으로 되어 있는 육괴는 낭림 육괴, 경기 육괴, 영남 육괴, 관모봉 육괴가 있고 한반도 땅의 기반이 된다. 육괴와 육괴 사이에 발달해 있는 단천습곡대는 선캄브리아시대의 변성암이 분포하고 옥천습곡대와 두만강 분지는 고생대에 퇴적된 퇴적암으로 되어 있다. 경상분지, 충남 함몰대 등은 중생대에 퇴적되었고 연일분지는 신생대에 퇴적되었으며 제주도는 신생대 화산활동으로 형성되었다. 서울과 원산을 잇는 추가령 열곡대를 경계로 북쪽은 지질분포가 복잡하지만 남쪽은 대체로 북동-남서 방향으로 분포한다. 화성암류의 대부분은 화강암으로 중생대에 쥐라기말에 관입한 대보 화강암과 백악기 말에 관입한 불국사 화강암으로 크게 나뉜다. 신생대 제4기에는 제주도, 울릉도를 구성하는 현무암과 조면암을 만들었으며 백두산 주변, 강원도 평창, 철원 등에 현무암의 용암대지를 형성했다. 퇴적암류의 대부분은 고생대의 해성층과 중생대의 육성층이며, 신생대층은 주로 동해안 부근과 제주도에 좁게 분포한다.

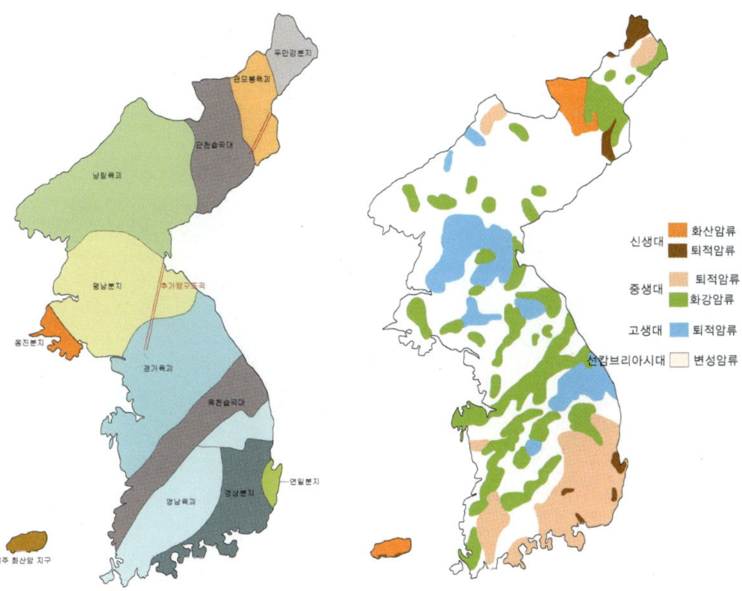

[그림 5-16] 우리나라의 지체구조도(좌)와 지질도(우)

[그림 5-17] 소청도의 스트로마톨라이트

우리나라 선캄브리아시대에는 화석이 거의 산출되지 않지만, 소청도에 분포하는 상원계의 석회암에서는 콜레니아라고도 불리는 스트로마톨라이트가 산출된다. 이는 우리나라에서 발견되는 가장 오래된 화석이며, 약 10억 년 전에 얕은 바다에 서식하던 남조류에 의해 형성된 것이다.

고생대에는 전기 고생대(캄브리아기, 오르도비스기, 실루리아기)지층이 형성된 후 해퇴가 일어나 퇴적이 중단되었고, 그 이후 후기 고생대(석탄기, 페름기) 지층이 퇴적되었다. 전기 고생대층은 조선누층군이고 후기 고생대층은 평안누층군이다. 전기 고생대층은 강원도 태백, 삼척, 영월, 정선 및 충북 담양, 경북 문경 등에 분포한다. 조선누층군의 석회암과 셰일에서는 삼엽충, 필석류, 두족류, 완족류, 코노돈트 화석이 산출된다. 평안누층군은 강릉, 삼척, 영월, 단양, 문경 등에 퇴적되어 있으며, 석회암층에서는 방추충, 코노돈트, 산호, 해백합 등의 해양생물이 발견되고, 셰일에서는 고사리류, 속새류 등의 식물화석이 발견된다.

[그림 5-18] 고생대 화석(고생대 전기의 삼엽충(좌), 고생대 후기의 식물화석(우))

중생대 초기의 대동누층군은 충남 보령, 경기 김포, 충북 문경 등지에 퇴적되어 있으며 다양한 식물화석, 담수의 연체동물, 절지동물, 어류 등이 발견된다. 중생대 말 백악기에는 영남 지역에 경상누층군이 퇴적되어 있으며, 담수의 연체동물, 절지동물, 식물화석, 공룡발자국 등이 발견된다.

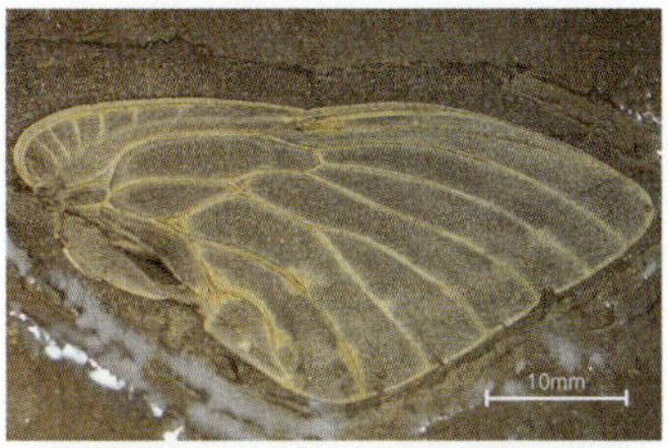

중생대 초기의 곤충화석(보령)

중생대 초기의 식물화석(보령)

중생대 후기의 곤충화석(진주)

중생대 후기의 공룡발자국 화석(고성)

[그림 5-19] 중생대의 화석

신생대 제3기는 포항과 경주, 울산 등지에 퇴적되어 있으며 각종 식물화석과 연체동물, 어류, 유공충 등이 발견된다. 제4기는 제주도에 분포하며 이매패, 완족류, 유공충 등의 화석과 사람발자국 화석이 발견된다.

[그림 5-20] 신생대 화석(제3기의 나뭇잎(포항, 좌), 제4기의 이매패(제주도, 우))

미니탐구 2

우리나라의 화석

우리나라에는 지질시대별로 대표적인 지층이 퇴적되어 있고 화석들도 발견된다.

1. 교재를 참고하여 지질시대별로 대표적인 화석을 한 가지 이상씩 기록해보자.

지질시대	발견되는 곳	대표적인 화석
선캄브리아시대	소청도	
고생대 초기	태백, 삼척, 영월, 단양	
고생대 후기	삼척, 영월, 정선, 단양	
중생대 초기	연천, 보령	
중생대 후기	대구, 진주, 해남, 고성	
신생대 제3기	포항, 경주, 울산	
신생대 제4기	제주도	

2. 경상남도 고성의 상족암에서는 공룡발자국화석이 다량 발견되어 관광지로 홍보하고 있고 많은 관광객이 방문한다. 우리나라에 분포하는 대표적인 화석들을 이용하여 우리나라의 화석을 홍보할 수 있는 창의적인 리플릿을 구상해보자(고성공룡엑스포 리플릿 참조).

〈2012 경남 고성공룡세계엑스포 리플릿〉

〈창의적인 홍보 리플릿 구상안〉

미니탐구 3

우리나라의 지질분야 박물관 조사하기

누구나 화석을 찾을 수 있지만 아무나 화석을 발견하고 그 가치를 알아보지 못한다. 또한 야외 지질조사는 매우 힘들기 때문에 일부 전문가들이 화석을 찾아 의미를 부여하고 그렇게 의미를 담은 화석들은 각 지역마다 박물관에서 전시하여 일반인들에게 공개되어 있다. 우리나라도 화석이나 광물 등 여러 가지 지질표본을 전시하여 교육적으로 활용하는 곳이 여러 지역에 분산되어 있다. 자신이 살고 있는 곳에서 가까운 곳을 찾아가 관람해보자.

다음은 우리나라에 있는 대표적인 박물관으로 화석이 전시되어 있는 곳이다. 아래 지도에 박물관을 기호로 표시해보자.

A. 우석헌자연사박물관 : 경기 남양주시 http://www.geomuseum.org

B. 서대문자연사박물관 : 서울 서대문구 http://namu.sdm.go.kr

C. 태백석탄박물관 : 강원 태백시 http://www.coalmuseum.or.kr

D. 문경석탄박물관 : 경북 문경시 http://www.coal.go.kr

E. 안면도 쥬라기 박물관 : 충남 태안군 www.anmyondojurassic.com

F. 보령석탄박물관 : 충남 보령시 http://www.1stcoal.go.kr

G. 계룡산자연사박물관 : 충남 공주시 http://www.krnamu.or.kr

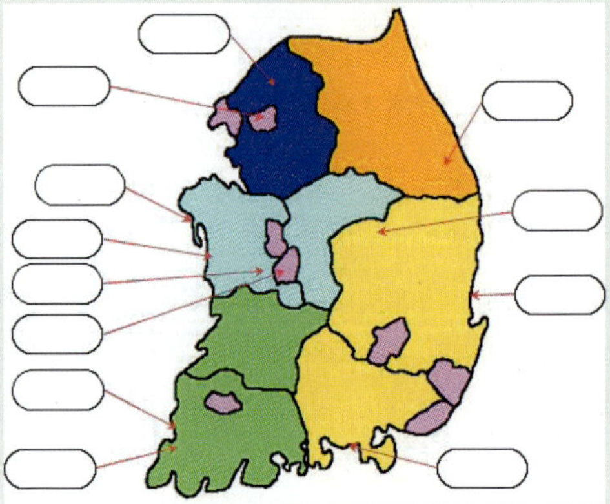

H. 지질박물관 : 대전 유성구 http://museum.kigam.re.kr

I. 경보화석박물관 : 경북 영덕군 http://www.hwasuk.com

J. 고성 공룡박물관 : 경남 고성군 http://museum.goseong.go.kr

K. 목포 자연사박물관 : 전남 목포시 http://museum.mokpo.go.kr

L. 해남공룡박물관 : 전남 해남군 http://uhangridinopia.haenam.go.kr

탐구 1: 한반도의 형성 과정

지질시대의 한반도는 신기하게도 현재의 휴전선 근처를 기준으로 남쪽과 북쪽의 땅이 분리되어 있었다. 중생대에 들어서면서부터 두 땅이 붙어서 현재의 한반도 모습을 갖추게 되었다. 실제로 이런 일이 발생한 사실을 과학적 자료를 근거로 확인해보자.

다음 자료는 우리나라 고생대의 석탄기, 페름기, 중생대의 트라이아스기, 쥐라기, 백악기 및 신생대의 제3기, 제4기 퇴적암을 여러 장소에서 채취하여 측정된 고지자기 복각을 시대 별로 평균한 것이다(복각을 I, 위도를 θ라 할 때, $\tan I = 2\tan\theta$의 관계가 성립한다).

시대	중기 석탄기	페름기	초기트라이아스기	쥐라기	백악기	제3기	제4기
시료 채취지역의 평균 위도	37.0°N	37.0°N	37.0°N	36.0°N	36.0°N	35.0°N	33.5°N
암석으로부터 구한 복각	−22.3°	−12.2°	7.2°	55.1°	57.4°	56.4°	55.5°
고위도							

1) 각 지질시대별로 암석을 측정하여 구한 복각으로부터 한반도의 고위도를 계산하여 위 표에 기록해 보시오.

2) 석탄기에 대해서 예시한 것과 같이 다음 그래프에 각 지질 시대별 고위도를 별표(★)로 표시하시오.

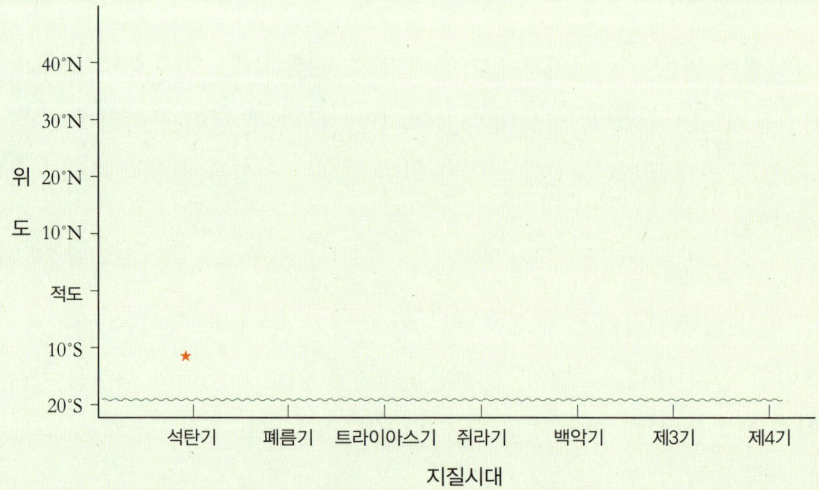

3) 한반도가 현재의 위치(위도 35°N~37°N)에 도달한 시기는 언제인가?

4) 아래 지도는 오늘날의 동부아시아와 오스트레일리아를 그린 지도이다. 지질시대별로 한반도 남부의 위치를 그려 보아라.(아시아를 구성하는 육괴들도 서로 다른 시기에 북으로 이동하여 왔으나 편의상 한반도를 제외한 다른 육괴들은 오늘날의 위치에 계속 있었다고 가정한다.)

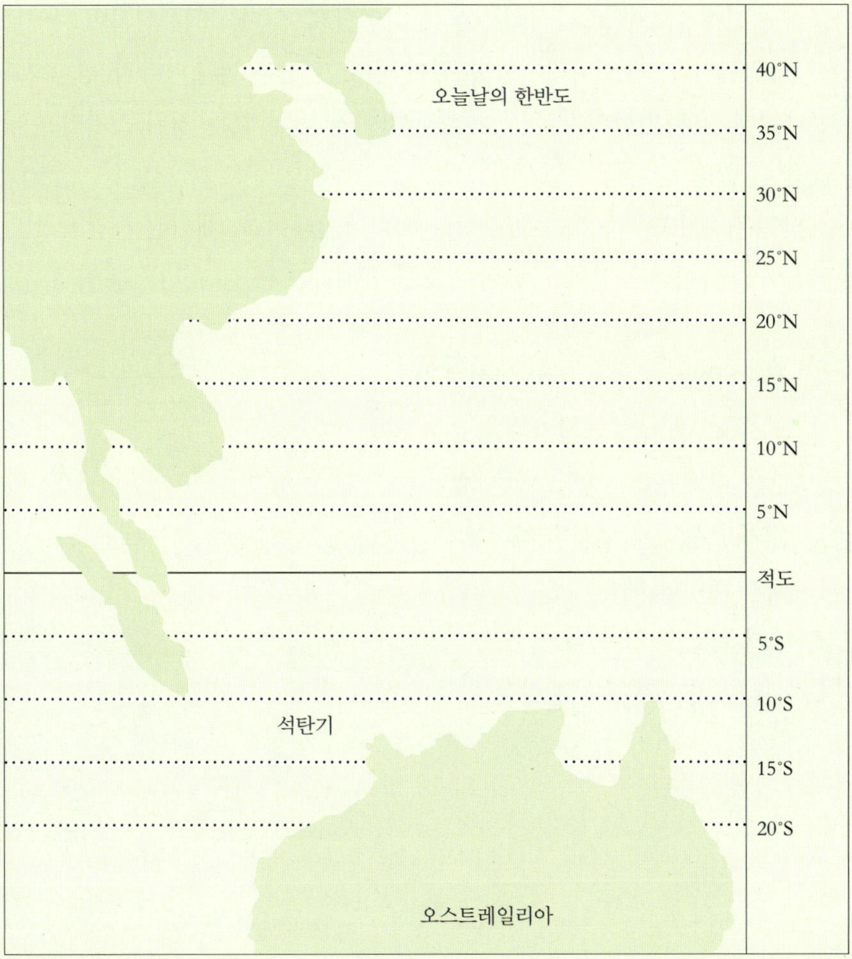

탐구 2: 나이테와 최근의 사건

식물은 뿌리에서 양분을 흡수하고 광합성과 호흡을 통해 성장을 한다. 특히 봄에서 여름까지의 성장 속도는 가을부터 겨울까지의 성장 속도보다 더 빠르다. 강수와 햇빛을 많이 받으면 다른 해보다 성장을 더 잘할 수 있다. 이런 성장한 모습이 식물의 줄기에 나타나고 나이테를 통해 확인할 수 있다. 모든 식물이 나이테를 만드는 것은 아니다. 우리나라처럼 계절이 뚜렷한 경우 계절마다의 성장속도가 달라서 나이테가 잘 만들어지지만, 계절적 차이가 거의 없는 저위도 지역은 나이테가 없을 수 있다.

다음 사진은 2010년 죽은 제주도 삼나무의 나이테이다. 제시된 사건이 있었던 해에 만들어진 나이테 부분에 사건의 기호를 표시해보자.

A. 우리나라에서 올림픽이 개최된 해
B. 우리나라가 월드컵 4강에 진출한 해
C. IMF 구제금융 지원을 받은 해
D. 내가 초등학교 입학한 해
E. 내가 태어난 해
F. 내가 가장 기억에 남는 해
G. 우리나라 최초로 노벨상을 수상한 해

정리하기

1. 우리 은하의 한 부분에 있던 가스 성운에 외부에서의 강한 충격에 의해 가스들이 서서히 중심으로 모여들게 되었다고 가정한다면, 앞으로 어떤 일들이 진행되면서 지구라는 행성이 형성될지에 대하여 스토리텔링하시오.

2. 우리나라는 선캄브리아시대부터 현재까지 어떤 지질학적 사건이 있었는지를 현재 알려진 사실을 바탕으로 스토리텔링하시오.

3. 지구의 나이에 대한 생각은 어떤 것들이 있었는지 설명하시오.

4. 과거에 일어난 지질학적 사건을 연구하는 데 필요한 기본원리들은 어떤 것이 있는지 설명하시오.

5. 비교적 시기가 짧은 연대를 측정하는 방사성 탄소 연대 측정법을 설명하시오.

6. 방사성 원소의 붕괴 3가지 유형을 설명하시오.

7. 지질시대를 구분하는 시간단위를 큰 것부터 나열하시오.

8. 우리나라에는 중생대 바다에 흔했던 암모나이트 화석이 발견된 적이 없다. 그 이유를 설명하시오.

9. 강원도 태백의 높은 산에는 고생대 초기 바다에 있던 생물들의 화석이 산출된다. 왜 이런 곳에서 바다에 살던 생물의 화석이 산출되었는지에 대해 설명하시오.

10. 운석의 종류는 어떤 것들이 있는지 구분하여 설명하시오.

제5장 참고자료

김경렬 외(2009). 지구시스템의 이해. 서울: 박학사.

김동주 외(2004). 지구환경과학개론. 서울: 시그마프레스.

김종헌 외(2012). 지사학. 서울: 박학사.

정진우 외(2013). 심화 지구과학. 서울: 한국과학창의재단.

정창희(2006). 지질학 개론. 서울: 박영사.

최진범 외(2002). 인터넷 지구라는 행성. 서울: 도서출판 춘광.

화석 사진: 지질박물관, 스미소니언 자연사 박물관.

2012 경남 고성공룡세계엑스포 리플릿 - http://www.dino-expo.com/

Tarbuck, E. J.(2009). Earth Science. New York : pearson prentice.

제5장 탐구 해설

〈미니탐구 1〉

<table>
<tr><th>대</th><th>기</th></tr>
<tr><td rowspan="2">신생대</td><td>제4기</td></tr>
<tr><td>제3기</td></tr>
<tr><td rowspan="3">중생대</td><td>백악기</td></tr>
<tr><td>쥐라기</td></tr>
<tr><td>트라이아스기</td></tr>
<tr><td rowspan="6">고생대</td><td>페름기</td></tr>
<tr><td>석탄기</td></tr>
<tr><td>데본기</td></tr>
<tr><td>실루리아기</td></tr>
<tr><td>오르도비스기</td></tr>
<tr><td>캄브리아기</td></tr>
<tr><td>원생대</td><td></td></tr>
<tr><td>시생대</td><td></td></tr>
</table>

한반도
제4기층
제3기층
경상누층군
대동누층군
평안누층군
조선누층군
선캄브리아층

역사시대
근대
근대 태동기
근세
중세
고대
신석기 시대
구석기 시대

〈미니탐구 2〉

1.

지질시대	발견되는 곳	대표적인 화석
선캄브리아시대	소청도	스트로마톨라이트
고생대 초기	태백, 삼척, 영월, 단양	삼엽충, 필석류, 두족류, 완족류, 코노돈트 화석
고생대 후기	삼척, 영월, 정선, 단양	방추충, 코노돈트, 산호, 해백합, 고사리류, 속새류
중생대 초기	연천, 보령	식물화석, 연체동물, 곤충, 어류
중생대 후기	대구, 진주, 해남, 고성	연체동물, 곤충, 식물화석, 공룡발자국

신생대 제3기	포항, 경주, 울산	식물화석, 연체동물, 어류, 유공충
신생대 제4기	제주도	이매패, 완족류, 유공충, 사람발자국

2. 화석의 특징을 살려서 창의적으로 리플릿을 구상하고 발표하도록 한다.

〈미니탐구 3〉

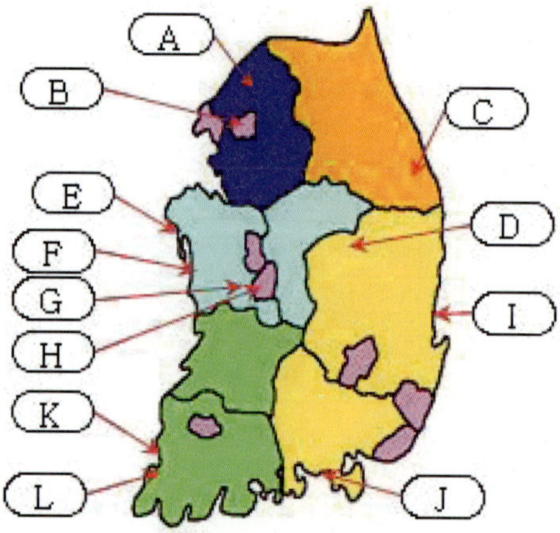

〈탐구 1〉

1)

시대	중기 석탄기	페름기	초기트라이아스기	쥐라기	백악기	제3기	제4기
고위도	11.6°S	6.2°S	3.6°N	35.6°N	38.0°N	37.0°N	36.0°N

2)

40°N
30°N
위도
20°N
10°N
적도
10°S
20°S
석탄기
페름기
트라이아스기
쥐라기
백악기
제3기
제4기
지질시대

3) 쥐라기

4)

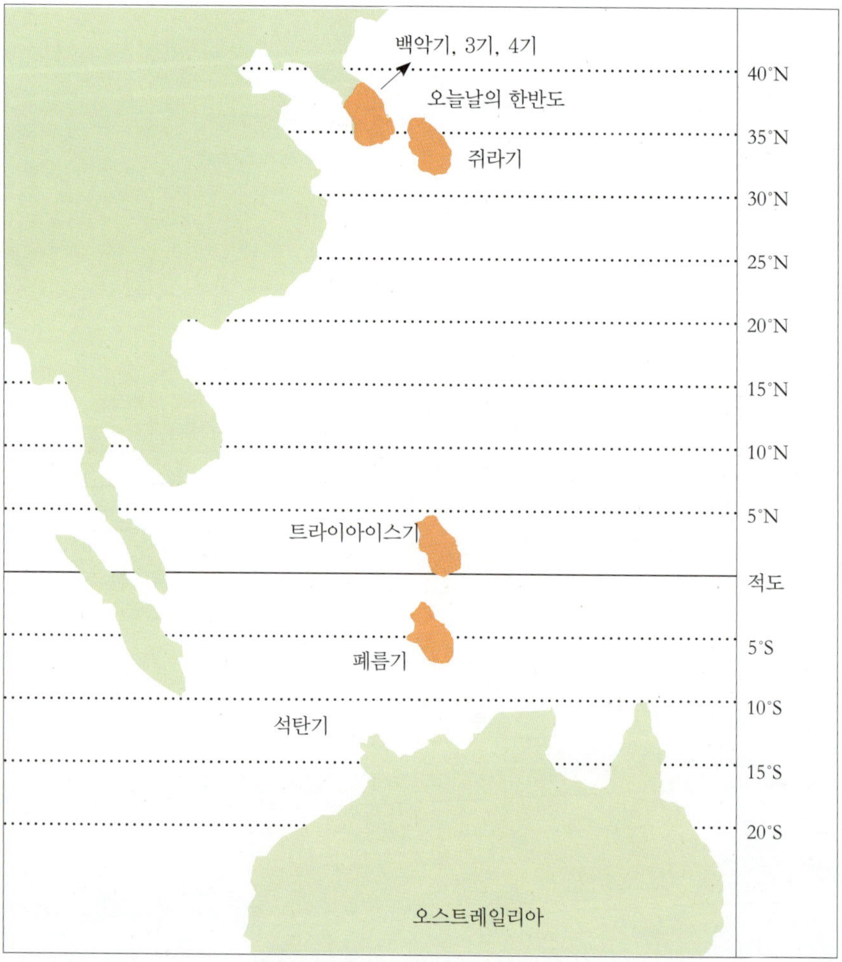
백악기, 3기, 4기
40°N
오늘날의 한반도
35°N
쥐라기
30°N
25°N
20°N
15°N
10°N
5°N
트라이아이스기
적도
5°S
페름기
10°S
석탄기
15°S
20°S
오스트레일리아

〈탐구 2〉

A. 우리나라에서 올림픽이 개최된 해 – 1988년
B. 우리나라가 월드컵 4강에 진출한 해 – 2002년
C. IMF 구제금융 지원을 받은 해 – 1997년
D. 내가 초등학교 입학한 해 – (각자 작성)
E. 내가 태어난 해 – (각자 작성)
F. 내가 가장 기억에 남는 해 – (각자 작성)
G. 우리나라가 최초로 노벨상을 수상한 해 – 2000년

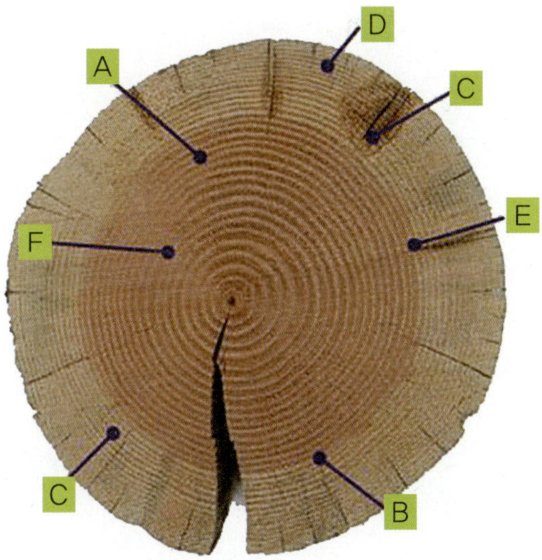

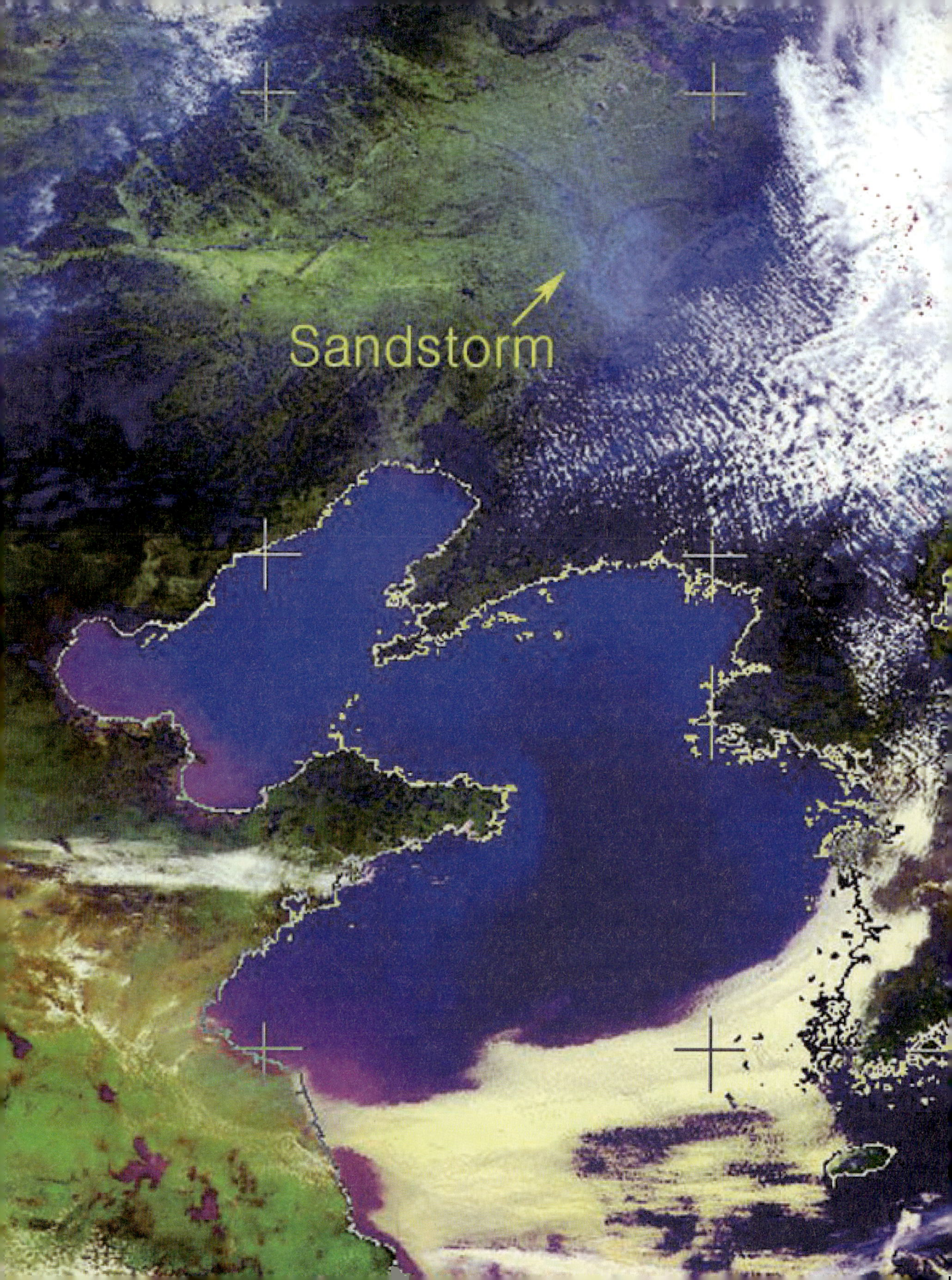
Sandstorm

Chapter_ 6

기상 예보하기

천리안 기상위성과 구름사진

햇빛은 달콤하고, 비는 상쾌하고, 바람은 시원하며, 눈은 기분을 들뜨게 만든다. 세상에 나쁜 날씨란 없다. 서로 다른 종류의 좋은 날씨만 있을 뿐이다.

존 러스킨(John Ruskin, 1819–1900), 영국의 사회비평가

사람들은 누구나 날씨에 대해서 이야기하지만, 날씨에 대해서 무언가를 하는 사람은 아무도 없다.

마크 트웨인(본명: 새뮤얼 랭혼 클레먼스, 1835–1910), 미국의 소설가

나뭇가지가 봄바람 품에 손 넣어 본다.
딱 좋은 날씨야
나뭇가지가 햇살의 온도를 잰다.
이만하면 됐어
닫혔던 문 연다.
맘놓고 나가 놀아라
우르르 꽃송이들
내보낸다.

박소명(아동문학가), '나뭇가지 온도계'

제6장 기상 예보하기

제6장에서는 실황자료를 활용하여 24시간 이내의 단기 일기예보를 할 수 있는 방법을 직접 배울 수 있도록 한다. 스마트폰을 활용하여 실시간으로 제공되는 기상위성 자료와 레이더 영상자료를 분석하여 정확한 6시간 이내의 단기 강우예보와 24시간 이내의 구름 상태를 예측할 수 있는 기상 예보를 배워서 일상생활에 적용할 수 있도록 한다.

6-1. 일기예보와 일기속담

6-2. 구름 실황 예보하기(기상위성)

6-3. 강우 실황 예보하기(기상레이더)

탐구 1: 구름 예상하기

탐구 2: 강우 예보하기

6-1. 일기예보와 일기속담

기상관측과 무선통신이 가능해지면서 1900년대부터 날씨의 상태를 알아내기 위한 일기도가 만들어져서 일기예보가 가능해졌다. 최근에는 인공위성과 기상레이더 등이 발명되어 날씨의 상태와 변화를 입체적으로 알 수 있게 되었고, 슈퍼컴퓨터의 등장으로 복잡하고 어려운 수많은 기상 자료들을 쉽고 빠르게 처리할 수 있게 되었다. 이에 각 지역에 맞는 수치 기상 모델이 개발되어 수치예보 시대에 이르렀으며 이제는 기상을 인공적으로 조절까지 할 수 있게 되었다.

여기서는 스마트폰 어플을 활용하여 실시간으로 정보가 제공되는 구름사진과 레이더 영상을 이용하여 단시간 기상을 예측할 수 있는 실용적인 방법을 탐구해 보자.

예로부터 우리 선조들은 날씨와 관련된 속담을 만들어 왔다. 일기속담은 대부분이 비과학적이고 타당성이 없어 보이나, 최근에는 기상학 이론으로 그 타당성이 입증되기도 한다. 통계적으로 비교적 잘 맞는 일기속담의 예를 들면 다음과 같다.

- 청개구리가 울면 비가 올 징조이다.
- 아침에 차 맛이 좋으면 날씨가 맑다.
- 아침에 거미줄에 이슬이 맺히면 그날은 맑다.
- 저녁 노을은 다음날 맑음을 뜻한다.
- 연기가 똑바로 오르면 날씨가 좋다.
- 개미가 진을 치면 비가 온다.
- 화장실의 냄새가 지독할 때는 비가 온다.
- 종소리가 잘 들리면 비가 온다.
- 아침 무지개는 비가 오고 저녁무지개는 맑을 징조이다.
- 제비가 지표면 가까이 날면 비가 온다.
- 새벽녘에 별빛이 흔들리면 큰 바람이 분다.

6-2. 구름 실황 예보하기(기상위성)

❖ 기상위성 구름사진

[그림 6-1] 우리나라 기상위성 COMS(천리안)

기상위성은 기상관측 및 관측자료를 전송 · 중계할 수 있는 기능을 가진 인공위성이다. 기상위성이 관측한 자료는 지상에 있는 수신시스템을 이용해서 구름, 태풍, 안개, 황사 등 다양한 정보로 만들어질 수 있다. 기상위성은 우주공간에서 최소한의 비용으로 자연현상을 감시할 수 있는 가장 효율적인 수단이며, 태풍, 황사, 환경오염, 기후변화 등 응용분야 전반에 걸쳐 그 활용성이 증가하고 있다. 특히 우주에서 지구상의 기상 변화를 감시하므로 접근이 곤란하여 정규적 기상관측이 거의 불가능한 극지방, 열대우림, 사막, 바다 등의 광범위한 지역을 균일하게 관측하여 거의 실시간으로 기상정보를 제공할 수 있다. 기상위성은 넓은 영역을 동시에 관측하므로 수천 킬로미터(㎞)에 이르는 장마전선에서 수십 킬로미터(㎞) 규모의 작은 적란운까지 다양한 규모의 기상현상들을 모두 관측할 수 있다. 그러나 관측오차가 지상관측자료에 비하여 크고, 수신 및 처리장비가 별도로 필요하다. 또한 대기의 영향 보정, 지구와의 영상위치 보정 등을 거쳐 기상자료를 생산하므로 관측자료의 처리과정이 복잡하고, 자료의 양이 방대하여 필요한 자료를 선택하여 처리하는 데 어려움이 있다. 우리나라 기상청에서 사용하고 있는 기상위성은 매시간 구름사진을 받을 수 있는 MTSAT-1R(정지기상위성)과 하루에 두 번씩 수신되는 NOAA(극궤도위성) 기상위성 등이다. 특히 MTSAT-1R은 140°E 적도 상공의 우주에서 지구를 바라보며 동남아시아, 호주, 서태평양 영역의 구름의 분포와 대기의 흐름 등의 기상을 관측하고 있다.

2010년부터 운영 중인 우리나라 최초의 정지궤도 복합위성 '통신해양기상위성(COMS: Communication, Ocean and Meteorological Satellite)'은 적도 상공 128.2°E, 36,000km 고도에 위치하여 기상관측, 해양관측 통신서비스 임무를 수행하고 있다.

❖ 세계 기상위성 관측망

최근 기상위성, 레이더 등 관측장비의 발달과 더불어, 지구온난화 및 기후변화를 이해하고 각종 기상이변을 감시하려는 노력이 계속되고 있다. 대기, 해양, 육지 및 생물이 상호작용하는 지구환경 속에서 기후변화와 기상이변을 감시하고 이해하기 위해서는 지속적인 전 지구 관측시스템이 구축되어야 한다. 이를 위해 세계기상기구(WMO)는 세계기상감시(WWW) 계획을 추진하고 있으며, 기상위성은 전 지구를 공백없이 관측할 수 있는 유일한 관측 수단이다.

전지구위성관측망은 정지궤도 기상위성인 GOES(Geostationary Operational Environmental Satellites, 미국), Meteosat(유럽), MTSAT-1R(일본), FY-2C(중국), GOMS(Geostationary Operational Meteorological Satellite, 러시아) 등과 NOAA, FY-1D 등의 극궤도위성으로 구성되어 있으며, 보다 정밀한 지구환경감시를 위해 Terra와 Aqua 등의 지구관측위성으로 구성되어 있다.

기상위성은 지표, 해양, 대기, 구름으로부터 우주공간으로 나가는 태양반사광이나 지구복사에너지 등의 전자파를 측정한다. [그림 6-2]는 태양으로부터 지구에 들어온 복사량이 위성탑재센서에 감지되는 과정을 도식화한 것인데, 지표로부터의 반사, 복사량이 대기 중을 투과할 때 감쇄되고 있음을 나타내고 있다.

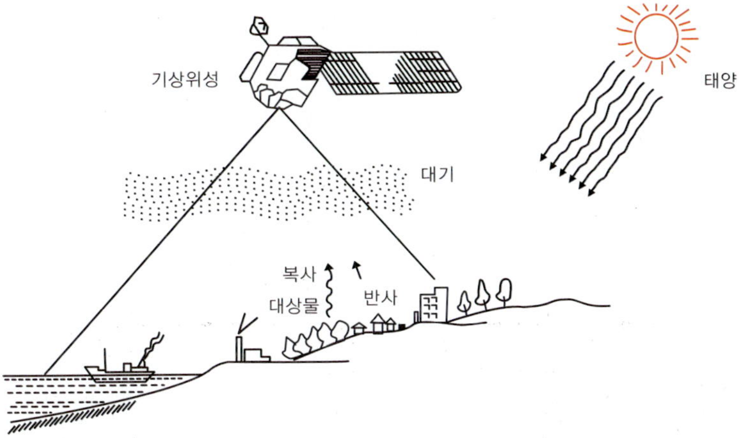

[그림 6-2] 기상위성의 관측 원리

❖ 기상위성 관측 원리

태양의 위치는 계절과 일중시각에 따라 달라진다. 따라서 구름에 의한 태양광의 반사강도를 분석할 때에는 이를 충분히 고려하여야 한다. 또한 지표면으로부터 방출된 적외복사 에너지는 대기층을 통과할 때 지표면과 위성 사이에 존재하는 대기 중의 입자에 의한 산란 · 흡수의 영향을 받는다.

빛이 대기 중을 투과(transmission)할 때 대기분자 및 대기 중의 에어로졸 입자에 의해 흡수, 산란됨으로 인해 빛의 강도가 감쇠되는 현상을 소산(extinction)이라 한다. 산란 · 흡수를 일으키는 요소는 탄산가스, 오존, 질소, 수증기 등의 기체분자와 안개, 연무(haze), 스모그(smog), 먼지(dust) 등의 입체를 가진 에어로졸이다. 대기 중에서 산란 · 흡수 또는 투과되는 정도는 파장에 따라 다르다.

[그림 6-3]은 대기에 의한 파장별 복사에너지의 흡수율을 나타낸 것이다. 그림에서 음영으로 표시한 파장대가 위성영상 관측에 주로 이용되는 부분이다. 가시영상, 적외영상, 단파적외영상은 대기에 의한 흡수율이 적고 대기투과율이 높

은 파장대영역 즉, 대기의 창(atmospherical window)을 관측한다. 이 파장역은 대기에 의한 소산효과가 작아서 구름관측을 위한 위성탑재센서에서 많이 이용되고 있다. 또한 수증기영상과 같이 수증기에 의한 에너지의 흡수가 잘 일어나는 파장대를 관측하면 대기 중 수증기량의 분포를 파악할 수 있다.

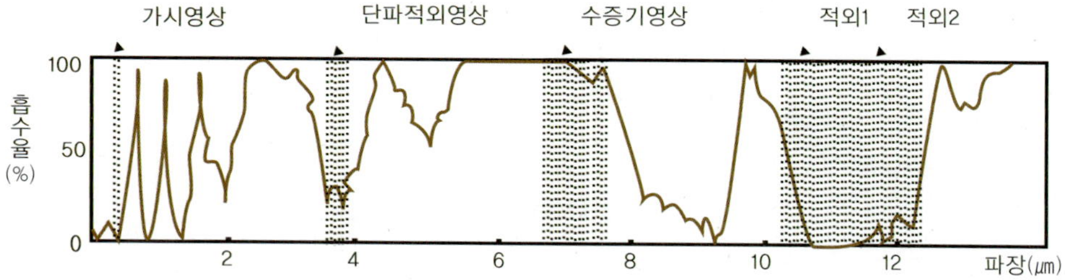

[그림 6-3] 대기에 의한 파장별 복사에너지 흡수율

기상위성에서 관측에 사용하는 파장대는 가시채널, 단파적외채널, 수증기채널, 적외채널, 마이크로파 등이다. 가시채널은 인간의 눈에 보이는 0.4~0.7㎛ 파장대로서 태양광이 있는 주간에만 관측이 가능하고, 특히 하층운, 안개, 적설, 해빙 등의 기상현상을 식별하는 데 유효하다.

단파적외채널은 3.5~4.0㎛ 파장대로서, 태양복사와 지구복사를 모두 관측할 수 있으므로 주야간에 따라 관측되는 복사에너지의 분포가 달라진다. 주간에는 주로 태양 반사광을, 야간에는 구름 등으로부터의 적외복사를 관측하여 하층운, 야간 안개, 산불 등의 탐지에 활용된다.

적외채널은 10.5~11.5㎛, 11.5~12.5㎛ 파장대로서 주야간에 관계없이 항상 지표면과 해수면의 온도, 구름분포 등을 관측하는 데 이용되고 있다. 일반적으로 적외영상이라 함은 적외채널 구름사진을 의미하며, 가장 빈번히 이용되고 있고, 특히 구름의 온도분석 고도, 바람장, 강우강도, 해수면온도, 야간 안개, 하층운 탐지, 황사분포 분석, 항공로 운정고도 산출 등에 가장 폭넓게 이용되고 있다.

❖ 기상위성 자료 분석 방법

기상예보에 활용하는 가장 기본적인 위성정보는 MTSAT-1R 위성자료로부터 생산되는 구름영상이다. MTSAT-1R 위성의 연속적인 구름영상에 나타나는 저기압, 전선, 태풍 등의 동반된 구름분포는 끊임없이 변화하는 지구대기의 모습을 시각적으로 보여주므로 기상변화를 감시하는 데 매우 중요한 역할을 한다.

1) 가시영상(VIS)

가시영상(VIS)은 가시광선 파장대(0.4-0.7㎛)로 관측하며 낮에만 가능하고, 빛의 반사가 강한 곳은 희게, 약한 곳은 검게 나타나는 흑백사진과 비슷하다. 구름사진의 밝기 정도는 태양고도와 구름의 상대적인 위치, 구름과 지표면의 반사율과 관계가 있다. 보통 하층운은 수적에 의해 반사율이 커서 밝은 흰색으로 나타나고, 상층운은 어두운 회색으로 나타난다. 가시영상은 구름과 지표면에서 반사된 태양광의 강약을 나타내며 반사광이 강할수록 영상에서 밝게 보인다. 일반적으로 바다는 어둡게, 육지는 그보다 약간 밝게, 구름은 매우 밝게 보인다. 단, 같은 물체라도 태양의 고도에 따라 보이는 모양이 다르기 때문에 주의해야 한다. 아침이나 저녁시간, 그리고 고위도에서는 태양광이 비스듬하게 들어오기 때문에 입사광이 적으며 그만큼 반사광도 적어져서 어둡게 보인다. 또한 야간에는 지구가 태양광을 받지 못하므로 가시영상을 이용할 수 없다.

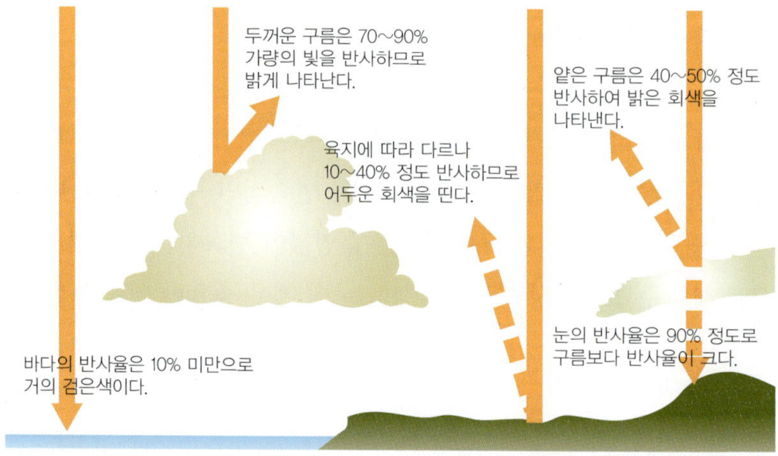

[그림 6-4] 대기와 지표면의 태양복사 반사율. 가시광선 영상(VIS)

구름에 의한 태양광의 반사강도는 구름의 두께에 따라 변한다. 얇은 구름에서 입사광의 일부는 구름을 투과하고 일부만 반사된다. 한편 두꺼운 구름에서는 태양광의 대부분이 반사되기 때문에, 두꺼운 구름일수록 반사강도가 강하고 밝게 보인다. 일반적으로 태양광은 상층운을 통과하므로 상층운을 통해서 그 아래에 있는 지표면을 볼 수 있다. 또한 고도가 높고 두터운 구름의 그림자가 주변의 고도가 낮은 구름이나 지표면에 투영되는 것을 볼 수 있는 경우가 있다. 가시영상을 이용하여 적설, 해빙, 산불과 연기 등 낮은 고도의 다양한 기상현상을 관측할 수 있다.

2) 적외영상(IR)

적외영상(IR)은 대기의 창영역(8~12㎛)인 적외선 파장대로 24시간 관측할 수 있다. 지구를 흑체로 가정하여 관측된 에너지로부터 온도를 산출하여 검은색에서 흰색 사이의 농담으로 표현한다. 온도 산출범위는 대략적으로 −100℃~+55℃이고, 적외영상에서 따뜻한 곳은 검게, 차가운 곳은 희게 나타난다. 보통 온도가 낮은 상층운은 밝고 희며, 하층운은 어두운 회색으로 나타난다.

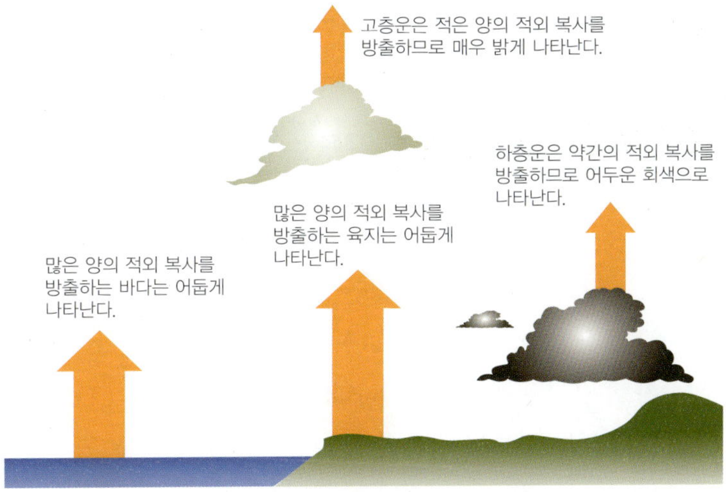

[그림 6-5] 지표와 구름의 종류에 따른 적외 복사 방출량. 적외선 영상(IR)

적외영상은 물체가 방출하는 적외선 에너지량의 많고 적음을 나타낸다. 물체가 방출하는 적외선 에너지량은 물체의 온도에 따라 결정되며, 온도가 높을수록 많다. 따라서 적외영상 관측으로부터 물체의 온도를 추정할 수 있으며 이렇게 추정된 온도를 휘도온도라고 한다. 적외영상은 물체가 방출하는 적외선 에너지량에 의해 영상을 표출하므로, 주야간 관계없이 24시간 관측이 가능하다. 따라서 연속적으로 기상감시를 할 수 있다. 특히 집중호우 및 태풍 등의 악기상 감시에 유용하다. 일반적으로 대류권에서는 고도가 높을수록 온도가 낮다. 따라서 적외영상으로 관측한 구름 표면의 온도를 이용하여 구름 표면의 고도를 알 수 있다. 적외영상에서는 온도가 높은 구름은 어둡게, 낮은 구름은 밝게 보인다. 따라서 고도가 높은 구름은 밝게 보이고 낮은 구름은 어둡게 보인다. 단, 엷은 상층운이 있을 때에는 구름 아래로부터 방출되는 에너지가 위성에서 관측되므로 적외영상에서는 실제 구름의 온도보다 따뜻하게 관측되므로 실제보다 낮은 구름으로 보인다.

실황 자료 분석하기

1. 기상청(KMA) 구름사진 실황 자료 수집

검색 사이트 : 기상청 홈페이지/날씨/날씨영상/위성/기본영상

http://www.kma.go.kr/weather/images/satellite_basic03.jsp

기상청 위성자료 사이트에서는 우리나라 상공을 관측하는 COMS와 NOAA, QSCAT 기상위성 실황자료를 수집할 수 있다.

가. COMS 구름사진 실황자료

COMS 실황자료는 적외영상 등 6가지의 원자료 및 분석자료를 검색할 수 있고, 한반도 또는 아시아, 전지구 규모로 수집할 수 있다. 또한 12시간까지 동영상으로 검색하여 이동 경향과 발달 과정을 분석할 수 있다.

[그림 6-6] 날씨영상 기상위성(COMS) 구름사진 검색(사례: 2015. 2. 8. 11:15)

나. MTSAT 구름사진 실황자료

일본의 정기기상위성 MTSAT의 실황자료는 적외영상과 가시영상 등 6가지 분석 영상과 안개, 황사 등 영상을 30분 각격으로 상세하게 제공한다.

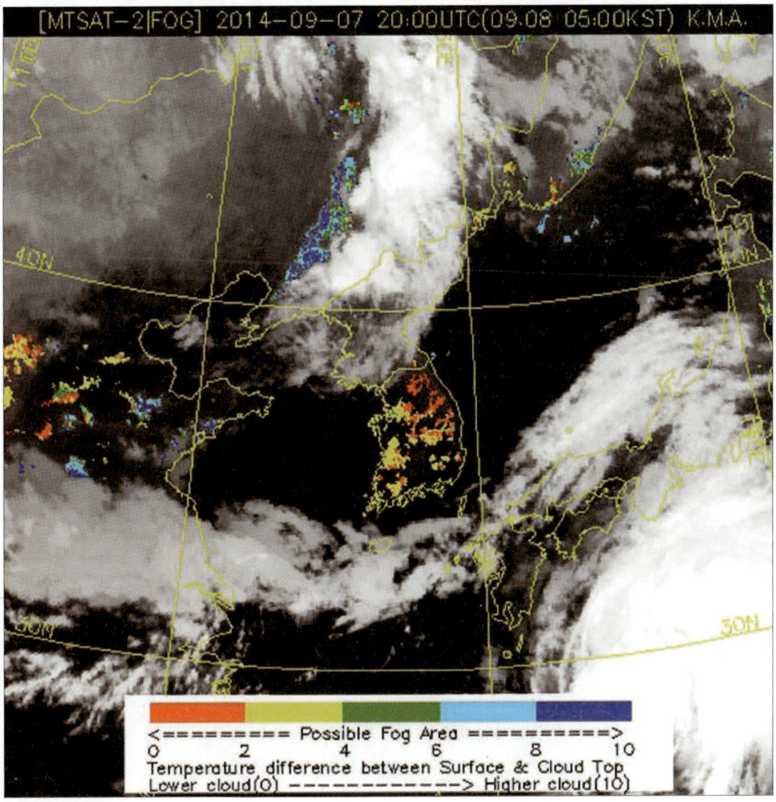

[그림 6-7] MTSAT의 안개 분석 영상(사례: 2014.9.8. 05:00)

다. 사례 영상

태풍과 지형적 구름(한라산 와류 구름), 황사 등 특이 기상 사례 영상을 기상청 홈페이지에서 수집하여 알집 등 애니메이션 S/W로 분석(경향, 이동 등)할 수 있다.

〈태풍 루사, 2002.8.30〉

〈제주도의 지형적 구름, 2008.12.13〉

〈한라산의 Karman vortex〉

〈지형 와류(Karman vortex)시뮬레이션〉

[그림 6-8] 실황자료 동영상 분석 자료

2. 기상위성 실황 자료 수집 / 분석하기

가. Step 1: 위성 구름사진(영상 Data) 수집하기

기상청(http://www.kma.go.kr/sat/sat_01.jsp)에서 『위성』메뉴의 '기본영상'에서 COMS와 MTSAT의 실시간 위성관측자료를 검색할 수 있다.

* COMS의 적외영상과 가시영상(1시간 간격)을 수집해 보자.
* 동영상 기능을 통해 구름의 이동과 경향을 조사한다.

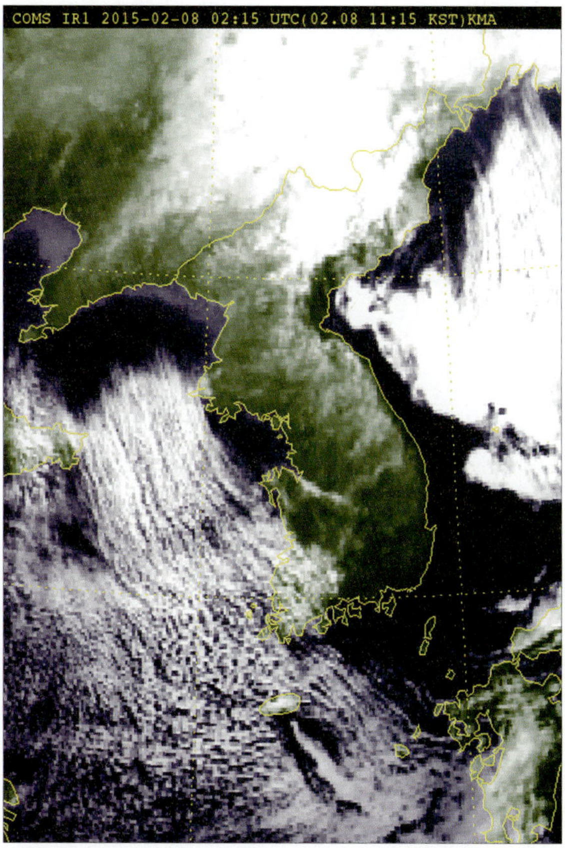

[그림 6-9] 천리안(COMS) 기상위성 구름사진(적외영상).(사례: 2015 2. 8. 11:15)

나. Step 2: 구름사진 분석

① Step 1에서 얻은 기상위성 구름사진을 분석하여 구름의 높이와 종류를 분석할 수 있다.

② 구름사진의 동영상 자료를 분석하여 이동 방향과 속도, 발달 정도를 분석하여 예상할 수 있다.

표 6-1 가시영상(VIS)과 적외영상(IR)의 명암에 따른 사진분석방법

적외영상 \ 가시영상	흰색	회색	검은색
흰색	적란운, 짙은 상층운	상층운, 두꺼운 빙하	엷은 상층운
회색	두꺼운 중층운	중층운, 얇은 권운, 빙하	육지(겨울)
검은색	하층운, 안개, 눈	엷은 하층운, 안개	고온 사막, 따뜻한 해면

다. Step 3: 구름 상태 예측하기

① 우리가 살고 있는 지역의 오늘과 내일 구름상태와 강도 등을 예측할 수 있다.

② 어제와 오늘의 구름사진을 비교하여 내일의 구름상태를 예측한다.

③ 매시간 구름사진 파일을 저장하여 동영상으로 제작, 분석한다.

탐구 1: 구름 예상하기

1. 탐구 목표

1) 기상위성 구름사진 실황자료를 수집, 분석하여 현재의 구름상태와 종류 등을 말할 수 있다.
2) 구름의 이동속도와 방향, 발달 정도를 분석하여 내일의 구름상태를 예측하여 말할 수 있다.

2. 탐구 과정

1) Step 1 : 실황자료 수집하기

① 기상청 홈페이지로부터 매시간 적외영상(IR)과 가시영상(VIS)을 수집한다.

② 합성영상과 수증기 영상 등 분석영상을 수집한다.

2) Step 2 : 구름사진 분석하기

① 다음은 우리나라 주변 가시영상과 적외영상 구름사진이다(4월 1일 16시).

〈가시영상 0107z〉

〈적외영상 0107z〉

② 위 기상위성 구름사진을 보고 다음 지도의 각 영역에서 가시영상과 적외영상을 비교하여 아래 표를 작성하시오.

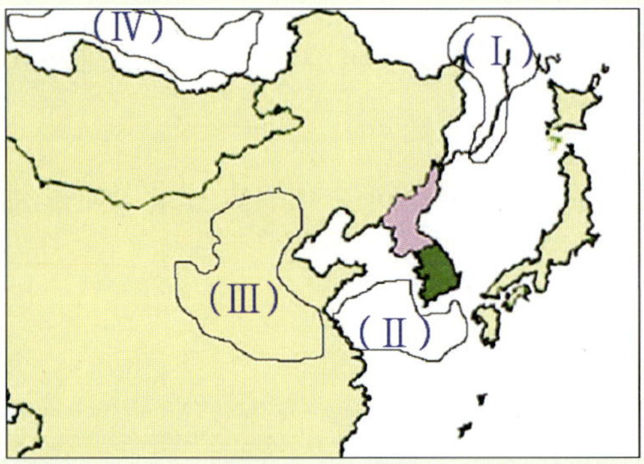

영역	가시영상의 밝기	적외영상의 밝기	구름 종류
Ⅰ			
Ⅱ			
Ⅲ			
Ⅳ			

③ 현재 시간의 구름사진(COMS)에서 적외영상과 가시영상을 분석하여 우리 지역의 구름 상태를 설명해 보시오.

3) Step 3 : 구름 상태 예측하기

① 어제와 오늘의 구름사진을 통해 내일의 구름 상태(IR영상, 상층운)를 예측해 보자.

〈어제(2009.1.11. 12:00)〉

〈오늘(2009.1.12. 12:00)〉

〈내일 예측(2009.1.13. 12:00)〉

② 어제와 오늘의 구름사진을 통해 내일의 구름 상태(VIS영상, 하층운)를 예측해 보자.

〈어제(2009.1.11. 12:00)〉

〈오늘(2009.1.12. 12:00)〉

〈내일 예측(2009.1.13. 12:00)〉

③ 구름사진 동영상 분석하기

〈알집에서 동영상 자료 만드는 방법〉

동영상 구현 S/W(알GIF 등)로 1~2일의 구름사진 동영상을 제작하여 이동 경향(방향, 속도)과 발달 정도를 분석할 수 있다. 프리웨어 알집 프로그램을 다운 받아 실행하고, 원하는 구름사진을 선택하여 동영상 자료로 제작, 분석할 수 있다.

알GIF에서 새그림/→ 추가/동영상으로 제작할 파일 선택하고, 저장(.gif)한다.

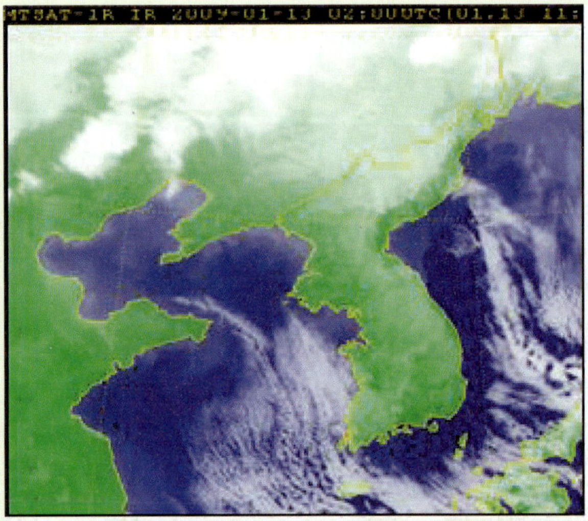

〈알GIF로 제작한 2009년 1월 13일 적외영상 동영상〉

④ 현재 시각의 IR과 VIS 영상을 종합하여 내일 우리 지방의 구름 상태를 예상하시오.

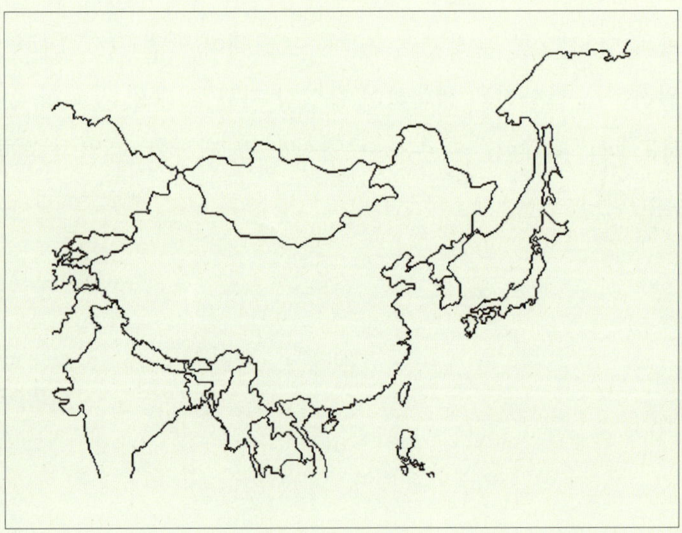

6-3. 강우 실황 예보하기(기상레이더)

❖ 레이더란?

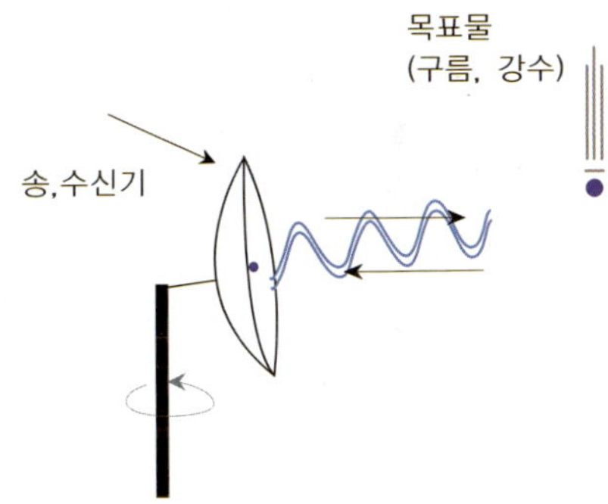

[그림 6-10] 기상 레이더 원리

'Radar'라는 말은 'radio'에서 기원한 것으로, 무선통신의 역사와 밀접한 관계가 있다. 1930년대 무선통신의 연구와 도플러 기술의 개발로 레이더 기술이 한 차원 발전하는 계기가 되었다. Radar는 RAdio Detection And Ranging의 합성어로서 전파의 반사 및 산란특성을 이용하여 목표로 하는 물체의 방위와 거리를 결정해서 위치에 관한 정보를 얻기 위한 장치를 말한다. 방위는 안테나의 지향성에 의해 구하고, 거리는 마이크로파를 발사하여 목표로부터 반사되어 오는 왕복시간에 의해 구한다.

- 레이더 에코(Radar echo): 레이더에 있어서 전파가 목표에서 반사되어 온 수신신호를 말하며, 단순히 에코라고도 한다.

❖ 기상레이더 관측

[그림 6-11] 우리나라 기상레이더 위치(2014)

기상용 레이더로 관측하는 것은 구름과 강수입자이다. 기상용 레이더에 의해 태풍, 집중호우 등의 국지폭풍 내의 기류분포, 강수입자의 낙하속도 및 입자분포도 알 수 있다. 레이더의 구성은 레이더돔, 송·수신기, 지시계, 안테나 등이다. 기상레이더는 태풍탐지, 집중호우, 천둥번개, 지역우량측정 등에 이용

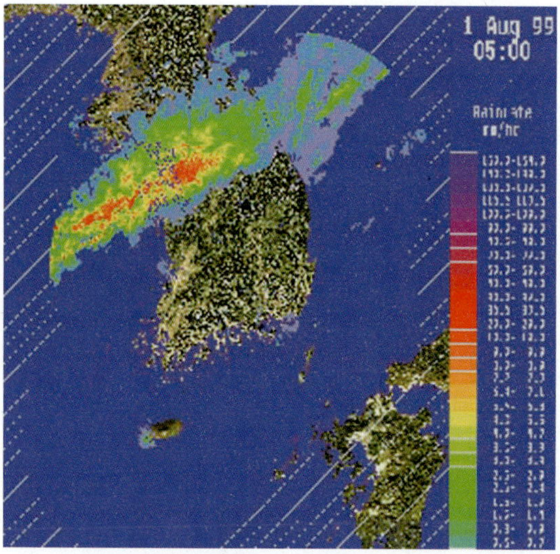

[그림 6-12] 기상레이더 강수 관측 사례(에코)

된다. 우리나라 기상레이더는 2014년 현재 총 11개가 운영되고 있으며, 서로 합성하여 분석하고 있다(그림 6-11).

기상청의 기상레이더는 수평으로는 수 킬로미터(km), 수직으로는 수백 미터(m)간격으로 5~10분에 한 번씩 3차원 공간을 관측할 수 있다. 따라서 기상청에서는 레이더 자료를 활용하여, 강수량을 보다 더 정확하게 추정하고 바람의 수평 및 수직 분포를 추출하고 있다. 이렇게 만들어진 자료는 좁은 지역에서 짧은 기간에 많은 비를 내리는 비구름을 예측하는 데 사용되고 있다. [그림 6-12]는 1999년 8월 1일~3일 경기 북부 지방에서 발생한 집중호우와 관련된 비구름을 관측한 자료를 이용하여 1시간 동안 내리는 강수량(mm)을 계산한 것이다.

❖ 레이더 관측의 활용

우리가 실생활에서 쉽게 접하는 레이더는 바로 무인속도 측정장치이다. 이 장치는 달리는 자동차에 레디오 빔을 발사하고, 자동차의 속도에 의해 변동된 주파수를 측정해서 속도 위반을 단속한다. 항공 분야에서는 안전한 운행을 위해 비행 중인 항공기의 위치와 속도를 탐지하여 충돌을 방지하고, 이 · 착륙을 돕는 데 레이더를 사용한다. 또한 항공기에 레이더를 탑재하여 폭풍을 탐지하거나, 안전한 항공로를 선택하는 데에도 사용하고 있다.

선박에 탑재된 레이더는 갑자기 나빠지는 날씨를 탐지하거나, 빙산 및 고기 떼의 위치를 확인하는데 사용되고 있다. 특히 안개 때문에 한치 앞도 분간하지 못하는 경우에, 레이더는 다른 선박 또는 암초와 같은 장애물과의 충돌을 피할 수 있도록 도와주는 유일한 장비이다.

또한 레이더를 가장 잘 활용하고 있는 곳은 기상 분야이다. 기상에서 관심을 갖는 목표물은 비행기나 선박같이 큰 물체가 아니라 아주 작은 구름 알갱이(0.01 mm)와 빗방울(수 mm)이다. 레이더로 관측된 빗방울의 크기와 양에 비례하는 반사도와 이들의 움직임을 나타내는 속도자료에서 우박, 토네이도, 태풍, 호우, 강한 바람 등에 관한 정보를 얻을 수 있다. 이 정보들을 홍수예보 및 경보에 활용하여 인명손실 및 재산피해를 줄이고 있다.

최근에는 과학기술의 발달로 레이더를 위성에 탑재하여 열대지방(35°S~35°N)의 전 지구적인 강수를 관측하고 있다(열대강우측정사업: TRMM-Tropical Rainfall Measuring Mission). 이 레이더가 우리나라 남부 지방을 매일 1~2회 관측을 하고 있다.

실황 자료 분석하기

❖ 기상청(KMA)레이더 영상 실황 자료 수집

검색 사이트: 기상청 홈페이지/날씨/날씨영상/레이더/실시간관측영상

http://www.kma.go.kr/weather/images/rader_composite_ppi0.jsp

가. 실시간 레이더 에코 합성 영상

합성영상에서는 전국 11개 기상 레이더 관측 자료를 합성하여 BASE와 MAX, 1.5km에 대한 에코 영상을 10분 간격으로 제공하며 최대 10일 전까지의 자료를 수집할 수 있다. 1시간 동안의 레이더 관측 자료를 동영상으로 제공하여 에코의 발달과 이동, 경향을 분석할 수 있다.

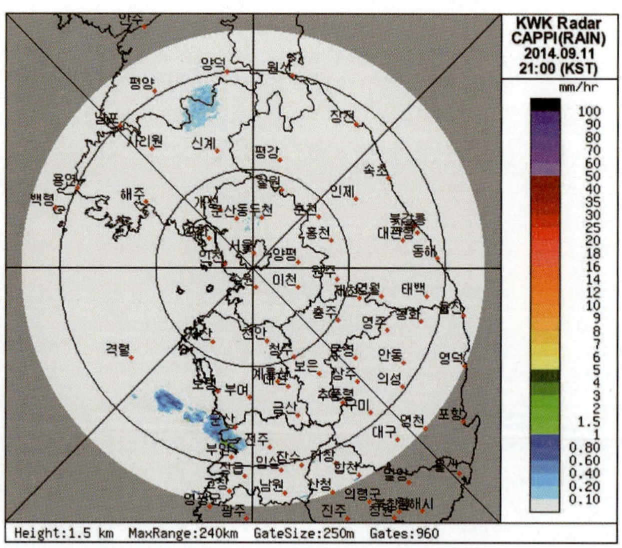

[그림 6-13] 날씨영상 레이더 실시간 관측영상 검색(사례: 2014. 9. 3. 06:10)

나. 실시간 레이더 에코관측소별 개별 영상

기상청에 11개의 기상레이더 개별 에코 영상을 실시간으로 수집할 수 있다. [그림 6-14]는 군산 레이더관측소의 에코 관측자료를 검색한 것이다.

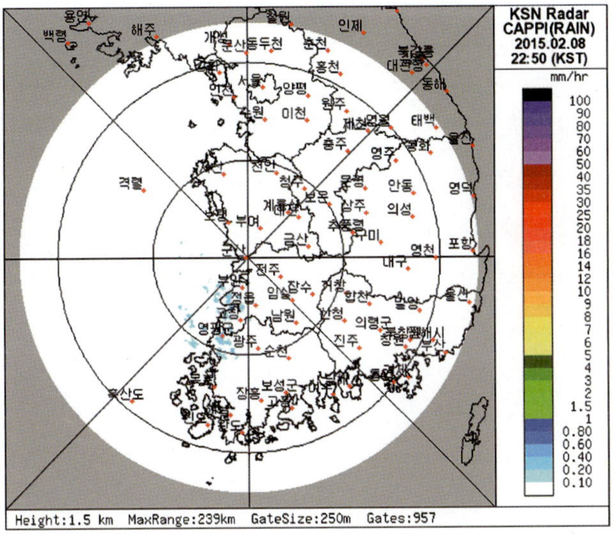

[그림 6-14] 군산 레이더관측소(CAPPI 1.5km)의 에코 관측자료(사례: 2015. 2. 8. 22:50)

❖ 기상위성 실황 자료 수집 / 분석하기

가. Step 1 : 기상레이더 에코 영상 실황자료 수집하기

기상청(http://www.kma.go.kr)에서 '날씨/날씨영상/레이더' 메뉴에서 다양한 합성과 개별, 분석 에코(CAPPI, CMax, PPI) 영상을 실시간으로 검색할 수 있다.

- 검색: http://www.kma.go.kr/weather/images/rader_composite_ppi0.jsp
- 합성 레이더 에코 영상을 30분 간격으로 수집해 본다.
- 동영상 기능을 통해 구름의 이동과 경향을 조사한다.

나. Step 2 : 레이더 에코 영상 분석하기

① Step 1에서 얻은 레이더 에코 영상을 분석하여 구름 및 강수구역 등을 분석할 수 있다.

② 에코 영상의 동영상 자료를 분석하여 이동방향과 속도, 발달정도를 분석하여 예상할 수 있다.

다. Step 3 : 강우 예측하기

① 매 30분 간격의 에코 영상 파일을 저장하여 동영상으로 제작, 분석(발달정도, 이동경향 등)한다.

② 레이더 에코 영상을 이용하여 우리 지역의 단시간(6시간 이내) 강우를 예측한다.

탐구 2: 강우 예보하기

1. 탐구 목표

1) 레이더 에코 영상 실황 자료를 수집, 분석하여 현재의 강수 구름의 강도와 특성을 말할 수 있다.
2) 강수 구름의 이동속도와 방향, 발달 정도를 분석하여 단시간 강우를 예측하여 말할 수 있다.

2. 탐구 과정

1) Step 1 : 실황 자료 수집하기

① 기상청 홈페이지로부터 레이더 에코 합성 영상을 실황으로 수집한다.
② 분석과 개별 영상을 수집하여 레이더 에코 상황을 분석한다.

2) Step 2 : 에코 영상 분석하기

① 다음은 우리나라의 기상레이더 에코의 분석 영상이다. CAPPI(등고도면 에코분포) 영상을 분석하고, 현재의 강우 강도(기상청 홈페이지의 현재 기상, 강우강도-mm/h)와 비교하여 에코 강도를 정확하게 동정한다.

에코 강도는 기온과 구름의 발달정도 등에 의해 실제 상황과 조금 다를 수 있어서 실제 강우 상황과 비교하여 보정해주어야 한다.

② 현재 시간의 에코 영상과 강우 상태를 조사하여 현재 우리 지역의 강수 상황을 분석해보자.

3) Step 3 : 강수 구름 상태 예측하기

① 3시간 간격 에코 영상을 분석하여 앞으로 3시간 후의 에코 분포와 강도를 예측해 보자.

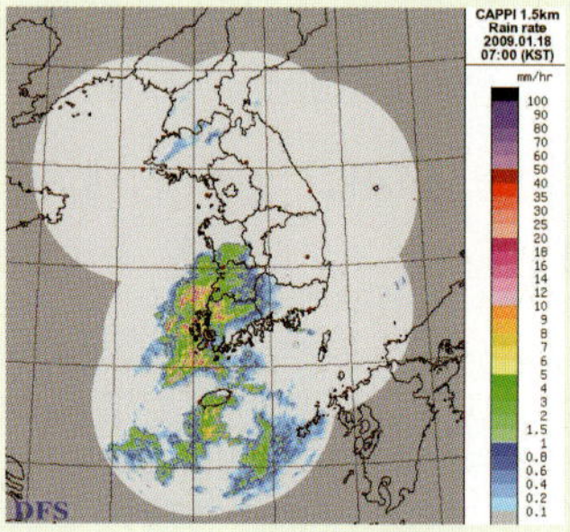

〈07:00 합성에코영상〉

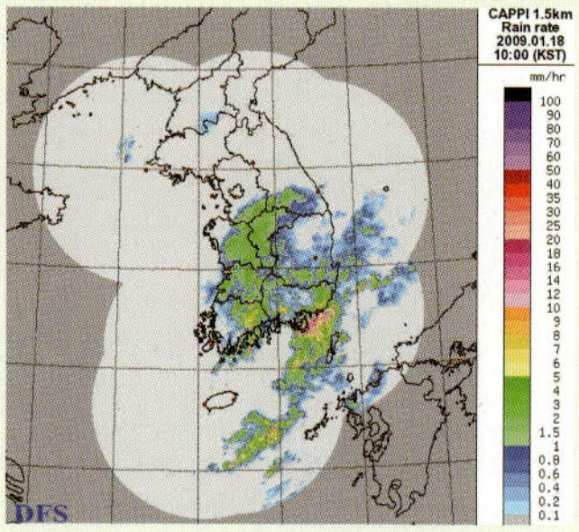

〈10:00 합성에코영상〉

〈3시간후 예측(13:00)〉

② 레이더 에코 영상 동영상 분석하기

동영상 구현 S/W(알GIF 등)로 3~6시간의 레이더 에코 영상을 동영상으로 제작하여 이동경향(방향, 속도)과 발달정도를 분석할 수 있다. 프리웨어 알집 프로그램을 다운 받아 실행하고, 저장한 레이더 자료를 선택하여 동영상 자료로 제작, 분석한다.

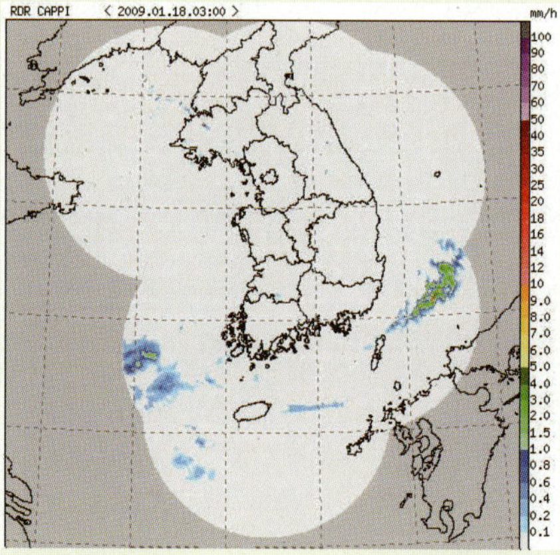

〈레이더 에코 영상(CAPPI) 동영상 생성〉

③ 현재 시각까지의 에코 상황을 종합하여 6시간 후의 에코 상황을 예상하시오.

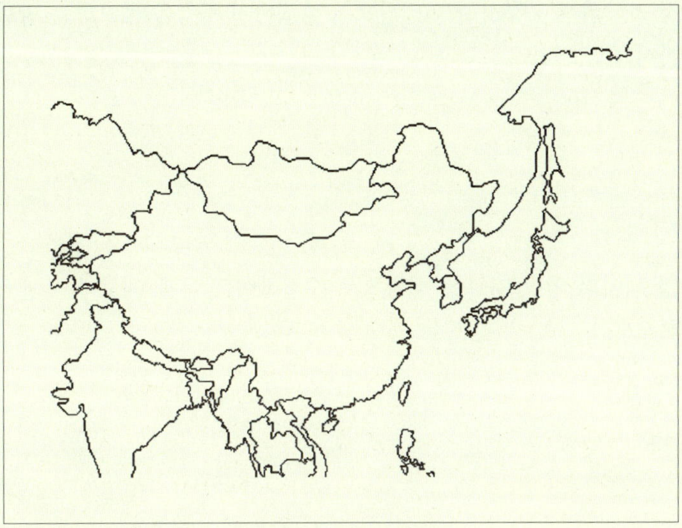

〈에코 영상 예측〉

정리하기

1. 기상청 기상위성 구름사진을 실황으로 수집하여 구름을 예보하는 방법에 대해 설명하시오.

2. 기상청 레이더 영상 자료를 실황으로 수집하여 강우를 예보하는 방법에 대해 설명하시오.

3. 구름사진과 레이더 영상을 시간대별로 수집하여 이동방향 및 속도를 예측하는 방법을 설명하시오.

제6장 참고자료

국가기상위성센터(http://nmsc.kma.go.kr/html/homepage/ko/main.do)

고려대기연구소(KCAER) NOAA 위성자료(http://www.kcaer.re.kr/v2/index.html)

기상청 실시간 기상위성 자료(http://www.kma.go.kr/weather/images/satellite_basic03.jsp)

기상청 실황 레이더 영상(http://www.kma.go.kr/weather/images/rader_composite_ppi0.jsp)

기상레이더 센터(http://radar.kma.go.kr/index.do)

제6장 탐구 해설

〈탐구 1〉 본문 탐구 과정 및 영상 분석 참고

② 탐구과정 2번

영역	가시영상의 밝기	적외영상의 밝기	구름 종류
I	밝음	약간 밝음	중층운(고적운)
II	밝음	나타나지 않음	하층운(해무, 층운)
III	매우 밝음	매우 밝음	상–중–하층운(난층운)
IV	약간밝음	매우 밝음	두꺼운 상층운

〈탐구 2〉 본문 탐구 과정 및 영상 분석 참고

Chapter_ 7

황사와 대기오염

GMS 기상위성으로 관측한 동아시아에서 황사의 발생과 이동

서운관지(書雲觀志)
한글번역본(이면우 등, 2004)과 원문

서운관지(書雲觀志)는 조선후기의 유명한 천문 기상학자인 성주덕(成周悳)이 1818년(순조18년)에 발간한 것으로 조선의 천문, 지리, 역법, 시제(時制), 기상관측 그리고 관측의기(觀測儀器)의 발달과정과 제도의 변천을 적은 우리나라의 중요한 천문기상 서적이다.

토우가 내리면 소나무가 무성해진다.
봄볕에 며느리 내보내고 가을볕에 딸 내보낸다.

우리나라 일기속담

한국에서 황사에 관한 최초의 기록은 삼국시대에서 찾을 수 있다. 당시 신라시대의 아달라왕 21년(174년)에 우토(雨土)라는 기록이 나온다. 여기서 우(雨)란 빗방울을 의미한다기보다는 떨어진다는 움직임으로 해석되며 토(土)는 토양을 의미하므로, 이는 지금의 황사를 뜻한다고 할 수 있다. 삼국사기에는 이 해에 우물이 마르는 등 가물었다고 기록되어 있다. 이 후에도 379년과 606년에 백제에 하루 종일 우토 현상이 있었다고 기록되어 있으며 389년과 627년에는 신라에서 우토 현상을 발견할 수 있다. 신라에서는 770년, 780년, 850년에 각각 우토에 관한 기록이 남아있다. 우토라는 용어가 쓰인 기록 외에도 고구려에서는 644년에 빨간 눈이 내렸다는 기록이 있는데 이는 황사에 의한 것이라 할 수 있다.

고대의 황사 발생 기록(기원전 57년~기원후 938년), 출처: wikipedia

제7장 황사와 대기오염

동아시아 지역에서 중국 북부, 몽골의 건조한 사막과 반사막 위에서 발생한 편서풍과 기류에 동반되어 발원지에서 1,000~5,000km를 지나 1~4일이면 일본 등에 유입되어 악영향을 주고 있다. 봄철에 황사로 인해서 먼지 농도는 미국과 유럽의 2배 이상이다. 우리나라에서의 황사 발생은 호흡기 질환 등 국민건강을 크게 위협함은 물론, 농작물 피해, 반도체 등 정밀 산업에 대한 영향 등 산업 활동에 악영향이 우려되고 있다. 따라서 황사에 관한 연구가 활성화되고 국민의 관심도 커지고 있다.

동아시아가 세계 3대 공업지역으로 부상하였고, 특히 중국의 동부 도시와 공업지역에서 인위적인 대기오염 물질이 발생한 후 광역적으로 황해를 지나 우리나라와 일본에 영향을 주고 있다. 제7장에서는 황해 지역에서 위성과 지상관측을 활용한 종합적 대기환경 감시시스템 사례와 광역적인 대기오염 사례 등에 대해 알아보고자 한다.

7-1. 동아시아에서 황사의 발생과 이동

일반적으로 중국 북서-북 지역과 몽골의 사막과 황토지대의 지표는 $8ms^{-1}$ 이상의 바람에 의해 침식이 일어나 모래가 공기 중으로 불어 올려 진다. 또한 $15ms^{-1}$이상의 강한 바람이 3시간 이상 지속될 때 강한 모래폭풍인 황사가 발생한다 (Chung et al., 2003). 동아시아 지역에서 중국과 몽골의 발원지에서는 황사가 1년에 60~120일 발생하고 있다(Chung et al., 2003).

저기압의 수렴기류와 전선의 움직임에 의해 모래 입자들은 1~6km의 높이까지 올라간다. 지표면에서 강한 바람과 역학난류, 상승, 전선치올림은 모래폭풍으로 발생된 먼지구름을 발원지로부터 수천km의 장거리를 이동시킨다. 중국 북서와 몽골의 발원지에서 우리나라로 대기 중 수송은 1~3일이 걸린다(Chung and Yoon, 1996). 먼지구름은 지표면에서 강한 바람이 발달하지 않는 풍하측인 한반도에서 강한 황사 현상을 일으킨다.

[그림 7-1]은 2005년 3월 28일 NOAA 위성 영상과 지상일기도이다. 황사는 3월 28일 오전 내몽골 동부의 퉁랴호와 츠펑(적봉) 사이의 사막(43°N, 120° E)에서 발생하였다. 한랭전선이 내몽골 동부의 사막을 통과하고 그 후면에 강한 바람이 불어 황사가 발생하였고, 850hPa의 북풍 계열 바람에 밀려 남쪽의 한반도로 이동하였다. 한편, 상층의 700hPa과 850hPa에 역전층이 있어 안정한 북북서 기류에 휩쓸려 먼지구름이 이동하였다. 지상일기도에 의하면 28일 18 LST에 만주 남쪽의 1개 관측소에서 황사가 관측되었으나, 29일 03 LST에는 장천 남쪽의 랴오위안에서 황사가 보고되었고, 북한과 백령도에도 황사가 기록되었다.

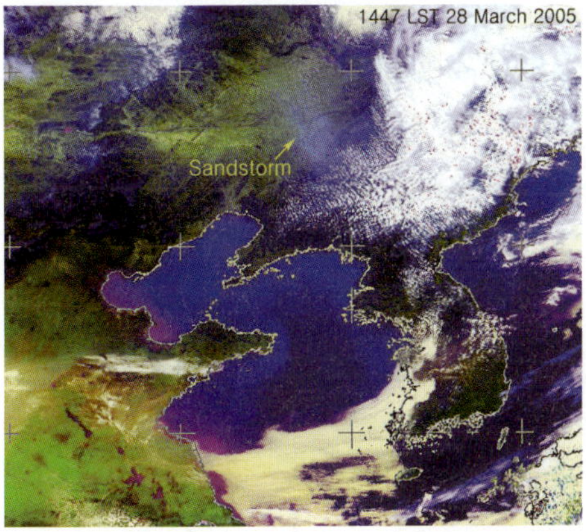

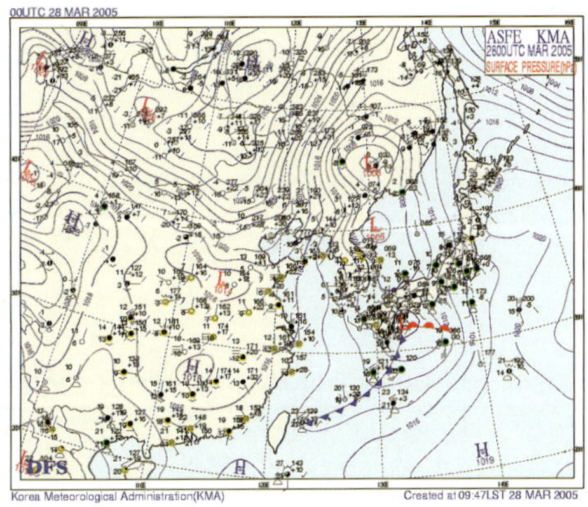

[그림 7-1] 황사 발생 시 위성사진과 지상 일기도(2005. 3. 28).

기상위성 영상출처: 고려대기 연구소 지상 일기도 출처: 기상청

7-2. 황사 및 고농도 미세먼지 위성자료 분석

❖ 기상위성(NOAA 위성) 자료 처리

NOAA 위성관측 방법은 위성으로부터 지면까지 수직인 점을 중심으로 ±55.4° 폭으로 주사하며 한 줄에 2,048화소가 얻어진다. 위성이 진행하는 방향과 직각으로 회전 주사경을 통해 주사하고, 주사경이 1회전하는 동안에 위성이 나아가는 거리가 짧기 때문에 주사하는 면에 빈틈이 생기지 않는다. 870km 고도에서 6.65km/s의 진행 속도를 갖고 있으므로 360rpm 회전속도의 주사경이 1회전하는 동안에 1.1km를 나아가게 된다. 한 줄에 2,048 화소를 관측하므로 수평거리는 약 3,000km에 해당한다. NOAA 위성은 남북 방향으로 진행하며 1초에 6줄을 주사하므로 위성 속도는 6.6km/s가 된다. 위성이 한반도 위를 지날 때 자료 수신 시간이 약 12~15분 정도이므로, 남북 방향의 관측 범위는 약 5,000km가 된다.

NOAA-KLM 이전에 발사된 위성은 가시광선 영역의 채널 1(A1), 근적외선(NIR, near-infrared) 영역의 채널 2(A2), 중적외선(MIR, midinfrared) 영역의 채널 3(T3), 그리고 열 적외선(TIR, thermal infrared) 영역의 채널 4(T4) 와 채널 5(T5)의 5개 채널을 가지고 있는 AVHRR 센서가 탑재되었다. NOAA 위성에 탑재된 센서는 고분해능복사계로 특성은 〈표 7-1〉과 같다.

표 7-1 기상위성 NOAA-N AVHRR 센서의 특징

Sensor	Wavelength(㎛)	Resolution(km)
Channel 1	0.55~0.68	1.1
Channel 2	0.73~1.1	1.1
Channel 3	3.35~3.98	1.1
Channel 4	10.5~11.5	1.1
Channel 5	11.5~12.5	1.1

5개 채널의 정보를 가지고 있는 AVHRR 센서에 의해 관측된 자료는 채널 1의 1번 화소, 채널 2의 1번 화소, 채널 3의 1번 화소, 채널 4의 1번 화소, 채널 5의 1번 화소, 채널 1의 2번 화소, 채널 2의 2번 화소, 채널 3의 2번 화소, 채널 4의 2번 화소, 채널 5의 2번 화소…… 의 순서로 저장하게 된다. 각 채널의 각 화소이 갖고 있는 값은 분리된 채널로 넣어지게 된다. 각 채널은 1024byte의 header를 갖고 있다.

각 채널이 가지고 있는 초기 디지털 숫자는 물리적인 양을 나타내는 수(% 알베도, 온도)로 변환하는 calibration이 수행되어야 한다. Calibration이 수행된 후 각 채널의 각 화소은 0~256 범위(8 bit)의 숫자를 나타내게 되고, 각 숫자의 물리적 의미를 나타내는 변환 참조표(Look Up Table)가 각 채널 파일의 header에 기록되게 된다.

각 채널의 화소 자료는 표준 지도를 나타내는 지구의 평평한 평면으로 투영이 되어야 한다. 타원체상의 경위도로 표시되는 지구상의 위치를 평면상에 나타내기 위하여 특정한 조건을 부여하여 투영하며, 지구표면을 평면으로 표시하는 투영법에는 Mercator 투영이 사용된다.

❖ 기상위성(NOAA 위성) RGB 합성 영상 분석

NOAA 위성의 AVHRR 센서가 수집한 원시자료를 이용하여 알베도와 복사에 관한 정보를 얻는다. 장거리를 광역적으로 이동하는 오염물질을 보이기 위해, 〈표 7-2〉에 주어진 3색을 기본으로 RGB 합성기술이 적용되었다(Chung and Le, 1984).

표 7-2 채널에 따른 파장과 할당하는 색

Channel	Wavelength(㎛)	Spectrum range	Colour
1	0.58 – 0.68	Visible	red
2	0.72 – 1.10	Near IR	green
4	10.50 – 11.50	Infrared	blue

AVHRR 자료에서 각 채널의 각 화소가 가지고 있는 숫자는 0~256 범위의 grey scale의 밝기 범위를 나타낸다. 채널 1(0.55~0.68 ㎛)은 red로 하고, 채널 2(0.73~1.1 ㎛)는 green으로 하고, 채널 4(10.5~11.5 ㎛)는 blue를 할당하여 각 채널의 각 화소가 red, green, blue의 0~256 밝기 범위를 갖도록 한다. 가시광선 영역, 근적외선 영역, 열적외선 영역의 3개 채널을 빛의 삼원색 합성원리를 이용하여 RGB 합성 영상을 만든 것이다. RGB 합성 영상은 256×256×256(〉16,500,000) 컬러를 나타내게 된다. 〈표 7-3〉은 3채널에 할당된 3색의 조합을 나타낸다.

표 7-3 RGB 합성 방법

Channel(red)	Channel(green)	Channel(blue)	Color
○	○	○	black
×	○	○	red
○	×	○	green
○	○	×	blue
×	×	○	yellow
×	○	×	magenta
○	×	×	cyan
×	×	×	white

[그림 7-2]는 한반도 위에 대기가 깨끗하여 백두산에 쌓인 눈과 천지가 보이는 NOAA 16 위성 영상이다. 이러한 RGB 합성 분석에 의해 해양과 호수는 낮은 반사율(albedo)을 보이기 때문에 대기오염이 없을 때 일반적으로 blue로 보인다. 또한 구름은 white로 보이며 땅은 green으로 보이게 된다. 해양, 호수 위에서 산업 발원의 광역오염(plume) 이동은 magenta를 보이게 된다. 물위에서 plume 역시 magenta 또는 yellow-purplish 색을 나타내게 된다.

대기 중 에어로졸은 시정을 잘 감소시키는데 입자의 크기는 반경이 0.01~60㎛ 범위를 갖는다(Radke et al., 1978). 오염물질의 대부분은 0.1~1.0 ㎛이고 중간 크기는 약 0.6㎛인데 외부로 빛을 잘 산란시키는 크기이다. 따라서 이러한 크기를 갖는 오염물질들은 잘 보이게 된다. NOAA 위성 AVHRR 센서의 가시파장 영역은 0.58~0.68㎛로 광역적으로 이동하는 대기오염을 탐지할 수 있다. 또한 광역적 대기오염 물질은 채널 2에서는 채널 1보다 덜 보이게 되고 다른 채널에서는 탐지가 되지 않는다.

Plume 속의 에어로졸과 구름 속의 물방울은 다른 광학적 성질을 갖는다. 광학적 성질은 에어로졸의 크기, 분포, 밀도 그리고 에어로졸 층의 깊이와 고도, 태양 복사의 대기 흡수, 반사, 산란에 따라 변화한다. 이러한 차이가 합성영상에서 색을 다양하게 한다(Griggs, 1975; Koepke and Quenzel, 1981; Kaufman and Joseph, 1982).

야간에 관측되는 위성 영상에는 채널 1과 2의 가시광선 영역은 사용할 수 없기 때문에 채널 3, 4, 5를 RGB 합성에 활용하였다.

[그림 7-2] 채널 3, 4, 5 활용 영상

❖ 황사 및 고농도 미세먼지 분석

RGB 합성 영상을 만들어 황사 및 광역적 대기오염 관측 및 분석에 활용하는 기술은 여러 연구에서 설명되고 있다(Chung and Le, 1984; Ferrare et al., 1990; Chung et al., 2003). NOAA 위성이 하루에 황해 지역을 최소 2회 관측할 수 있다. 현재 NOAA-18 그리고 NOAA-19가 지구 관측임무를 수행하고 있다. 따라서 하루에 약 4회의 관측 자료를 수신하여 위성영상 분석을 가능하게 한다.

몽골과 중국의 황사 발원지에서는 황사가 연중 발생하는 것으로 보고되었다. 따라서 RGB 합성영상에서 황사는 회색~짙은 회색으로 나타나는데 중국 북부, 몽골의 대륙 위에서는 바람이 강한 발생지역이기 때문에 황사 입자의 크기가 크고 농도가 높아 NOAA AVHRR 센서의 1채널, 2채널 파장영역에서 강도가 커서 짙은 회색으로 보이게 된다. 또한 황해 위에서는 황사 입자의 크기와 농도에 따라 짙은 회색~노랑~적갈색으로 한반도의 유입을 분석하는 것이 가능하다. 그러나 RGB 합성 영상이 채널 1, 2의 가시파장역을 이용하기 때문에 야간에는 황사를 분별해내는 것에 어려움이 따른다.

따라서 RGB 합성 영상뿐 아니라, 지상 일기도의 관측자료를 고려하는 것이 필요하다. 황사와 관련된 일기는 국제기상전보식에 의해서 기호 또는 숫자 부호로 표시하는 동시에 〈표 7-4〉에 의하여 분류, 관측하고 기호를 써서 기록한다.

표 7-4 먼지현상 기호표

분류	기호	기상현상	기호	기상현상	기호	기상현상
먼지현상	∞	연무	S	먼지연무		황사
		연기		강회		땅날린 먼지
		높은날린 먼지		먼지보라		회오리 바람

반면, 중국의 주로 동부 도시와 공업지역에서 인위적인 대기오염 물질이 발생한 후 광역적으로 황해를 지나 한반도와 일본에 영향을 주고 있다. RGB 합성 영상에서 인위적으로 발생된 고농도 미세먼지는 중국 동부의 대륙 위에서는 구별이 어렵지만, 채널 4의 적외파장역의 복사 방출이 강한 호수와 황해(파란색으로 나타남) 위에서 채널 1과 2의 가시파장역의 산란된 복사 검출로 인해 적갈색으로 이동 및 확산하여 한반도 및 일본으로 유입하는 것을 분별할 수 있다.

대륙에서 발생하여 이동하는 황사가 중국의 동부 도시 및 공업지역을 거쳐 황해에 이르게 되면, 황해 위에는 황사와 대기오염이 섞여 있는 적갈색을 나타내어 RGB 합성 영상에서 황사와 대기오염을 분별하기 어렵다. 따라서 한반도로 유입되었을 때 지상에서 TSP, PM10, PM2.5, PM10/TSP, PM2.5/PM10 비율 분석이 참고될 수 있다.

탐구 1: 황사 일기도 분석

1. 일기도에서 황사의 발생을 찾아보자.

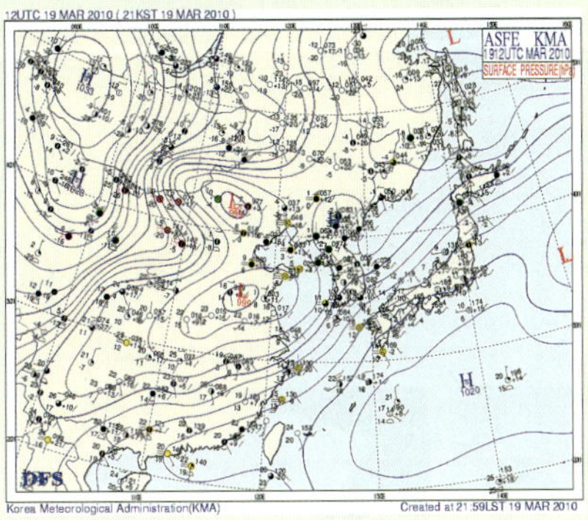

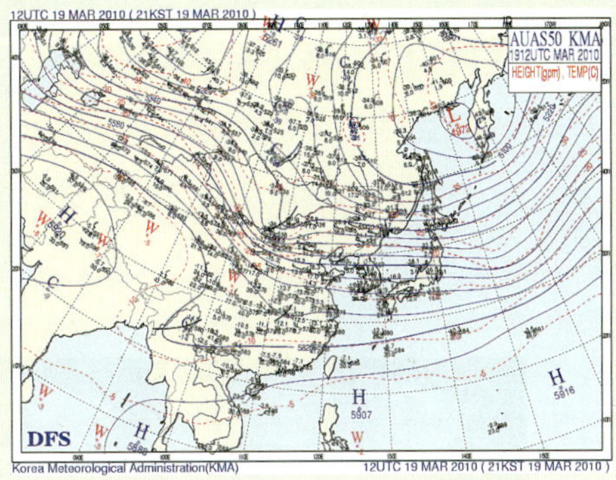

1) 중국 북부, 몽골 남부 고비 사막에서 황사가 발생하는 이유를 설명해 보시오.

2) 과거에는 황사를 어떻게 관측했고, 현재는 어떤 방법으로 황사를 관측하고 있는지 생각해 봅시다.

탐구 2: 황사 위성영상 분석

1. 인공위성 영상을 통해 황사를 찾아보자.

1) Photoshop 프로그램을 이용하여 다음 영상을 RGB 합성 영상으로 만들어보자.
(가시영상: 빨간색 할당, 근적외 영상: 초록색 할당, 적외 영상: 파란색 할당)

가시영상

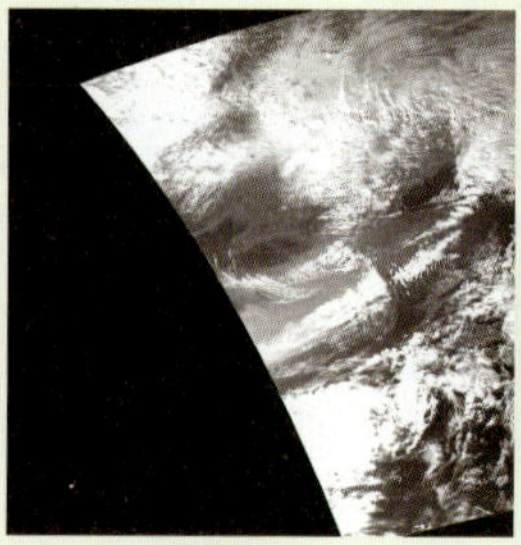
근적외 영상

적외 영상

2) RGB 합성 영상에서 황사를 찾을 수 있는 원리를 생각해 보자.

3) 황사의 규모를 한반도의 크기와 비교해 보자.

4) 황사의 이동 방향을 설명해 보자.

탐구 3: 황사 먼지농도 분석

1. 황사가 왔을 때 먼지 농도 그래프를 그려 보자.

1) 아래 표를 이용하여 그래프를 그려 보자.

	시각	TSP	PM10	PM2.5
2012-11-28	1	57	44	24
2012-11-28	2	58	46	26
2012-11-28	3	57	44	26
2012-11-28	4	46	34	19
2012-11-28	5	46	38	22
2012-11-28	6	54	41	24
2012-11-28	7	53	40	23
2012-11-28	8	64	47	24
2012-11-28	9	52	36	20
2012-11-28	10	73	54	34
2012-11-28	11	90	68	45
2012-11-28	12	70	52	23
2012-11-28	13	55	38	15
2012-11-28	14	56	51	17
2012-11-28	15	64	58	39
2012-11-28	16	148	116	57
2012-11-28	17	270	185	49
2012-11-28	18	339	226	35
2012-11-28	19	321	219	31
2012-11-28	20	272	197	25
2012-11-28	21	242	185	25
2012-11-28	22	239	184	29
2012-11-28	23	231	175	28
2012-11-28	24	218	164	27
2012-11-29	1	184	143	24
2012-11-29	2	157	122	21
2012-11-29	3	96	73	14
2012-11-29	4	56	41	8
2012-11-29	5	54	39	11
2012-11-29	6	53	38	13

2) 황사가 영향을 주었던 시간을 찾아보자.

3) 황사를 구성하는 입자의 크기 분포를 생각해 보자.

제7장 참고자료

Chung, Y. S., Kim, H. S., and Park, K. H.(2001), Acidic precipitation and large-scale transport of air pollutants observed in Korea. Water, Air, and Soil Pollution, 130, 367-372.

Chung, Y. S., Kim, H.S., Dulam, J., Natsagdorj, L., and Chen, S. J.(2003), On sand and duststorms and associated significant dustfall observed in Chongju-Chongwon, Korea during 1997-2000. Water, Air, and Soil Pollution: Focus 3, 5-19, 2003.

Chung, Y. S. and Yoon, M. B.(1996), On the occurrence of yellow sand and atmospheric loadings. Atmospheric Environment, 30(13), 2387-2397.

Chung, Y. S. and Le, H. V.(1984), Detection of forest-fire smoke plumes by satellite image. Atmospheric Environment, 18, 2143 - 2151.

Ferrare, R. A., Fraser R. S., Kaufman, Y. J.(1990), Satellite measurements of large-scale air pollution: measurements of forest fire smoke. Journal ofgeophysical Research, 95, 9911-9925.

Griggs, M.(1975), Measurements of atmospheric aerosol optical thickness over water using ERTS-1 data. J. Air Pollut. Control Ass., 25, 622-626.

Hoell, J. M., Davis, D. D., Liu, S. C., Newell, R., Shipham, M., Akimoto, H., McNeal, R. J., Bendura, R. J., Drewry, J. W.(1996), Pacific Exploratory Mission-West A (PEM-West A): September-October 1991. Journal ofgeophysical Research, 101, 1641-1653.

Hoell, J. M., Davis, D. D., Liu, S. C., Newell, R. E., Akimoto, H., McNeal, R. J., and Bendura, R. J.(1997), The Pacific Exploratory Mission-West Phase B: February-March 1994. Journal ofgeophysical Research, 102, 28223-28239.

Huebert, B., Bates, T., Russell, P., Seinfeld, J., Wang, M., Uematsu, M., and Kim,

Y.J.(2003), An overview of ACE–Asia: Strategies for quantifying the relationships between Asian aerosols and their climatic impacts. Journal ofgeophysical Research, 108, 8633, doi:10.1029/2003JD003550.

Jacob, D. J., Crawford, J. H., Kleb, M.M., Connors, V. S., Bendura, R. J., Raper, J. L., Sac se, G .W., Gille, J. C., Emmons, L., and Heald, C. L.(2003), The Transport and Chemical Evolution over the Pacific (TRACE–P) aircraft mission: Design, execution, and first results. Journal ofgeophysical Research, 108, 9000, doi:10.1029/2002JD003276.

Koepke, P. and Quenzel, H.(1981), Turbidity of the atmosphere determined from satellite: calculation of the atmosphere determined from satellite: calulation of optimum wavelength. J.geophys. Res., 86, 9801–9805.

Kaufman, Y. J. and Joseph, J. H.(1981), Determination of surface albedo and aerosol extinction characteristics from satellite imagery. J.geophys. Res., 87, 1287–1299.

제7장 탐구 해설

〈탐구 1〉 황사 일기도 분석

1) 고비사막이 고기압의 전면 저기압의 후면에 위치하게 되어, 강한 기압 경도에 의해 지표면에 강한 바람이 분다. 강한 바람에 의해 사막의 모래가 불어 올려진다.

2) 관측기기가 발달하지 않았던 과거에는 하늘을 눈으로 관측하여 공기 중에 떠 있는 먼지 정도로서 황사를 판정하였다. 그러나 현재는 대기 중 먼지의 질량 농도를 측정하거나 레이더로 높이에 따른 황사먼지의 분포를 직접 측정하고 있다.

〈탐구 2〉 황사 위성 영상 분석

1) 본문 참고

2) 공기 중의 황사 먼지의 농도가 높을 때는 구름처럼 가시 영상의 빨간색, 근적외 영상의 초록색, 적외영상의 파란색이 합성되어 하얀색에 가까운 회색을 띠게 된다.

3) 한반도의 면적을 찾아보고, 황사의 수평규모와 비교해 볼 수 있다.

4) 중국 북부, 몽골 남부의 고비사막에서 발생한 황사는 남동진하여 한반도 쪽으로 이동한다.

〈탐구 3〉 황사 먼지농도 분석

1) 본문 참고

2) TSP, PM10, PM2.5 농도가 급격하게 증가한 11월 28일 16시부터 11월 29일 1시까지로 판단할 수 있다.

3) 총 먼지는 모든 크기의 먼지이고, PM10은 10㎛ 보다 작은 먼지, PM2.5는 2.5㎛ 보다 작은 먼지이므로 황사 농도가 최대 이었던 11월 28일 18시에는 2.5㎛ 이상의 먼지가 대부분을 차지하고 있으며 2.5㎛ 미만의 먼지는 적은 부분을 차지하고 있다.

Chapter_8

기후변화와 녹색성장

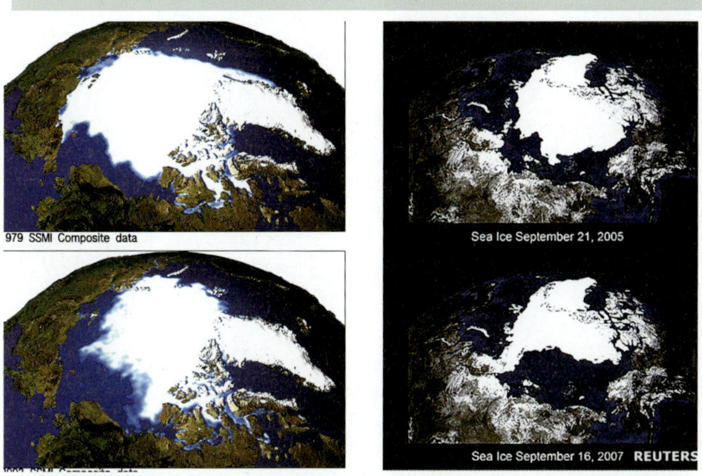

북극의 빙하가 녹는 시뮬레이션과 인공위성 사진

가을비가 잦으면 춥지 않다.
가을장마에 다 된 곡식 썩는다.
봄 추위와 늙은이 근력은 오래가지 못한다.
강물이 두껍게 얼면 그 해에 대홍수가 있다.
추분이 지나면 우렛소리 멈추고 벌레가 숨는다.

기후변화와 관련된 일기 속담

'녹색성장'은 가도 되고 안가도 되는 선택의 길이 아니고, 이미 가고 있고 가야만 하는 전지구적 기조(global framework)이다. 녹색성장은 녹색경제 이니셔티브를 통해 생태적 투자가 경제성장, 일자리 창출, 빈곤해소 등에 기여할 수 있다.

국제연합 환경계획(UNEP), 2008년

제8장 기후변화와 녹색성장

지구는 우리 인류뿐만 아니라, 200만 종 이상의 모든 생물종에게 보금자리요, 삶의 터전이다. 그러나 우리 인간은 지구를 생명력이 존재하지 않는 소비재로 취급하며 무분별한 개발과 남용으로 파괴하고 있다. 21세기 인류가 직면하고 있는 제1의 문제는 기후변화이다. 우리가 직면하고 있는 기후변화의 문제는 장기간에 걸친 기온의 증가, 즉 온난화이다. 현재 지구의 기온은 증가하고 있으며, 앞의 그림처럼 북극의 빙하가 여름에 녹는 정도가 과거보다 더 많은 면적이 녹고 있다. 제8장에서는 기후변화와 녹색성장에 대하여 스토리텔링할 수 있는 하이컨셉을 다루고 있어서 기후변화 문제를 녹색성장과 융합인재교육으로 풀어갈 수 있는 실마리를 제시하고자 하며, 기후변화의 위기를 극복할 수 있는 방안을 실천할 수 있어야 하겠다.

8-1. 기후변화란?

8-2. 기후변화의 영향

8-3. 녹색성장

탐구 1: 엘리뇨와 기상이변

지구는 역동적인 시스템(계)으로 구성되어 있어서 상호 간에 영향을 주고받으며 살아서 움직이는 지구계를 이루고 있다. 지구계는 지권, 대기권, 수권 및 생물권으로 구성되며 태양에너지와 지구내부에너지에 의하여 끊임없이 운동하고 변화하여 왔다. 그런데 최근 인간의 출현은 지구계의 상호작용과 평형을 깨트리고, 자연의 훼손과 환경오염, 에너지와 자원의 남용으로 각 영역권에 영향을 미치면서 통제할 수 없는 상황으로 내몰고 있다. 특히 최근에 더욱 빈발해지는 기상이변과 기후변화는 인류의 생존권마저도 위협하고 있다. 인류의 역사는 문제해결의 연속이었으며 직면하는 위기가 또 다른 기회였음을 보여주고 있다. 당면하고 있는 기후변화와 자원의 고갈, 에너지 부족 등의 위기를 극복할 수 있는 대안으로 녹색성장과 창조경제의 하이컨셉이 떠오르고 있다.

8-1. 기후변화란?

기후(氣候, Climate)란 대기의 평균적인 상태로서 장기간의 대기현상을 종합한 것이다. 기후의 평년값이란 보통 30년간의 평균값을 말한다. 현재의 기후에 대하여 과거의 기후를 고기후라고 부르며, 기후는 지구의 역사와 더불어 변동을 되풀이하여 빙하기, 간빙기 또는 온난한 시대가 있었다. 최근 인류의 활동과 이산화 탄소의 증가로 기후가 급격하게 변화하고 있다. 기후변화는 현재의 기후가 자연적인 요인과 인위적인 요인에 의하여 점차 변화하는 것을 말한다. 세계기상기구(WMO)에서는 자연적 및 인위적 영향으로 기후가 변화하는 현상을 기후변화라고 정의하고 있다. 기후변화의 자연적 요인으로는 내적요인과 외적요인이 있다. 내적요인은 대기가 다른 해양이나 바다 얼음, 육지, 이들의 특징(식생, 반사도, 생물체와 생태계), 눈 덮은 정도, 육지 얼음, 물 수지 등이며 외적요인은 화산 분화에 의한 성층권의 에어로졸 증가, 태양 활동의 변화, 태양과 지구의 천문학적 상대위치관계 등이다. 인간에 의한 인위적인 요인으로는 대기 중 이산화 탄소의 증가에 의한 온실효과와 대기 중 에어로졸의 변화, 토지 이용이나 도시화, 산업화로 인한 고층 건축물의 등장, 도로의 건설, 벌목, 농업의 확장, 삼림파괴 등이 있다.

영국의 해들리 기후연구센터의 연구결과, 지구 평균기온은 지난 100년간(1906-2005년) 0.74℃ 정도 증가하였는데, 특히 북반구, 고위도, 육지에서 기온 상승이 크다. 또한 최근에는 온난화 추세가 빨라지고 있어서, 최근 50년간 온난화 추세는 약 0.128℃/10년, 최근 25년 추세는 0.177℃/10년으로 100년간 추세보다 2배 이상 급속히 진행되고 있다.

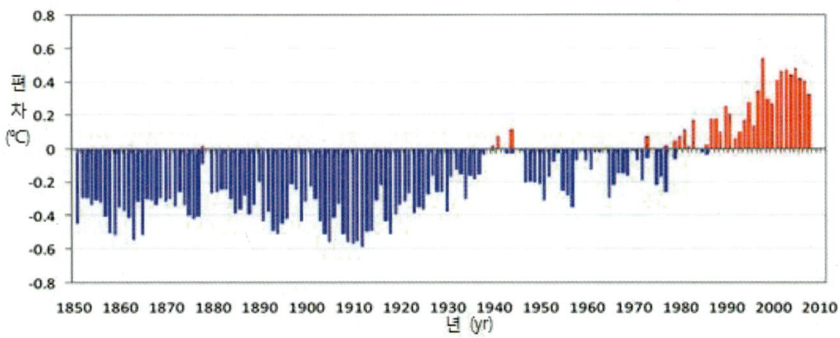

[그림 8-1] 1850년-2008년 지구 평균기온(℃)의 변화 추세

출처: 영국 해들리기후센터

우리나라에서도 평균기온이 계속 상승하고 있어서 최근 30년 동안 서울 기온이 약 1.5℃ 이상 상승하고 있으며(그림 8-3 좌), 아열대기후(Köppen의 기후구분 C type: 최한월 평균 기온이 -3℃ 이상) 기준선이 북상하여 서울 지역도 점차 아열대기후대에 속하게 되었다(그림 8-3 우). 우리나라가 아열대기후대로 기후가 변하면서 여름철 장마가 사라지고 강수 형태도 변화되어, 산발적이며 간헐적인 집중호우(일명 게릴라성 호우)로 패턴이 변해가고 있다(Chung Y.S. & Yoon M.B, 2000).

기후변화는 우리에게 큰 위기다. 그리고 동시에 커다란 기회이기도 하다. 이것이 계기가 되어 우리 생활과 우리 사회가 화석연료로부터 벗어나고, 물질과 에너지 소비를 줄이고, 자족적인 삶의 의미를 알아가게 될 수 있기 때문이다. 또한 세상을 좀 더 생태적으로 만들 수 있기 때문이다. 앞으로 닥칠 기후변화를 막아내는 것 또는 변화에 적응하는 것은 우리에게 닥친 커다란 과제이다.

[그림 8-2] 알레치(Aletsch) 빙하: 1930년대와 현재

킬리만자로의 만년설이 현재 75% 정도까지 녹아내렸고, 북극해의 경우 매년 영국 영토만큼 녹고 있으며 2025년이면 다 녹을 것으로 예측되고 있다. 그린란드 빙하가 다 녹아 사라질 경우 지구 해수면은 7m 상승한다고 한다. 그런데 기후변화의 살아있는 증거, 만년설이 녹아내리고 그 피해가 생생하게 전해지는 곳, 뉴질랜드 서든 알프스 산맥의 만년설 지역과 밀포드 사운드의 빙하 지역에서는 기후변화를 또 다른 녹색성장의 기회로 삼고 있다. 자연환경을 위해 공장(제조업)이 없고, 한 달이 지나도 차에 먼지가 끼지 않는 세계 최고의 청정한 나라 뉴질랜드! 그럼에도 불구하고, 사람 수보다 훨씬 많은 양과 소의 방귀, 트림이 이를 증가시킨다 하여 '소 방귀세'를 검토하고 있으며, 뉴질랜드가 지구온난화의 첫 번째 희생양이 될 수 있다는 위기의식으로 세계 유일의 '기후변화 대사'까지 두며 친환경 녹색성장을 주도하는 나라 키위(뉴질랜드 약칭)! 그곳에서 이루어지는 녹색성장의 사례를 통해 기후변화의 위기를 기회로 하여 이를 사업으로 발전시키고 있는 창조경제의 사례를 살펴보자.

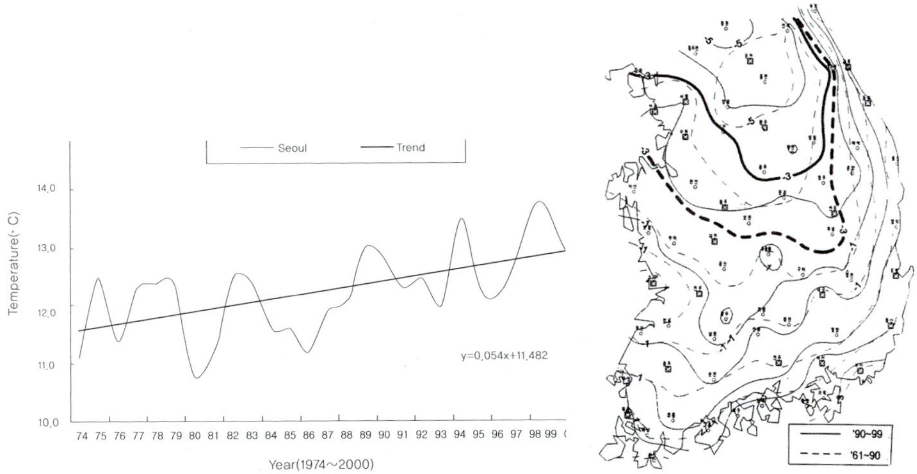

[그림 8-3] 최근 한반도의 기온 변화(좌: 정용승과 윤마병, 1999)와 아열대 기후 한계선의 북상(우: Chung Y.S. and Yoon M.B, 2004)

기후는 크게 극지방의 한대와 적도부근의 열대로 구분하며, 상세히는 툰드라, 사막, 해양 등 10여 개의 기후대로 세분할 수 있다. 덜 추운 지대를 아한대 기후로 하고, 열대보다 조금 덜 더운 곳을 아열대라고 정의할 수 있다. 중, 저위도에 위치한 한반도는 몹시 춥지도 무덥지도 않은 아한대와 아열대에 있다. 극지방에서 적도까지의 기후를 5가지로 구분하면, 한반도는 아한대와 아열대 사이를 교차하는 온대기후대에 속한다.

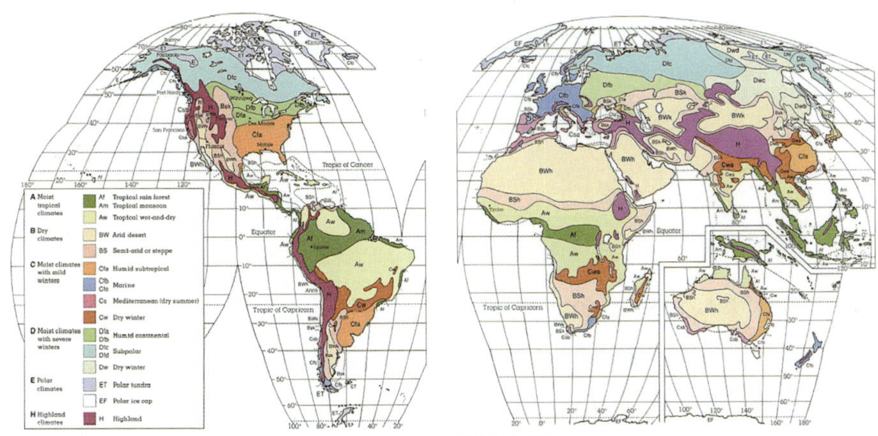

[그림 8-4] 쾨펜 구분에 준한 세계 기후구 분포(대기환경과학 제4판)

아열대 기후는 비교적 덥고 습한 여름이 있고, 겨울이 온화하거나 싸늘한 것이 특징이다. 1년 중 가장 추운 달, 즉, 1월의 월평균 기온이 영하 3℃ 이상 되는 곳을 아열대 기후로 정의할 수 있다. 기온이 서로 같은 영하 3℃ 등온선이 지나는 곳은 30여 년 전에는 분명히 제주도를 포함한 남해안에 위치하여 있었으나, 지구온난화에 따라 점차 북상하여 경기도와 서울 북녘을 지났다. 최근에는 아열대의 북방한계선이 황해도로 접근하고, 향후 10년 후에는 평양에 도달할 것으로 전망된다.

이는 1년을 통틀어 정의한 것이다. 무더운 여름 기후는 분명히 열대기후가 지배적이고, 겨울에는 한대성의 추운 날씨가 지속된다. 즉, 추운 한겨울은 한대성 기후이고, 무더운 7~8월은 열대기후가 지배하지만, 사계절 전부를 고려하면 이제 남한의 대부분은 고산지대를 제외하고 아열대기후 구분에 속한다.

'온대기후' 또는 '아열대기후'의 북쪽 경계지대에 놓여 있다. 이는 현재 진행되고 있는 지구온난화에 따라 변화된 것이다. 지구온난화와 기후환경의 변화는 특히 북반구의 인구가 밀집한 중위도에 발생되고, 북극해를 위시한 인간이 살지 않는 고위도 지역에도 더욱 현저히 발생하고 있다. '기후변동'은 오르고 내리는 가역적인 기후 값을 뜻하는 상태인 반면, '기후변화'는 한 번 바뀌면 다시 원상태로 복귀할 수 없는 비가역적인 현상으로 매우 심각한 것이다.

8-2. 기후변화의 영향

지구온난화에 따라 지난 20여 년 이래 남한이 아열대 기후대로 바뀌며 생태환경도 변하고 있다. 예를 들어, 아열대에 서식하는 황로, 해오라기, 직박구리, 물까치 등 남방계 새들이 몰려와 월동하고, 수생식물인 보춘화, 가지연꽃 등이 터를 잡았으며, 돈나무와 대나무가 번식 및 성장하고 있다.

지구상에 존재하는 물은 일정하고 보전되므로 녹은 물은 해수면의 높이를 높일 뿐만 아니라, 증발된 수증기는 중위도와 다른 곳으로 날아가 구름과 강우량을 증가시킨다. 한국에 전혀 없는 현상으로 하루에 400~870mm 폭우가 오고, 폭풍과 해일은 해안에 큰 재해를 발생시켰다. 기후온난화로 더워진 공기에는 수증기가 더 많기 때문이다. 그리고 여름에는 장마가 짧아졌으나 소나기와 큰비 횟수가 증가되었다. 한편, 온난화로 인해, 태풍의 발생지가 한반도 주변에서 300~400km 더 가까워지고 있어, 우리는 더 강한 강도의 태풍 영향을 받고 있다.

따뜻하고 더운 계절이 길어져서 농사 계절이 늘어났다. 그러나 겨울이 3주 정도 짧아졌고, 매년 약 1m 두께로 얼던 한강이 얼지 않는다. 시베리아와 몽골에 발달하던 대륙성 한대 고기압이 약해져서 바람이 약하고 덜 춥다. 약해진 대륙고기압이 황해를 지나며 발생시키던 지형성 강설이 예전에 비해 많이 줄어 들었다. 예를 들어, 1970년대까지 서해안지대와 울릉도에 매년 발생하던 0.5~2m 적설은 이제 매우 드물게 관측된다.

지구온난화와 기후환경 변화는 크게 보아, CO_2, CH_4, N_2O 등의 온실기체가 세계적으로 증가하고 인구와 각종산업과 교통량의 증대에 따라 인위적인 열의 배출, 산림의 밀도와 면적의 감소와 큰 관련이 있다.

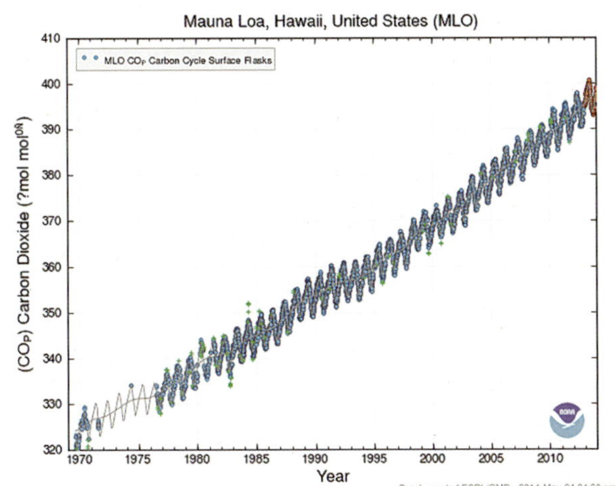

[그림 8-5] 하와이 마우나로아에서 1969년부터 측정한 이산화 탄소 농도의 변동(Dlugokencky and Tans, 2014)

우리나라에서도 1990년부터 (재)고려대기환경연구소에서 한 · 미 공동으로 중국에서 가장 가까운 충남 태안의 해안에서 온실기체를 관측하여 기후변화를 모니터링하고 있다. [그림 8-6]은 태안에서 23년 동안 관측한 공기 중의 CO_2 변화를 그림으로 표기한 것이다. 태안의 관측은 세계적인 온실기체 평가에 매우 중요히 다루어지고 있으며, 약 30ppm이나 증가되었음은 한반도 지역은 물론 세계적으로 기후변화가 확실히 진행되고 있음을 제시한다. 그리고 인위적으로 방출되는 열은 연료소비 증가에 따라 꾸준히 증대되었다. 또한 세계적으로 열대림은 물론, 여러 나라들의 각종 개발과 함께 산림면적과 그 밀도가 현저히 감소되어 온실기체와 대기오염 등의 자정 작용을 훨씬 초과하고 있다.

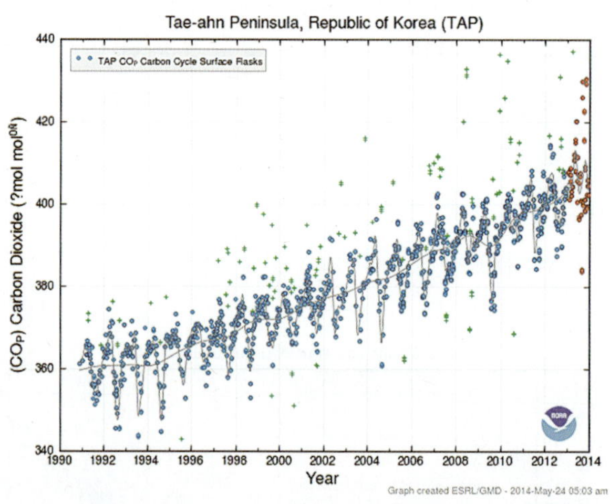

[그림 8-6] 우리나라 충남 태안에서 1990년부터 측정한 이산화 탄소 농도의 변동
(Dlugokencky and Tans, 2014)

우리의 연료 수입과 소비는 세계 10위권이다. 여기서 배출되는 CO_2 등의 문제는 마치 시한폭탄에 비유할 수 있는 큰 문제이다. 한국 무역과 경제규모는 세계 12~13위지만, 기후변화에 관한 대처는 세계 하위권이라는 평가가 나왔다.

우리도 지구온난화와 기후변화를 다소 줄이기 위해, 그 원인물질인 CO_2 등의 발생을 억제해야 한다. 작은 나라에 자동차가 2천만 대 이상 질주하고, 연료소비와 소각이 심각한 수준이다. 개개인들은 누구를 불문하고, CO_2 배출을 하루 1kg씩 줄이기 위해 '자동차 3km 덜 타고, 건강을 위해 30분 걷기'를 생활과학으로 실천할 때가 왔다. 대기환경을 개선하는 슬기는 여러 가지 방법이 있으나, 우선 잘사는 선진국 독일과 스위스 국민처럼 난방과 냉방을 2도 정도 덜 하는 지혜를 발휘하는 것이 필요하다.

미니탐구 1

우리지방 기온 변화

1. 우리지방의 기온 변화를 조사해 보자.

1) 아래 표를 이용하여 그래프를 그려봅시다.

년도	기온(℃)	강수량(mm)
1992	12.3	990.1
1993	11.9	1301.8
1994	13.3	1012.0
1995	12.0	1339.8
1996	12.1	928.8
1997	12.7	1456.6
1998	13.6	1640.2
1999	13.1	1326.5
2000	12.3	1357.6
2001	12.9	784.1
2002	12.8	1281.8
2003	12.7	1581.8
2004	13.4	1505.9
2005	12.5	1427.2
2006	13.3	1081.1
2007	13.7	1534.5
2008	13.4	892.3
2009	13.0	1019.8
2010	13.0	1422.4
2011	12.8	1805.6
2012	12.7	1387.6

2) 기온과 강수량 그래프를 그리고 변동과 변화가 무엇인지 생각해 보자.

3) 1992~2012년 중 가장 높은 기온과 강수량이 있었던 해는 언제인가? 또 가장 낮은 기온과 강수량이 있었던 해는 언제인가?

4) 1992~2012년 동안 기온과 강수량은 어떤 변화 경향을 보이고 있는가? 또한 평균적으로 해마다 얼마씩 변화가 있는가?

미니탐구 2

우리나라 기온 변화

1. 우리나라의 기온 변화 해석하기

아래 그림은 과거 수십 년 기온 증가를 나타낸 것이다. 빨간색으로 칠해져 있는 부분은 0.6 ℃ 이상 상승한 지역이다. 이 그림을 보고 다음의 내용을 해석해 보자.

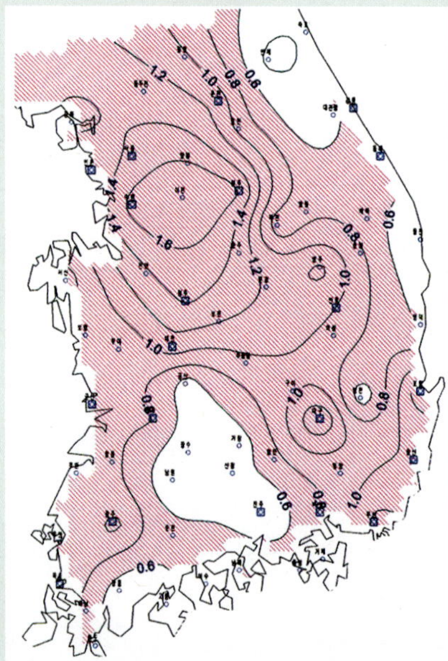

1) 1℃ 이상 높아진 지역을 찾아보자.

2) 그림에서 청주의 위치를 찾아보고 청주는 얼마의 기온이 높아졌는가?

3) 기온이 0.6℃ 이상 높아지지 않은 지역은 어디인가?

미니탐구 3

우리나라 기후 변화

1. 우리나라의 기후 변화를 조사해 보자.

- 아열대와 아한대를 구분하는 것은 겨울철 가장 추운 1월의 평균기온이 -3℃인 것을 기준으로 한다.
- -3℃ 선이 1961~1990년보다 1990~1999년에는 더 북쪽으로 옮겨온 것을 볼 수 있다.

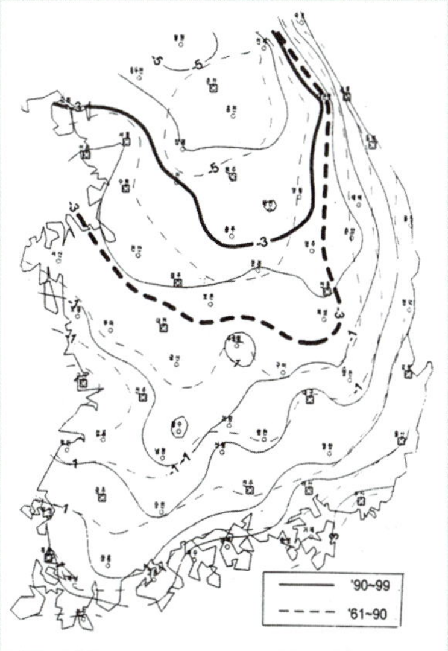

1) 가장 추운 1월의 -3℃ 등치선이 북쪽으로 올라가고 있다는 것은 우리나라에 어떤 기온 변화가 일어나고 있는 것인가?

2) 이러한 기온 변화에 따라 우리나라에서 재배하고 있는 쌀 수확량은 어떻게 될 것으로 예상되는가?

3) 현재 청주 지방에서 재배할 수 있는 농산물은 어떠한 것이 있는가? 앞으로는 어떤 농산물을 재배해야 하는지 생각해 보자.

8-3. 녹색성장

녹색성장이란 우리나라의 압축 · 고도성장에 따른 환경훼손의 경험을 바탕으로 향후 지속가능한 경제성장의 새로운 원동력으로 제시되고 있다. 자원의 고갈과 에너지 부족, 환경오염, 기후변화, 멈출 것 같은 경제성장을 극복하기 위한 새로운 녹색의 돌파구로서 녹색성장(Greengrowth)은 환경(Green)과 경제(Growth)가 상충된다는 고정관념에서 탈피하여, 환경과 경제의 새로운 조합을 통해 양자의 시너지를 극대화하는 패러다임이다. 녹색성장의 핵심은 경제성장과 환경관리의 조화를 바탕으로 한 선순환적 상생구조라 할 수 있다.

녹색성장 사회를 이루기 위해서는 개인의 의식주를 비롯한 소비활동이 변화되는 생활 혁명이 필요하다. 소비자가 만드는 과정에서 이산화 탄소의 배출이 적고, 환경오염을 시키지 않는 제품을 선택하여 소비한다면 기업체는 원료 획득 과정에서부터 생산 공정, 완제품에 이르기까지 기존의 생산구조를 변화시키게 된다. 소비자의 녹색 소비는 개인의 삶을 건강하게 만들어 줄 뿐만 아니라 사회 전체를 건강하게 만드는 계기가 될 수 있다.

〈 악순환 〉

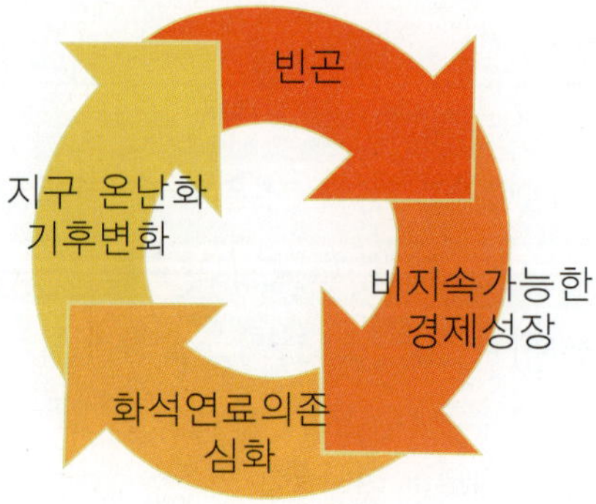

〈 선순환 〉

탐구 1: 엘니뇨와 기상이변

1. 엘니뇨와 대기 순환

매 수년마다 태평양의 동서 순환인 워커 순환이 급작스럽게 약해지면서 엘니뇨 현상이 일어난다. 편동풍의 약화는 곧 바로 해수면의 동서간 기울기가 해소된다. 이에 따라 동태평양의 용승류가 약해지고 그곳의 해수면 온도가 상승하게 되며, 이로 인해 남북간 온도 경도를 줄여 무역풍을 더욱 약화시킨다. 엘니뇨가 성숙기에 달하면 중앙 태평양의 따뜻한 해수 온도가 점차 동태평양까지 퍼져 나가게 된다. 이때는 동태평양의 용승류는 거의 감소되고 바닷속 깊이 위치하면서 동쪽으로 흐르는 층류도 그 방향을 바꾸어 서쪽으로 흐르게 된다. 동태평양 해수온도의 상승에 따라 대기층에서도 이 지역에서의 침강 현상도 쇠약해진다. 엘니뇨의 발생은 서태평양의 대류 활동 지역이 태평양 중앙으로 이동하게 되어 고위도의 다른 지역으로 그 파동이 전달되며, 그 결과 평상시와는 달리 세계 여러 지역에서 가뭄과 홍수 또는 이상 난동과 냉해를 유발하기도 한다.

2. 엘니뇨와 기상이변

엘니뇨 현상이 나타날 때 동반되는 세계의 기상현상은 일반적으로 필리핀, 인도네시아, 호주 북부 등지에서는 강수량이 평년보다 적으며, 반면에 적도 중앙 태평양, 멕시코 북부와 미국 남부, 남미 대륙 중부에서는 홍수가 나는 등 예년보다 많은 강수량을 보인다고 알려지고 있다. 알래스카와 캐나다 서부에 걸쳐 고온의 경향, 미국 남동부는 저온이 되기 쉽다. 즉, 엘니뇨 현상이 발생하면 대기의 흐름을 변화시켜 페루 등 남미지역과 태평양을 둘러싼 열대, 아열대 지역인 인도네시아, 필리핀, 호주 등지에 이상기상을 일으키는 경향이 뚜렷하다. 케냐, 탄자니아, 우간다 등 아프리카 동부에서는 10~12월에, 비가 많아지고 남아프리카에서는 여름에 중부를 중심으로 적은 강수량을 보인다.

한국에서의 변화는 대략적으로 다음과 같이 정리할 수 있다. 엘니뇨가 발생한 해에는 여름철 기온이 평년보다 다소 낮게 나타나기도 하며, 비가 다소 많이 오는 통계적인 경향은 있으나 아주 뚜렷하지는 않다. 엘니뇨가 발생한 해의 여름철 기온이 어떤 해에는 낮게 나타나기도 하고 또 다른 해에는 높게 나타나기도 한다. 우리나라는 중위도 지방에 위치하는 까닭에 적도 태평양뿐만 아니라 북서쪽 고위도 지방에서 흘러들어 오는 공기의 흐름에도 영향을 받는다. 이것이 엘니뇨의 영향과 함께 겹쳐서, 우리나라에서는 열대나 아열대 지방처럼 엘니뇨의 영향이 아주 뚜렷하게 나타나지는 않는다.

이러한 엘니뇨 현상은 대개 12~18개월 동안 지속되다가 급속도로 정상 상태로 되돌아 간다. 때로는 그 반동 작용으로 적도 태평양상의 동풍이 평소보다 더 강화되는 경우도 발생하는 라니냐 현상을 유발하기도 한다. 라니냐가 일어나면 인도네시아 부근의 서태평양상의 대류운동이 평상시보다 더욱 강화되고 이에 따라 우리나라 부근의 하강기류 또한 강화된다. 이런 파동 역시 고위도 지방으로 전달되어 여러 지역에서 가뭄과 홍수 등을 유발하는데, 1994년 여름의 폭염과 가뭄은 1993년도 엘니뇨 시기에서 반동으로 나타난 일시적 라니냐 현상에 의하여 일어났다는 견해도 있다. 그러나 세계적인 기상이변이 이 엘니뇨 현상으로만 설명되는 것은 아니다. 기상이변 현상은 서로 규모가 다르고 생성 및 유지(維持) 메카니즘이 상이한 공기 흐름들이 기후를 지배하고 있기 때문에 어떤 단순한 인과관계로 설명되기는 어렵다고 본다. 엘니뇨 현상과 더불어 기상 이변의 원인으로써 지구 기후 시스템의 자연적 변동을 꼽을 수 있다.

우리가 살고 있는 지구촌에는 늘 어느 지역에서는 가뭄이, 또 다른 지역에서는 홍수가, 또 혹서와 냉해가 동시에 서로 다른 지역에서 특별한 원인 없이 일어나고 있다. 지구촌에는 기후가 늘 일정한 것이 아니라 항상 변동하고 있다. 비가 평년보다 조금 많기도 하고 때로는 적기도 하며, 곳에 따라서 조금 더 따뜻하기도 하며, 춥기도 한다. 다만 이런 변동의 정도가 때로는 심하게 나타나기도 하며, 때로는 사람이 많이 사는 곳이나 농사지역에 나타난다. 같은 정도의 자연 변동도 우리가 관심을 많이 갖고 있는 지역에 일어날 경우 기상이변으로 인식되기도 한다. 그 다음은 대기 중 온실기체 증가로 인한 지구온난화 때문으로 볼 수 있다. 1991년 6월 15일 필리핀의 Pinatubo 화산 폭발로 주춤했던 지구온난화가 근래에 들어 성층권의 화산 먼지가 많이 제거되어 다시 진행되는 것이 아닌가 한다. 온난화가 일어나면 기온이 점차적으로 올라 간다기보다는 해수면 상승과 더불어 이상난동, 한파, 홍수, 가뭄 등이 세계 각처에서 더 빈번히, 또 더 극심하게 일어날 가능성이 많다.

3. 탐구 활동

다음의 자료는 1971년부터 2000년까지 오스트레일리아 북부 다윈과 동태평양에 위치한 타히티에서 얻은 1월 평균 해면기압을 나타내며, 남방진동지수(Southern Oscillation Index: SOI)는 아래의 식을 이용하여 구할 수 있다.

- SOI = 10 (Pdiff − Pdiffave)/SDdiff
- Pdiff = 타히티 월평균 해수면 기압 − 다윈 월평균 해수면 기압
- Pdiffave = Pdiff의 장기간 평균값, SDdiff = Pdiff의 표준편차
- 여기서는 Pdiffave, SDdiff 가 각각 4.5, 2.1이다.

1) 기압차 Pdiff와 SOI를 계산하여 빈 칸을 채우시오.

연도	P(다윈)	P(타히티)	Pdiff	SOI	연도	P(다윈)	P(타히티)	Pdiff	SOI
1971	1005.8	1010.8			1986	1004.7	1010.8		
1972	1005.8	1011.0			1987	1007.1	1010.2		
1973	1007.3	1011.1			1988	1007.8	1012.0		
1974	1004.0	1012.8			1989	1005.4	1012.6		
1975	1006.4	1009.8			1990	1006.9	1011.1		
1976	1005.1	1012.0			1991	1006.3	1011.8		
1977	1005.9	1009.5			1992	1010.1	1009.2		
1978	1008.2	1012.0			1993	1006.8	1009.5		
1979	1006.0	1009.6			1994	1006.7	1010.8		

1980	1005.9	1011			1995	1007	1010.6		
1981	1005.1	1010.1			1996	1005.7	1011.9		
1982	1006.5	1012.9			1997	1007.3	1012.6		
1983	1009.8	1007.8			1998	1007.8	1007.3		
1984	1007.1	1011.8			1999	1005.0	1012.7		
1985	1007.6	1011.3			2000	1006.7	1012.2		

2) 횡축을 연도로 종축을 SOI로 정하여 SOI 연변화 그래프를 완성하시오.

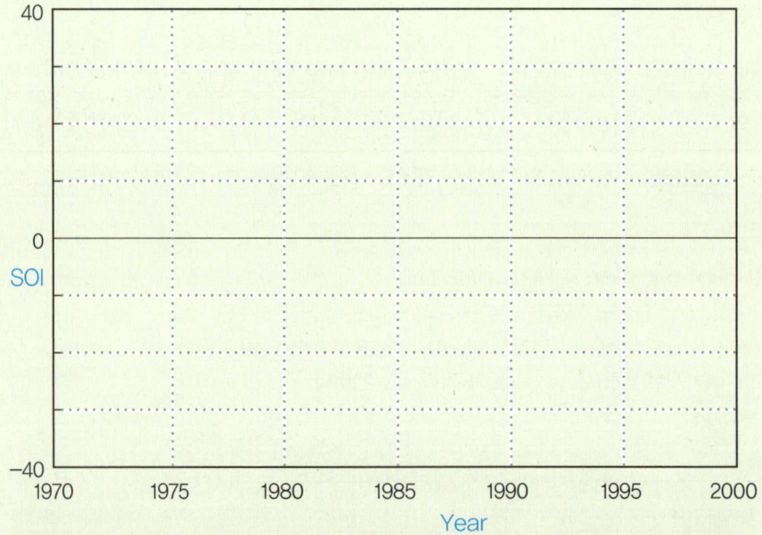

3) 1998년과 1999년에 나타난 SOI는 어떤 값을 갖는가?

4) SOI와 해수면 온도 사이에 나타나는 관계를 대기 순환의 변화를 이용하여 설명하시오.

5) 주어진 30년 기간에 이상기상 현상이 비교적 크게 나타났으리라 생각되는 해를 다섯 개 고른다면 언제인가?

미니탐구 4

나의 CO_2 배출량

1. 내가 일상생활을 하면서 배출하는 CO_2의 양은 얼마나 될까?

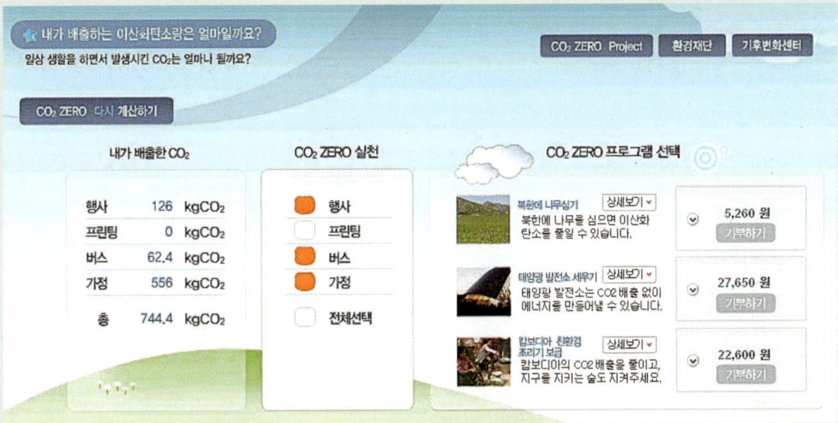

[그림 8-7] CO_2 배출 시뮬레이션(한국환경재단)

한국환경재단에서는 우리가 일상생활을 하면서 배출하는 이산화 탄소의 양을 계산해주는 시뮬레이션을 운영한다. 같이 참여해 보자.

A학생 4인 가족의 경우, 이번 달에 행사에 1번 참석하였고, 프린트 40장을 복사하였으며, 30분 걸리는 통학버스를 20일 탔고, 난방 및 전기를 일상적으로 사용했을 때 총 744kgCO_2(186kgCO_2/1인)를 배출했다. 이것을 학생 1인당 1년 동안 배출량으로 계산하면 2.23tonCO_2이다.

국립산림과학원 자료에 의하면, 산림 1ha(100m×100m)에서 평균 1년 동안 약 1.9ton의 이산화 탄소를 흡수한다고 하니, 우리가 일상생활에서 배출하는 CO_2가 얼마나 많은지 알 수 있다.

제8장 참고자료

기상청 기후변화정보센터(http://www.climate.go.kr)

기후변화센터(http://www.climatechangecenter.kr/)

기상청 엘니뇨 정보센터: http://www.kma.go.kr/elnino/elnino01.html

김왕동(2011). 창의적 융합인재 양성을 위한 과제: STEAM. STEPI 정책연구과제 보고서, 67호.

과학동아(2006). 12월호, www.dongascience.com, pp.77-87.

곽종흠 외(1986). 일반기상학, 교문사, pp.303-336.

녹색성장위원회(http://www.greengrowth.go.kr/)

민경덕, 민기홍(2012). 대기환경과학, 센게이지러닝코리아(주)

엘니뇨와 라니냐: http://ssrr.new21.net/gihoo/geo_climae_1.htm

정용승(2008). 세계대전보다 더 심각한 지구 온난화와 기후환경 변화 문제, 과학과 기술, pp.36-39.

정용승, 윤마병(1999). 한국의 최근 기후변화. 한국기상학회지, 35(3), 309-318.

한국과학창의재단 융합인재교육(http://www.kofac.re.kr)

한국환경재단(http://www.greenfund.org/carbon/)

Chung, Y. S., Yoon, M. B.(1999). Recent climate change and related factors observed in Korea. Asia-Pacific Journal of Atmospheric Sciences, 35, 309-475.

Chung Y. S. and Yoon M. B.(2004). On climate variations and changes observed in south korea. Climatic change, 66, 151-161.

Daniel Pink(2006). A whole new mind : why right-brainers will rule the future(김명철 역. 2012. 새로운 미래가 온다. 한국경제신문사).

Dlugokencky E. J, Tans P. P.(2013) NOAA/ESRL. http://www.esrl.noaa.gov/gmd/ccgg/trends/. Accessed 3, June 2014.

제8장 탐구 해설

〈미니탐구 1〉 우리지방 기온 변화

1) 본문 참고

2) 연평균 기온과 강수량이 해마다 높아졌다 낮아졌다 하는 것은 변동이라고 하며, 1992~2012년 사이에서 증가 경향을 변화라고 한다.

3) 가장 높은 해: 기온 2007년, 강수량은 2011년

   가장 낮은 해: 기온 1993년, 강수량은 2001년

4) 기온과 강수량의 증가경향이 뚜렷하다.

   기온 0.04℃/년 강수량 11.5mm/년

〈미니탐구 2〉 우리나라 기온 변화

1) 1℃는 등온선을 찾아 1℃ 높다 높은 지역에 색깔을 칠해 보세요.

2) 청주를 지나는 등온선을 찾아보세요.

3) 0.6℃ 등온선을 찾아 0.6℃보다 낮은 쪽에 색칠해 보세요.

〈미니탐구 3〉 우리나라 기후 변화

1) 우리나라의 기온이 증가하고 있다.

2) 기온 증가에 따라 다른 변수를 고려하지 않는 경우 쌀 수확량이 늘어날 것이다.

3) 현재 재배되고 있는 농산물을 생각해보고, 기온증가에 따라 어떤 농산물이 재배될 지 생각해보자.

〈탐구 1〉 엘니뇨와 기상이변

1)

연도	P(다윈)	P(타히티)	Pdiff	SOI	연도	P(다윈)	P(타히티)	Pdiff	SOI
1971	1005.8	1010.8	5.0	2.4	1986	1004.7	1010.8	6.1	7.7
1972	1005. 8	1011.0	5.2	3.4	1987	1007.1	1010.2	3.1	−6.7
1973	1007. 3	1011.1	3.8	−3.3	1988	1007.8	1012.0	4.2	−1.4
1974	1004.0	1012.8	8.8	20.7	1989	1005.4	1012.6	7.2	13.0
1975	1006.4	1009.8	3.4	−5.2	1990	1006.9	1011.1	4.2	−1.4
1976	1005.1	1012.0	6.9	11.6	1991	1006.3	1011.8	5.5	4.8
1977	1005.9	1009.5	3.6	−4.3	1992	1010.1	1009.2	−0.9	−25.9
1978	1008.2	1012.0	3.8	−3.3	1993	1006.8	1009.5	2.7	−8.6
1979	1006.0	1009.6	3.6	−4.3	1994	1006.7	1010.8	4.1	−1.9
1980	1005.9	1011.0	5.1	2.9	1995	1007.0	1010.6	3.6	−4.3
1981	1005.1	1010.1	5.0	2.4	1996	1005.7	1011.9	6.2	8.2
1982	1006.5	1012.9	6.4	9.2	1997	1007.3	1012.6	5.3	3.9
1983	1009.8	1007.8	−2.0	−31.2	1998	1007.8	1007.3	−0.5	−24.0
1984	1007.1	1011.8	4.7	1.0	1999	1005.0	1012.7	7.7	15.4
1985	1007.6	1011.3	3.7	−3.8	2000	1006.7	1012.2	5.5	4.8

2)

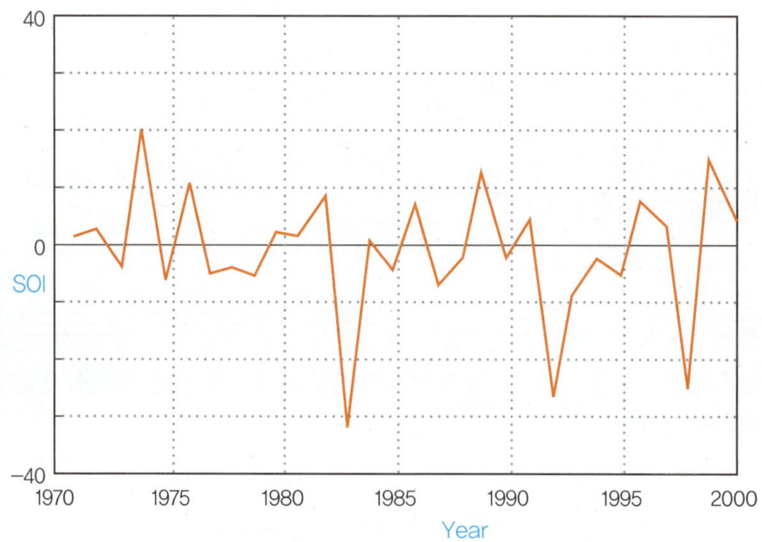

3) 엘니뇨 해로 기록된 1998년의 경우 SOI는 음의 값을 라니냐 해로 기록된 1999년의 경우 양의 SOI를 나타내고 있다.

4) 서태평양상에서의 고기압과 적도 남동태평양상에서의 저기압은 비이상적으로 발달하는 온난한 동태평양의 해수면 온도와 일치한다. 적도 태평양상에 존재하는 동서방향의 순환은 동태평양의 해수면 온도의 변화에 따라 순환의 방향이 변화함을 의미하고 있다. 엘니뇨 해에는 동태평양에서 상승운동과 동반된 강수와 저기압의 발달, 서태평양에서 하강운동와 고기압의 발달 등의 특징을 보이며 라니냐 해에는 반대의 현상을 보인다.

5) 1974, 1983, 1992, 1998, 1999

〈미니탐구 4〉 나의 CO_2 배출량

4인 가족의 A학생의 경우를 생각해 보면, 이번 달에 행사 1번 참석, 프린트 40장을 복사, 30분 걸리는 통학버스를 20일 탔고, 난방 및 전기를 일상적으로 사용했을 때 총 744kg(186kg/1인)를 배출. 이것을 학생 1인당 1년 동안 배출량으로 계산하면 2.23ton이다.

Chapter_ 9

우주의 구성과 관측

우주에는 은하가 대략 1000억 개 정도 있고 각각의 은하에는 저마다 평균 1000억 개 정도의 별이 있다. 모든 은하를 다 합치면 별의 수는 약 $10^{11} \times 10^{11} = 10^{22}$개 정도 된다. 게다가 각 은하에는 적어도 별의 수만큼의 행성들이 있을 것이다. 이토록 어마어마한 수의 별들 중에서 생명이 사는 행성은 얼마나 될까?

칼 세이건(Carl Sagan, 1934-1996)의 '코스모스(Cosmos: A Personal Voyage)'에서

"우린 답을 찾을 거야, 늘 그랬듯이" 지난 20세기에 인류가 범한 잘못이 전 세계적인 식량 부족을 불러왔고, NASA도 해체되었다. 이때 시공간에 불가사의한 틈이 열리고, 남은 자들에게는 이곳을 탐험해 인류를 구해야 하는 임무가 지워진다. 사랑하는 가족들을 뒤로 한 채 인류라는 더 큰 가족을 위해, 그들은 이제 희망을 찾아 우주로 간다.

영화 인터스텔라(Interstellar, 크리스토퍼 놀란 감독), 2014년 11월

제9장 우주의 구성과 관측

하늘에는 어떤 종류의 천체들이 있을까? 우리가 낮 시간대에 볼 수 있는 태양, 밤 시간대에 볼 수 있는 달, 행성, 은하, 성운, 성단 등이 있다. 이러한 천체들은 어떤 모습을 하고 있으며, 얼마나 멀리 떨어져 있을까? 우주의 크기와 모습은 어떠할까? 우리의 우주에 대한 궁금증은 꼬리에 꼬리를 문다. 이러한 우주를 옛날 사람들은 가볼 수 없는 꿈의 세계로 생각하였다. 그런데 오늘날은 과학기술의 발전으로 신비한 우주 세계를 직접 탐사할 수 있게 되었다. 현재에는 아주 멀리 떨어져 있는 천체를 자세히 관찰할 수 있는 망원경이 발명되어 있을 뿐만 아니라 우주 탐사선까지 개발되어 여러 종류의 천체들에 대한 자세한 특징까지 알 수 있게 된 것이다. 제9장에서는 우주에 존재하는 천체들의 규모별 특징을 알아본 다음, 이들을 관측하는 방법에 대해 알아보자.

9–1. 우주의 구성

9–2. 천체관측

탐구 1: 태양의 구성원소

탐구 2: 소행성 찾기

9-1. 우주의 구성

우주는 은하라고 하는 커다란 별의 집단들로 구성되어 있다. 은하는 우주를 이루는 세포와 같은데, 그 개수가 대략 10^{11}개 정도나 된다. 또 하나의 은하에 포함되어 있는 별의 개수는 10^{11}개 정도이다. 따라서 우주에는 약 10^{22}개 정도의 별들이 있다. 일반적인 해수욕장의 크기를 부피로 나타내면 약 가로 5000m×세로 100m×깊이 2m 정도로 10^6m^3 정도이다. 모래알의 크기와 모양을 0.1mm의 정육면체라고 하면, 그 부피는 $10^{-12}m^3$이고, 따라서 해수욕장에 포함되어 있는 모래알의 수는 약 10^{18}개가 된다. 이런 점에서 볼 때, 하늘에 있는 별의 개수는 5km 크기의 해수욕장에 분포하고 있는 모래알의 개수보다 많다. 이렇게 많은 별들 중 우리 눈에 보이는 별의 개수는 약 3~4천 개 정도이다.

[그림 9-1] 우주를 구성하고 있는 천체들

미니탐구 1

밤하늘의 별은 육안으로 볼 때 왜 반짝일까?

"밤하늘의 별은 왜 반짝거릴까?"라는 사람들의 질문은 옛날부터 해오던 것이다. 별들 중에는 스스로 그 밝기가 변하는 변광성도 있지만, 반짝거림의 대부분은 지구 대기의 운동에 의한 것이다. 여름날 아스팔트 위를 바라볼 때 지열에 의해 가열된 공기가 위로 올라가는 현상이나, 겨울에 난로 위의 공기의 움직임에서 이런 현상을 쉽게 볼 수 있다. 지구 대기는 태양에 의해 가열돼 열운동을 일으키는데 이것이 별빛을 반짝이게 한다. 즉, 별빛은 대기를 통과할 때 굴절되면서 진행 경로가 매초 여러 번 약간씩 휘어진다. 그래서 천체사진을 찍을 때 초점이 흐려지게 된다. 즉, 별의 영상이 필름에 춤추는 것처럼 나타내는 경우가 있다. 요즘은 영상처리하는 컴퓨터를 통해 이런 반짝거림 현상을 약간 줄이기는 하지만, 이 문제를 해결하는 방법은 아주 높은 산에 망원경을 설치하거나 또는 지구 대기 바깥의 궤도를 움직이는 인공위성에 망원경을 설치하는 것이다. 태양을 제외한 모든 항성은 너무 멀리 떨어져 있어서 우리에게 보이는 별의 빛줄기는 그다지 많지 않다. 이것이 대기를 통과하면서 이리저리 분산된다. 이 방향이 우리의 시선과 다른 방향이면 별은 한순간 사라지게 되고, 이 때문에 별이 반짝이는 것처럼 보이는 것이다. 태양이나 달처럼 크게 보이는 천체의 경우에는 워낙 많은 빛이 우리의 눈에 도달하므로 빛의 분산이 전혀 문제가 되지 않으므로 안정되어 보인다. 행성도 별보다는 많은 빛이 도달하므로 빛의 일부가 분산돼도 일부는 여전히 우리 눈으로 들어오기 때문에 안정된 모습으로 비치는 것이다. 결국 불안정한 대기 때문에 우리가 바라보는 쪽으로 별빛이 왔다가 안 왔다 하기 때문에 우리 눈에 별빛이 반짝이는 것처럼 보이는 것이다.

우주를 구성하고 있는 천체에는 밝고 희미한 점들로 보이는 낱별들만 있는 것은 아니다. 우주의 구성원은 은하, 성운, 성단, 낱별, 행성, 혜성 등 다양한 천체들로 구성되어 있다. 여기서는 천체의 크기에 따른 종류별로 그 특징을 살펴보자.

❖ 은하

은하는 크게 우리은하와 외부은하로 구분할 수 있다. 우리은하는 우리가 속해 있는 은하이고, 외부은하는 우리은하 밖의 모든 은하를 말한다. 이들에 대하여 알아보자.

1) 외부은하

외부은하는 우리은하 밖의 모든 은하를 말한다. 옛날에는 외부은하가 우리은하 속에 포함되어 있는 성운이라고 생각하였다. 그런데 큰 망원경으로 천체사진을 자세히 찍어 그 거리를 확인해 본 결과, 우리은하의 지름보다 훨씬 멀리 위치한 사실이 확인되어 우리은하 밖에 존재하는 외부은하라는 사실을 알게 되었다.

외부은하는 [그림 9-2]와 같이 그 형태에 따라 크게 4가지로 나뉜다. 즉, 중심에 밝은 은하핵이 있고 나선팔을 가지고 있는 정상나선은하, 중심을 지나는 막대구조가 있고 막대 끝에서부터 나선팔이 뻗어나오는 막대나선은하, 나선팔을 가지고 있지 않고 그 모양이 구형에서 납작한 타원형의 모습을 하고 있는 타원은하, 일정한 모양을 갖고 있지 않는 불규칙은하가 있다.

(가) 정상나선은하 (나) 막대나선은하 (다) 타원은하 (라) 불규칙은하

[그림 9-2] 외부은하의 종류

외부은하 내에도 우리은하에 존재하는 여러 천체들이 마찬가지로 포함되어 있다. 예를 들면, 우리은하에 있는 케페이드 변광성이나 RR Lyrae 변광성 등이 외부은하에도 포함되어 있다. 이러한 변광성들의 특징은 '주기-절대등급'의 일정성이 있어서 주기를 알면 절대등급을 알 수 있고, 절대등급을 알면 결국 이 천체의 거리를 알 수 있게 된다. 외부은하에 존재하는 비교적 밝은 케페이드 변광성의 주기를 구하면 앞서의 원리를 이용하여 외부은하의 거리를 구할 수 있다. 한편 외부은하의 후퇴속도를 이용하여 허블법칙을 적용하여도 외부은하의 거리를 구할 수 있다.

2) 우리은하

우리은하는 은하수라고도 불리우는 우리가 속해 있는 은하로서 그 전체적인 모습은 직접 볼 수 없다.

마치 우리가 어떤 건물 안에 들어가 있으면 그 건물의 전체적인 모습을 볼 수 없는 것과 마찬가지이다. 우리은하의 모습은 간접적인 방법으로 추정할 수 있다. 예를 들면, 우리은하를 이루는 주요 성분이 수소이기 때문에 우리은하 여러 방향에 대한 수소에서 나오는 21cm 전파의 분포와 밀도를 관측하거나 우리은하 여러 방향에 분포한 천체들을 관측하여 그려볼 수 있다. [그림 9-4]는 이렇게 얻은 결과로서 우리은하를 위에서 본 모습이다. [그림 9-5]는 우리은하를 옆에서 본 모습을 모식도로 나타낸 것이다. 이들을 통해 종합해 볼 때 우리은하는 나선은하로 추정된다.

[그림 9-3] 은하수(우리은하)

[그림 9-4] 관측을 통해 추정한 우리은하를 위에서 본 모습

[그림 9-5] 우리은하를 옆에서 본 모습

그렇다면 우리은하 속에 포함되어 있는 천체들에는 어떤 것들이 있을까? 우리은하의 전체적인 모습은 한 장의 사진으로 찍어 확인하기 어렵지만 우리은하 속에 포함된 개별적 천체들의 전체적인 모습은 직접 관측을 통하여 얻어낼 수 있다.

㉠ 성운

별과 별 사이의 공간에는 아무것도 없는 것이 아니라 기체와 티끌이 채우고 있다. 이 기체와 티끌을 성간물질이라 한다. 이러한 성간물질은 실제로 골고루 흩뿌려져 있지 않고 지역에 따라 많게 또는 적게 덩어리를 이루며 흩어져 있다. 평균밀도보다 수천 배 정도로 많은 성간 기체나 티끌입자가 모여 있는 지역을 성간운 또는 성운이라고 한다.

성운에는 크게 3종류가 있다. 즉, 고온의 별에서 방출된 빛을 성운이 받아 붉은 빛을 내는 발광성운(그림 9-6), 주변의 별빛을 받아 반사하여 푸르게 보이는 반사성운(그림 9-7), 티끌 등 성간물질이 뒤쪽에서 오는 별빛을 차단하여 검게 나타나는 암흑성운(그림 9-8)이 있다. 이러한 성운에서 별이 태어난다.

[그림 9-6] 발광성운(장미성운)

[그림 9-7] 반사성운(플레이아데스 성운)

[그림 9-8] 암흑성운(말머리성운)

미니탐구 2

성운들을 관찰한 사진에서 A성운은 붉게 보이고, B성운은 푸르게 보인다. 이 성운들의 색깔이 다른 까닭은 무엇일까?

A성운의 중심에는 높은 온도의 별이 있다. 중심별에서 방출한 자외선 복사가 주변의 수소를 이온화시키고 이렇게 이온화된 수소가 전자와 재결합하는 과정에서 빛을 발하게 된다. 이렇게 형성된 발광성운이 A성운이다. B성운은 중심별의 온도가 낮아서 여기에서 나오는 자외선 복사는 주변 수소를 이온화시키기에 충분하지 않다. 따라서 별에서 방출된 빛은 성운 내에 존재하는 티끌과 먼지에 부딪혀 산란된다. 산란은 파장이 짧을수록 잘 일어나므로 파란색의 빛이 더 많이 산란되어 파란색의 성운으로 보인다.

㉡ 성단

성단은 많은 수의 별들이 중력적으로 묶여 집단을 이루고 있는 천체를 말한다. 성단에는 수백~수천 개의 밝고 젊은 별들이 특별한 모습없이 모여 있는 [그림 9-9]와 같은 산개성단과 수만~수백만 개 이상의 희미하고 나이가 많은 별들이 공처럼 빽빽하게 모여있는 [그림 9-10]과 같은 구상성단이 있다.

[그림 9-9] 산개성단 M6

[그림 9-10] 구상성단 M22

㉢ 낱별

밤하늘에 우리 눈에 보이는 별들은 대부분 개별적인 별들로 보인다. 이러한 개별 별들을 낱별이라고 부른다. 낱별 중에는 두 개의 별들이 쌍을 이루고 있는 쌍성이 50% 이상이나 된다. 밤하늘의 여러 밝은 낱별들을 엮으면 어떤 특별한 모습을 갖는 별자리를 이루기도 한다. 태양은 낱별 중 하나로서 작은 별이다.

[그림 9-11] 밤하늘의 낱별과 백조자리 알비레오 쌍성

㉣ 행성계

[그림 9-12] 태양계(행성계) 내의 8개의 행성과 천체

모든 낱별이 행성계를 갖고 있는 것은 아니지만 어떤 낱별은 행성계를 갖고 있는 것도 있다. 태양은 행성과 위성, 소행성, 혜성 등을 거느리고 있는 행성계를 갖고 있다. 이러한 태양 주변의 행성계를 태양계라고 부른다. 우리 태양계 내에는 [그림 9-12]와 같은 8개의 행성이 있다.

ⓜ 행성과 소행성

행성은 별자리 사이를 왔다갔다하면서 스스로 빛을 내지 못하는 천체이다. 태양 주위에는 8개의 행성과 약 10억 개의 소행성들이 태양을 중심으로 공전하고 있다. 행성 중에서 [그림 9-13]과 같은 수성, 금성, 지구, 화성은 표면이 고체로 이루어진 지구형 행성으로 대기는 이산화 탄소나 질소 등 비교적 분자량이 큰 기체성분으로 이루어져 있다. 그리고 [그림 9-14]와 같은 목성, 토성, 천왕성, 해왕성은 표면과 대기가 가스로 이루어진 목성형 행성이다. 지구형 행성은 비교적 온도가 높지만 목성형 행성은 태양으로부터 멀기 때문에 온도가 낮다. 목성형 행성의 또 다른 특징은 모두 고리를 가지고 있다는 점이다.

〈수성〉 〈금성〉 〈지구〉 〈화성〉

[그림 9-13] 지구형 행성

〈목성〉 〈토성〉 〈천왕성〉 〈해왕성〉

[그림 9-14] 목성형 행성

소행성은 작은 행성으로서 행성과 마찬가지로 별자리 사이를 왔다갔다 한다. 소행성의 분포는 화성과 목성 사이의 소행성대에 분포하는 소행성, 소행성대 바깥에 있는 소행성, 소행성대 안쪽에 있는 소행성으로 분류된다. 특히 소행성대 안쪽에 있는 소행성중 지구 부근에 위치한 소행성은 위험천체로 분류되어 계속적인 모니터링의 대상이 되기도 한다. 새로운 소행성을 발견하여 국제소행성 센터로부터 고유한 이름을 얻는 데는 몇 가지 규칙이 있다. 즉 소행성의 이름은 하나의 완전한 단어를 이루어야 하고, 발음이 가능해야 하며, 공격적인 의미는 피해야 한다. 또 기존의 소행성의 이름과 너무 비슷하면 안 되며, 애완동물의 이름은 피한다. 군사나 정치적 행위에 대한 사건이나 사람들을 위한 이름은 가능하나 사람이면 죽은지 100년이 지나야 하고, 발생한 사건 또한 100년이 지난 것이여야 한다. 상업적 성격을 갖고 있는 이름은 허락하지 않는다. [그림 9-15]는 유명한 소행성 에로스와 아이다이다.

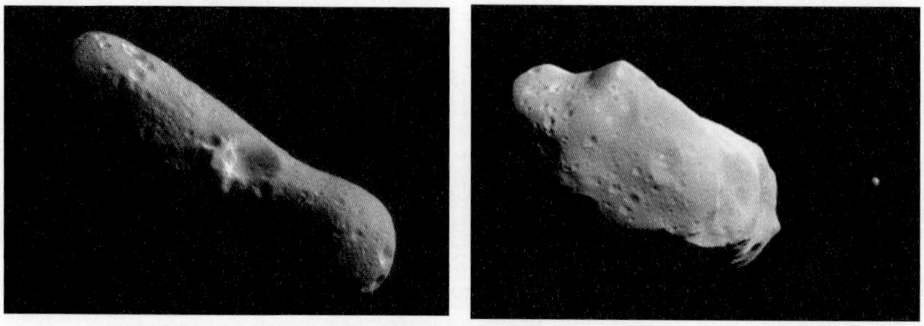

[그림 9-15] 소행성 에로스(좌)와 아이다(우)

ⓑ 혜성

혜성은 눈, 얼음, 먼지 등이 하나의 혼합체로 되어있는 천체이다. [그림 9-16]과 같이 혜성의 밝은 머리 부분을 코마라고 하고, 그 중심에 점처럼 보인 부분을 핵이라고 부른다. 꼬리는 태양의 반대 방향으로 직선으로 나타나는 이온꼬리와 다소 처지게 나타나는 먼지꼬리로 구분한다. 또 혜성에는 핼리혜성과 같이 76년의 주기를 갖고 있는 혜성도 있고, 목성을 강타했던 슈메이커 9 혜성과 같이 비주기 혜성도 있다. 혜성이 지나가면서 남기고 간 물질이 지구에 떨어지면 유성우로 관찰되기도 한다.

[그림 9-16] 스완 혜성

탐구 1: 태양의 구성원소

우리 인간은 지구상에서 산소를 호흡하면서 살아간다. 그런데 태양이나 별 그리고 다른 행성들에는 지구와 같이 숨을 쉴 수 있는 산소가 있을까? 그리고 다른 원소는 없을까? 만약 다른 원소들이 있다면 그것들은 어떤 것들일까? 이러한 궁금증은 꼬리에 꼬리를 문다. 여기서는 먼저 태양계의 유일한 별인 태양은 어떤 원소로 구성되어 있는지 알아보자.

탐구목표

1. 태양관측용 꺾인 후드를 제작한다.
2. 태양 분광관측을 수행한다.
3. 관측된 태양의 분광관측 결과를 분석하여 태양을 이루고 있는 구성 원소를 찾아낸다.

미리 알아두기

1. 스펙트럼

스펙트럼이란 빛의 파장에 따른 굴절률의 차이를 이용해 빛을 파장별로 분해한 것이다. 스펙트럼은 파장에 대한 연속성에 따라 연속스펙트럼과 선스펙트럼으로 나뉜다. 일반적으로 천체의 연속스펙트럼은 천체의 온도를 측정하는데 활용되며, 천체의 선스펙트럼은 화학조성, 별의 자전속도, 별 대기의 팽창속도, 별의 자기장의 세기 등을 얻어내는 데 활용된다.

[그림 9-17] 연속 스펙트럼과 선스펙트럼

19세기 독일의 프라운호퍼는 태양 스펙트럼을 관측하여 많은 흡수선들을 관찰하였다. 프라운호퍼는 이러한 선들을 프라운호퍼선이라고 명명하였으며 태양 대기층에 존재하는 원소로부터 흡수되어 생기는 것이라고 설명하였다.

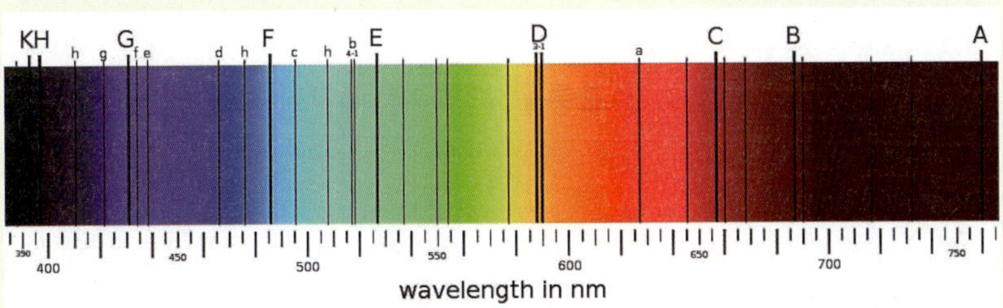

[그림 9-18] 프라운호퍼선

[그림 9-18]과 같은 태양의 연속스펙트럼과 선스펙트럼을 파장에 따른 복사강도 그래프로 나타내면 [그림 9-19]와 같다.

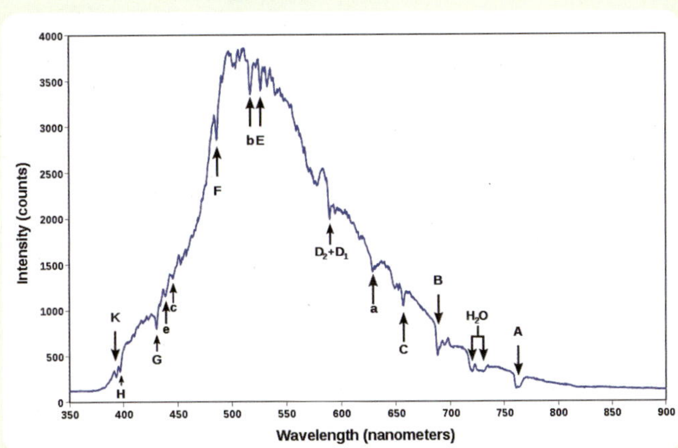

[그림 9-19] 태양의 분광 강도 곡선

〈표 9-1〉은 프라운호퍼선의 파장에 따른 화학조성을 정리한 것이다. 이러한 자료들은 태양 스펙트럼 관측을 하여 선스펙트럼을 동정할 때 직접적으로 활용된다.

표 9-1 프라운호퍼선의 각 파장에 해당한 원소

기호	파장({nm)	해당원소	비고
A	759.4	O_2	지구대기
B	686.7	O_2	지구대기
C	656.3	H	알파
D1	589.6	Na	
D2	589.0	Na	
E1	527.0	Fe	
b1–b4	518.4+516.7	Mg, Fe	B밴드, 혼합띠
F	486.1	H	H베타
G′ or f	434.0	H	H감마
G	430.8	Ca, Fe	G밴드, 혼합띠
h	410.2	H	H델타
H	396.8	Ca^+	
K	393.3	Ca^+	

2. 준비물

카메라(스마트폰 카메라, 디지털 카메라), 삼각대, 회절격자(100~1000라인/mm), 분광관측 결과 분석 프로그램(예: Rspec)

3. 태양의 분광관측

먼저 꺾인 후드를 제작한 후 이를 회절격자가 포함된 카메라에 연결하여 태양 분광관측을 수행해보자.

가. 꺾인 후드 제작

꺾인 후드는 태양 촬영 시 후드 안으로 들어온 빛이 후드 벽면에 반사되거나 산란되어 사진에 영향을 주는 것을 막기 위해 검은색 마분지 등을 활용한다. 이때 꺾인 정도는 회절격자의 line수/mm에 따라 다르나 아랫면에서 대략 35° 정도면 적당하다. [그림 9-20]은 제작 예이다. 후드 앞쪽에는 얇고 가느다란 슬릿 형태로 제작하여 강한 태양빛이 슬릿 사이로 들어와 사각형 형태로 스펙트럼이 퍼져 상이 맺히도록 구성하자.

[그림 9-20] 꺾인 후드 제작하기

[그림 9-21]은 꺾인 후드를 카메라에 연결하여 형광등을 보고 있는 모습이다.

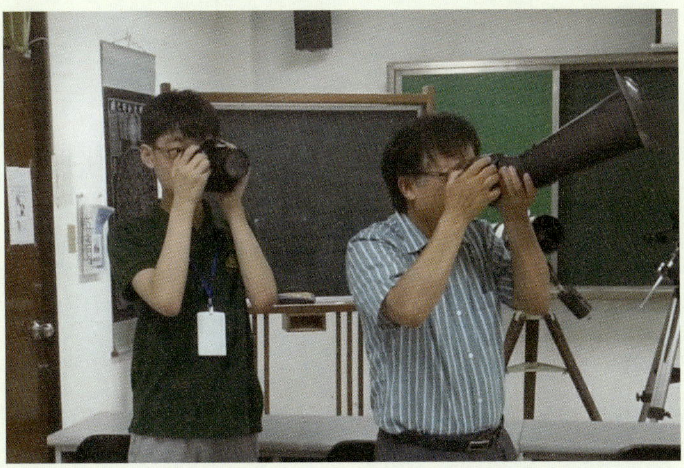

[그림 9-21] 꺾인 후드를 카메라에 정착하여 형광등을 보고 있는 모습

나. 카메라에 회절격자 부착하기

스펙트럼을 촬영하기 위해서는 렌즈 앞에 회절 격자를 장착하여 카메라로 들어오는 빛이 회절이 일어날 수 있도록 한다. [그림 9-22]는 카메라 렌즈 앞쪽에 회절격자를 둥글게 오려서 부착시켜둔 모습이다. 이때 적외선 영역의 스펙트럼도 잘 찍힐 수 있도록 하려면 카메라의 적외선 커트 필터를 제거하는 것이 좋다.

[그림 9-22] 회절격자를 카메라에 부착시키기

다. 태양의 스펙트럼 관측

1) 태양은 매우 밝기 때문에 망원경을 이용할 필요가 없다. 따라서 카메라에 후드를 씌워 잡광만 제거한 후 태양의 스펙트럼을 촬영해보자. 이를 위해 카메라를 삼각대 위에 연결하고 꺾인 후드를 씌운 후 태양을 향하게 한다. 그리고 초점을 맞춘다. 이때 태양의 스펙트럼상은 약 35° 정도 어느 방향으로 꺾여서 맺힌다. 스펙트럼이 그럴듯하게 잘 보이면 적절히 노출을 주어 촬영을 실시한다. 특히 초점을 잘 맞추어 촬영해야 분석할 때 도움이 된다. [그림 9-23]을 태양 스펙트럼을 수행하는 모습이다.

[그림 9-23] 태양 스펙트럼 관측 장면

▣ 실험 시 주의사항

- 카메라로 직접 태양을 보지말자. 눈이 상할 수 있다.
- 꺾인 후드를 좌우로 돌려가면서 태양 스펙트럼이 가장 잘 나타날 수 있도록 조정하면서 관측을 실시하자.

2) 태양 스펙트럼 결과를 정리해보자. 밝기와 초점 등에 따라 다소 차이가 있다. 눈으로 보아 밝기와 초점 등이 잘 맞아 선명하게 보이는 영상을 분석용으로 정리하자. [그림 9-24]는 태양의 연속스펙트럼과 선스펙트럼이 비교적 잘 찍힌 예이다.

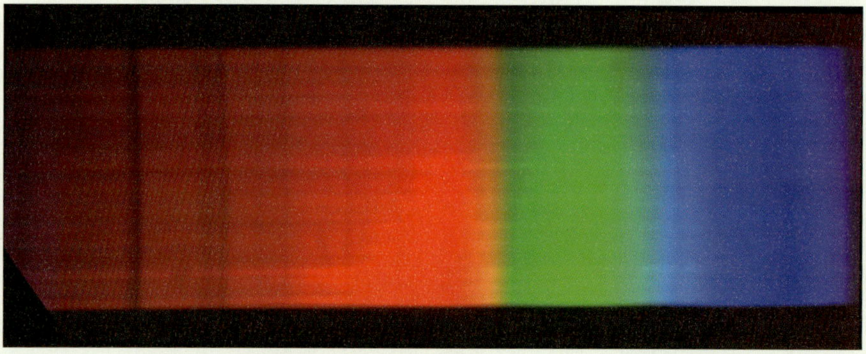

[그림 9-24] 촬영된 태양 스펙트럼 예

라. 태양 스펙트럼 분석

1) 좋은 촬영상 선택하기

촬영된 태양 스펙트럼 영상을 분석해보자. 이를 위해 촬영한 여러 태양 스펙트럼 영상 중 잘 촬영된 것을 고르자. [그림 9-25]는 앞서 얻은 장비로 얻는 태양 스펙트럼 영상의 예이다.

[그림 9-25] 태양 스펙트럼 관측 예

2) 스펙트럼을 '파장-강도' 그래프로 나타내기

촬영된 스펙트럼 영상자료를 분석하려면 파장별 강도를 얻을 수 있는 프로그램이 필요하다. 여기서는 Rspec이라는 프로그램을 이용하여 분석해 보자. [그림 9-26]은 [그림 9-24]의 태양 스펙트럼을 Rspec에 불러온 것으로, 왼쪽은 태양 스펙트럼 영상이고 우측은 좌측 영상에 대한 파장별 강도를 그래프로 나타낸 것이다.

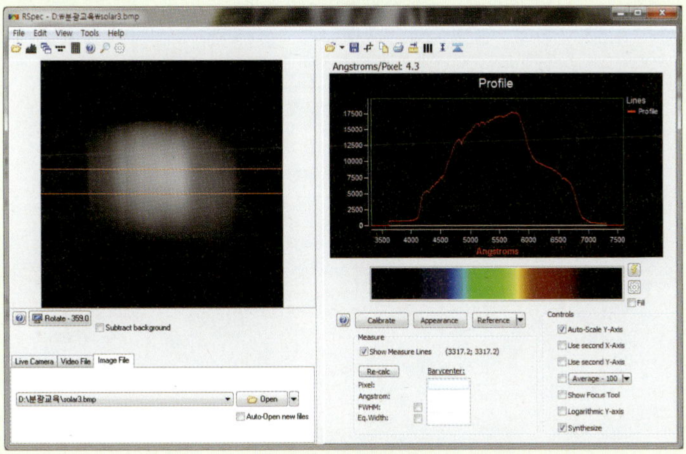

[그림 9-26] 태양 스펙트럼을 '파장-강도' 그래프로 나타낸 모습

3) 선스펙트럼의 동정

[그림 9-26]의 우측 그래프를 보면 여러 군데 움푹 들어간 곳이 있다. 이것이 흡수선 이다. 이 흡수선들은 각각 어떤 원소에 의해 형성된 것인지 알아보기 위해 그래프 아래의 Calibrate를 누른다. 그러면 [그림 9-27]과 같은 창이 뜬다. 이때 Hα선이나 Hβ선과 같이 강한 흡수선이 나타난 화소 위치에 대한 파장값을 입력하고 Apply를 누른다. 그러면 [그림 9-28]과 같이 횡축의 제목이 화소에서 Angstroms로 바뀐다. [그림 9-27]은 Hα선과 Hβ선 위치의 픽셀값과 파장값을 입력한 장면이다.

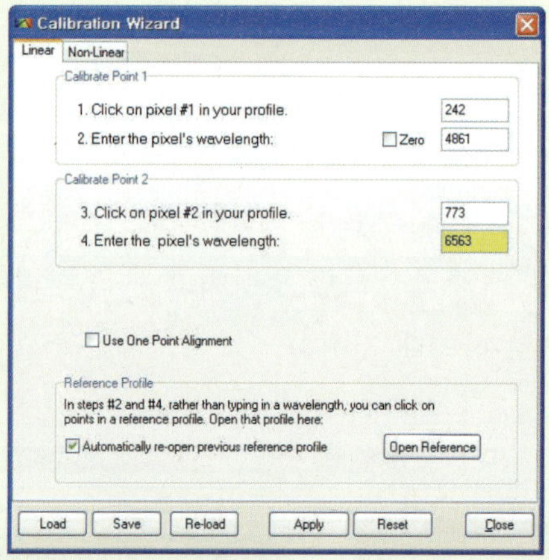

[그림 9-27] 픽셀값을 파장으로 바꾸어 영점 조정하기

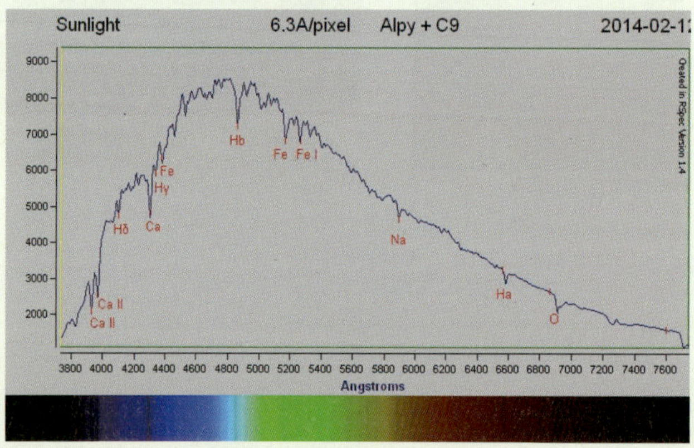

[그림 9-28] 태양 분광 광도곡선

4) 동정의 확인

앞서 확인한 선스펙트럼의 동정이 정확히 된 것인지 확인하기 위해 그래프 바로 위에 있는 Elements 버튼을 누른 후, Hydrogen Balmer라고 쓰여 있는 곳을 체크해보자. 그러면 앞서 수소선을 동정하려 했던 부분에 선이 나타나고 다른 영역의 수소흡수선도 나타난다. 만약 이러한 부분이 어긋나면 동정 작업을 다시 해야 한다.

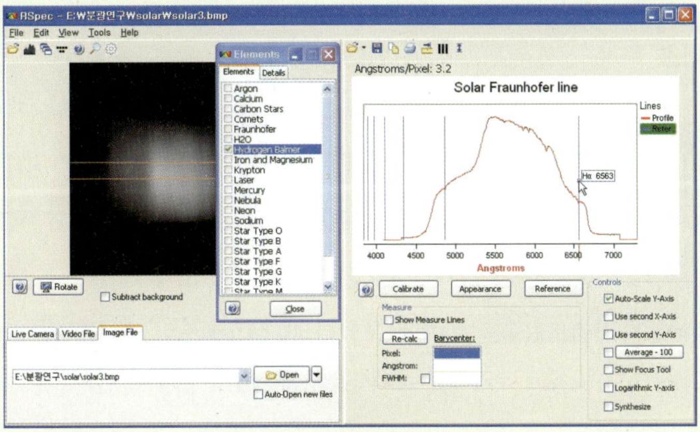

[그림 9-29] Hα선과 Hβ선을 이용하여 선스펙트럼을 동정하는 장면

5) 태양 선스펙트럼을 통한 원소의 확인

태양 선스펙트럼에 나타난 여러 흡수선들이 어떤 원소에 의해 생성된 것인지 알아보기 위해 Elements 창에서 Fraunhofer를 체크해보자. 그러면 Fraunhofer선이 모두 그래프에 표시가 되고, 마우스를 해당 선에 갖다 대면 [그림 9-30]과 같이 해당 원소를 알려준다.

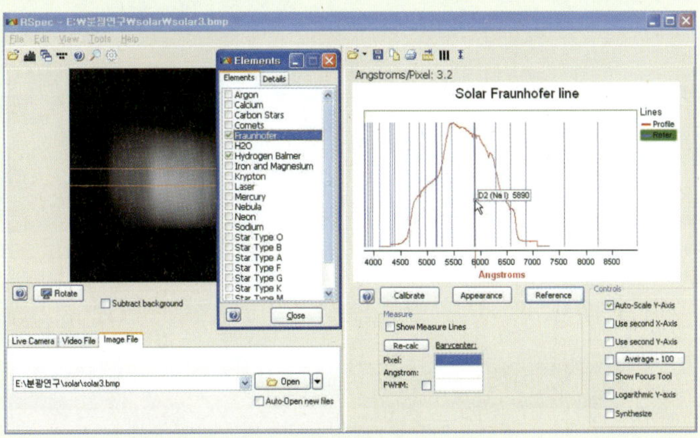

[그림 9-30] 태양대기를 이루는 원소의 확인

Q&A

1. 꺾인 후드를 어떻게 제작해야 태양 스펙트럼이 잘 형성되는가?
 – 꺾인 정도
 – 슬릿 크기
2. 촬영된 태양 스펙트럼을 육안으로 보았을 때 선스펙트럼은 어떻게 보였는가?
3. 기울려진 태양 스펙트럼을 직사각형 모습으로 어떻게 조정하였는가?
4. 태양의 선스펙트럼을 동정하기 위해 어떤 원소를 영점조준에 활용하였는가?
5. 태양의 대기에는 어떤 원소들로 구성되어 있는가?
6. [그림 9-31]은 태양과 화성의 분광 광도곡선을 함께 표시한 것이다. 비슷한 점과 차이점을 정리해보자.
 – 비슷한 점:
 – 차이점:

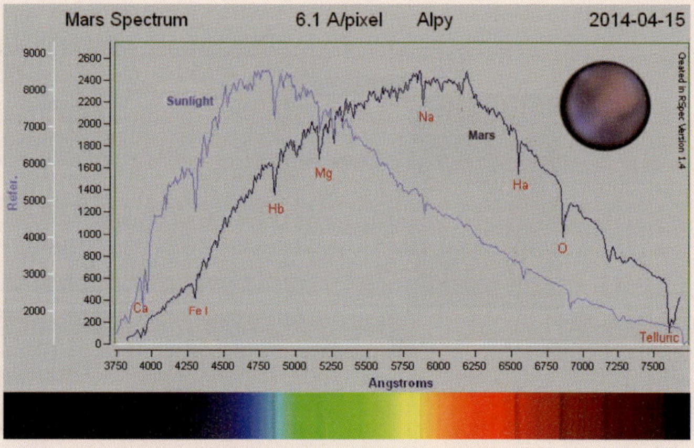

[그림 9-31] 태양과 화성의 분광 광도 곡선

탐구 2: 소행성 찾기

2014년 3월 9일 많은 별똥별들이 우리나라 전역에 낙하하여 많은 운석들이 발견되어 한국천문연구원과 한국지질자원연구원 그리고 서울대학교 등에서 이에 대한 심층적인 연구가 이루어진 적이 있다. 무엇보다도 지구 부근에 위치한 소행성은 지구에 충돌할 가능성이 있기 때문에 추적관측이 필요하다. 이를 위해 우리가 먼저 알아야 할 일은 별과 소행성을 구분해내는 일이다. 여기서는 소행성을 관측한 다음 그 결과를 분석하여 소행성을 찾아보자.

1. 탐구 목표

- 소행성이 있을 것으로 추정되는 곳을 관측할 수 있다.
- 관측결과를 분석하여 소행성을 찾을 수 있다.
- 소행성의 겉보기 운동을 확인할 수 있다.

2. 미리 알아두기

가. 소행성의 분류

소행성은 그 위치에 따라 크게 세 가지로 분류한다. 즉, 화성과 목성 사이에 존재하는 소행성(소행성대), 소행성대 바깥 소행성, 소행성대 안쪽 소행성으로 분류할 수 있다. 소행성의 수는 약 10억 개 정도 되며 지금까지 발견된 소행성의 수만해도 2014년 현재 65만 개가 넘는다. 화성과 목성 사이의 소행성대에 소행성의 75%를 차지하고 있으며 이들을 다 합쳐도 달의 1/2정도밖에 되지 않는다. 가장 큰 소행성 세레스는 달 크기의 1/4정도 된다.

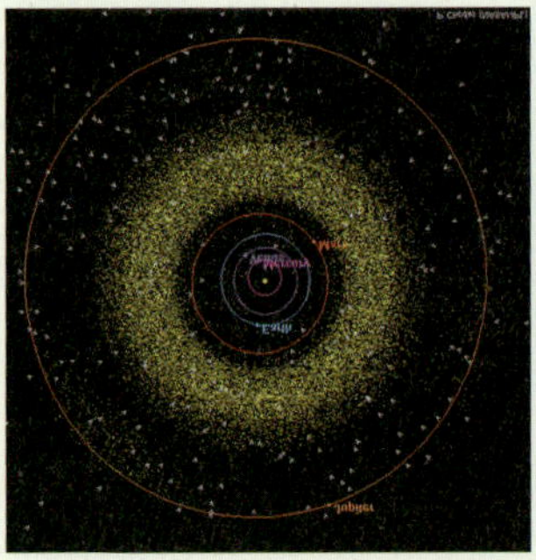

[그림 9-32] 소행성들의 분포

[그림 9-33] 소행성 세레스

나. 소행성 Gongju

소행성 'Gongju'는 1997년에 일본의 사토씨라는 아마추어 천문가에 의해 31,779번째로 발견되어 공주시에 기증된 천체로서 2014년 5월 국제소행성센터로부터 'Gongju'라는 이름으로 공인되었다. 이 소행성은 화성과 목성 사이에 있는 소행성대에 위치하고 있으며, 2014년 6월 26일 현재 지구로부터 약 5억km 떨어져 있다. 이 소행성의 밝기는 약 19.5등급으로 매우 희미하다. 사람 눈으로 볼 수 있는 가장 희미한 천체의 밝기가 6등급(숫자가 작을수록 밝은 천체이며 한 등급 밝기 차이는 2.5배임)임을 감안할 때, 19.5등급의 천체가 얼마나 희미한 천체인지 짐작할 수 있을 것이다. 이 소행성은 태양 주위를 약 3년 10개월 주기로 한 바퀴씩 공전한다.

다. 소행성 이름짓기

소행성 발견자는 발견된 소행성 관련 자료를 국제소천체 명명위원회에 보내어 확인되면 고유번호를 얻게 되고, 발견자는 이를 토대로 그 소행성의 이름을 지을 수 있다.

소행성 이름이 지어지면 그 이름과 함께 그 이름에 대한 핵심내용을 2-4줄 정도로 요약하여 국제 소천체명명위원회(CSBN: Committee on Small Body Nomenclature)에 보낸다. 다음은 '무령왕(Buneiou) 소행성'과 '공주(Gongju) 소행성'이란 이름을 얻기 위해 소천체명명위원회에 보내어 승인받았던 예이다.

31095 Buneiou Discovered 1997 Feb. 27 by N. Sato at Chichibu.
King Muryeong, known in Japanese as Buneiou, (462-523) was the 25th king of Baekje, an ancient kingdom located in the southwest of the Korean peninsula. According to the historical record found in *The Chronicles of Japan*, King Buneiou's birthplace was on Kakara Island, the northernmost part of Saga Prefecture.

31179 Gongju Discovered 1997 Dec. 21 by N. Sato at Chichibu.
Gongju is a city located in Chungcheongnam-do Province of Korea, with a population of approximately 120 000. It was the capital of Baekje dynasty in the 5th century AD and the seat of the provincial government of Chungcheongnam-do Province until 1932.
NOTE: some special characters may not display properly (any characters within {} are an attempt to place the proper accent above a character)
Reference: MPC batch dated 2014-05-14 **Last Updated:** 2014-05-15

여기서 31095나 31179는 그 해에 발견된 순서를 의미한다. 소천체명명위원회는 천문학 전문가 15명으로 구성되어 있으며 소행성 발견자로부터 그 이름을 얻기 위한 제안서를 받으면 2달 정도에 확인하여 그 결과를 발견자에게 보내준다. 만약 소천체명명위원회 내에서 반대의견 등이 있으면 시간이 더 늦어질 수도 있다.

3. 준비물

가. 망원경

소행성 관측을 위한 주망원경은 구경이 클수록 좋다. [그림 9-34]와 같이 망원경에 가이더와 파인더가 함께 달린 망원경이 좋다. 주망원경은 천체촬영용으로 활용되고, 파인더로는 관측천체를 찾을 때 활용되며 가이더는 장노출 시 가이딩용으로 필요하다.

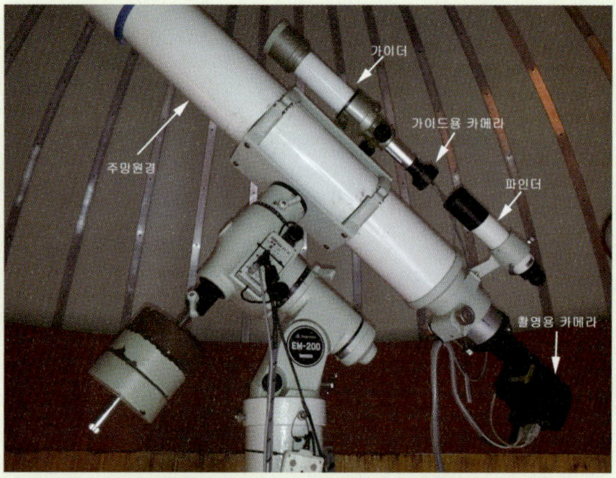

[그림 9-34] 소행성 관측시스템 예

나. 카메라

카메라는 촬영용 카메라와 가이드용 카메라 두 가지를 준비하는 것이 좋다. [그림 9-34]에는 주망원경에 ST8-Xe CCD 카메라가 달려있고, 가이더에는 QHY5LII 카메라가 달려있다.

다. 알려진 소행성 위치를 확인하는 프로그램

이미 알려진 소행성들의 위치를 성도상에서 확인할 때 활용되는 소프트웨어 예로는 TheSky, Starry Night 등이 있다.

라. 소행성 관측용 프로그램

소행성이 있을 것이라고 추정되는 곳에 망원경을 향하게 한 후 촬영을 할 때 활용되는 프로그램 예로는 CCDSoft와 MaximDL 같은 소프트웨어가 있다.

마. 별 목록

관측된 영상에서 소행성을 구분해내기 위해서는 이미 알려진 성도나 목록에 관측 영상을 맞추어야 한다. 별 목록에는 GSC(General Star Catalogue), USNO 목록 등이 있다. 이 목록들은 해당 사이트에서 무료로 다운받을 수 있다.

바. 소행성 찾기 프로그램

관측된 소행성 영상을 분석할 때 활용되는 대표적인 소프트웨어는 Astrometrica가 있다.

사. 3차원 그래픽 소프트웨어

소행성의 날짜에 따른 적경 및 적위 변화를 한꺼번에 3차원 공간상에서 살펴보기 위해서 3차원 그래픽 소프트웨어가 필요하다. 이를 위해 과학연구용으로 많이 활용되는 Sigmaplot과 같은 소프트웨어를 준비한다.

아. 관측영상의 중심좌표, 위치각, 픽셀 스케일 등을 확인할 수 있는 사이트

다음과 같은 인터넷 사이트에 관측영상을 올리면 관측 주요 정보를 알려준다.

- http://nova.astrometry.net/upload

4. 방법 및 과정

소행성 관측 과정은 다음과 같다.

가. 관측할 지역을 정한다.

소행성은 일반 행성과 같이 대부분 황도대 부근에 분포하고 있다. 그런데 황도대 부근을 망원경이나 맨눈으로 보아도 하늘의 별과 소행성을 직접 구별하기는 어렵다. 이에 관측을 통해 움직이는 천체를 찾아야 한다. 관측지역은 가급적 동쪽 하늘 황도대 위치를 정하는 것이 유리하다. 그래야 긴 시간 간격을 두고 같은 지역을 관측하여 소행성의 움직임을 찾아낼 수 있기 때문이다. 하지만 동쪽 하늘에 달이 떠 있다든가 하는 상황이면 남쪽이나 서쪽 지역도 상관없다. 그 다음날 그곳을 관측하면 이틀의 시간 간격이기 때문에 소행성의 움직임 효과를 찾아낼 수 있다. [그림 9-35]는 관측할 지역을 정하여 망원경과 카메라를 연결했을 때 확보할 수 있는 시야와 화각의 방향(위치각)을 보여주고 있다. 즉, 촬영하고자 하는 지역이 어느 정도의 크기와 범위로 촬영될지와 화각의 방향을 어떻게 돌려주어야 원하는 방향의 모습이 촬영될지를 잡는 모습이다. 이러한 작업은 The Sky 소프트웨어 등을 이용하면 확인할 수 있다. [그림 9-35]에서 빨갛게 보이는 천체는 이미 알려진 소행성을 나타낸 것이다.

[그림 9-35] 소행성 관측 지역과 화각을 확인하는 장면 예

나. 관측을 위한 관측과정은 다음과 같다.

1) 망원경의 극축과 파인더 정렬 등을 실시하여 관측에 어려움이 없도록 점검한다.
2) 주망원경에 촬영용 카메라를 설치하고 가이더에 가이드용 카메라를 설치한다. 이때 수평맞추기를 실시하여 망원경이 어느 한 방향으로 쏠림이 없도록 한다.
3) CCD 카메라의 온도를 초저녁 시간대부터 미리 -15~-20℃ 정도로 낮추어 이슬 등이 생기지 않도록 충분히 워밍업해 준다.
4) 초저녁에 태양이 서쪽 하늘에 지고난 잠시 후 망원경의 방향을 동쪽 파란 바탕하늘에 맞추어 평활영상(flat field frame) 촬영을 실시한다. 이때 필터 없이 또는 I 필터를 넣고 노출시간을 달리하여 촬영하되, 나중 촬영할 천체영상의 비닝에 맞추어 촬영한다. 즉 천체영상을 1비닝으로 촬영할 예정이면 1비닝으로, 3비닝으로 촬영할 예정이면 3비닝으로 촬영한다. 하늘의 밝기가 계속 달라지므로 다양한 노출값으로 여러 장 촬영해 둔다. 그

래야 나중 좋은 기준 평활영상(master flat field frame)을 만들어 정밀도 높은 보정을 할 수 있다.

5) 하늘이 어두워져 별들이 보이기 시작하면 망원경을 촬영할 위치로 향하게 한다. 이를 위해 관측하려는 시간대에 밝은 천체 하나를 망원경 중앙에 넣고, The Sky나 Maxim DL과 같은 GOTO 프로그램을 이용하여 Sync 작업을 해두는 것이 좋다.

6) 추적촬영을 하기 위하여 가이더에 달려있는 가이드용 카메라로 관측지역을 촬영하면서 가이드 촬영을 할 수 있도록 세팅한다.

7) 촬영지역을 원하는 영상의 크기(비닝)로 CCD Soft나 Maxim DL와 같은 촬영용 소프트웨어를 활용하여 촬영해나간다. 이때 어두운 천체까지 둥글게 잘 나오도록 하려면 어느 정도의 노출시간이 필요한지를 확인하여 반복적으로 같은 위치를 촬영해나간다. 촬영용 카메라의 CCD 크기가 작으면 1비닝으로 촬영하는 것이 좋고, STL11000M과 같이 큰 경우에는 3비닝 정도로 촬영하는 것이 좋다. 비닝 값이 크면 노출시간은 반비례하여 짧아지기 때문에 상황에 따라 적절한 비닝값을 선택하는 것이 좋다. [그림 9-36]은 STL11000M CCD 카메라를 152mm 굴절망원경(초점길이 1216mm, 초점비 8)에 연결하여 촬영한 결과 예이다. 주변이 어둡고 주변에 굵은 반점 등이 보이는 것은 평활영상 보정이 아직 안 된 상태이기 때문이다.

[그림 9-36] 'STL1100M+152mm 굴절망원경(f/8)'으로 촬영한 예: 3비닝, I 필터, 120초

8) 목적천체(소행성) 영상과 함께 암영상과 바이어스 영상도 함께 촬영을 한다. 암영상은 목적천체 영상의 노출시간과 같아야 하며, 목적천체를 찍은 직후 자동으로 촬영하여 목적천체 영상에서 암영상을 제거한 결과를 얻을 수도 있다. 암영상을 따로 촬영해두면 나중 평활화면 영상에서 암영상 제거를 한꺼번에 할 수 있는 장점도 있다. 바이어스 영상은 영점 영상으로서 가끔 한 번씩 촬영하면 된다.

5. 분석

가. 분석에 활용할 촬영상을 시간대별로 정리한다.

나. 전처리를 실시한다.

전처리에서는 평활영상 보정(flat-field correction)과 영상의 일치 작업(alignment)을 실시한다. 다음은 CCDSoft를 활용하여 전처리 작업을 한 예이다.

1) 평활영상(flat-field frame) 보정

평활영상을 보정하기 위하여 CCDSoft를 가동시켜 [그림 9-37]과 같이 Image 메뉴의 Reduce - Image Reduction을 클릭한다.

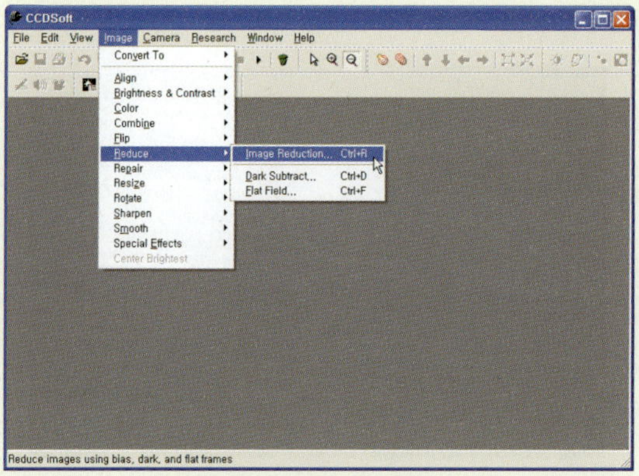

[그림 9-37] CCDSoft로 평활영상을 보정하려는 장면

그러면 [그림 9-38]과 같은 화면이 뜬다. 이때 Imager 영역에서 Flat frames 영역을 클릭하여 평활영상을 입력해 준다. 평활영상은 잘 촬영된 하나만 지정해주어도 되고, 좋은 영상이 많으면 모두 지정하여 주어도 된다. 그리고 Options에서 Average 또는 Median을 지정해 준다.

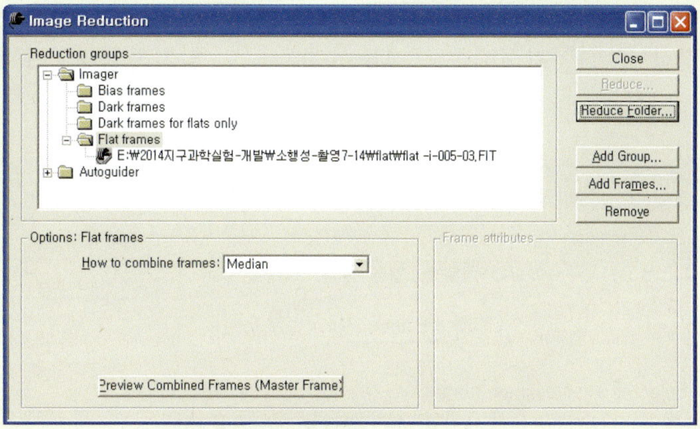

[그림 9-38] 평활영상을 지정해주는 장면

또 [그림 9-39]와 같이 Reduce Folder를 지정하여 평활영상을 보정할 관측영상(light frame) 폴더와 평활영상이 보정된 결과를 저장할 폴더를 지정해준 다음, Reduce를 누르면 평활영상이 보정되어 해당 폴더에 저장된다.

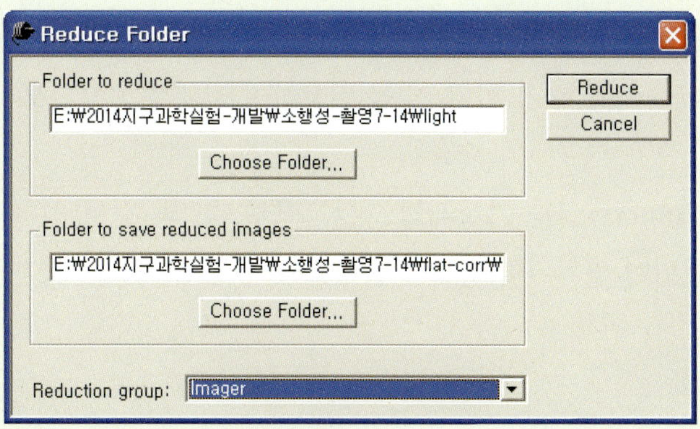

[그림 9-39] 평활영상 보정 전 폴더와 보정 후 폴더를 지정하는 장면

2) 화면의 일치(frame alignment)

시간 간격을 두고 일정한 위치를 촬영하다 보면 카메라 방향이 조금씩 바뀌는 수가 있다. 따라서 영상들의 방향을 일치시켜야 소행성을 찾기 용이하다. 이를 위해 CCDSoft의 Image 메뉴에서 Align으로 들어가면 [그림 9-40]과 같은 화면이 뜬다. 이때 일치시켜야 할 폴더와 일치시킨 후 저장할 폴더를 지정해준 후 Align을 누르면 일치작업이 완료된다.

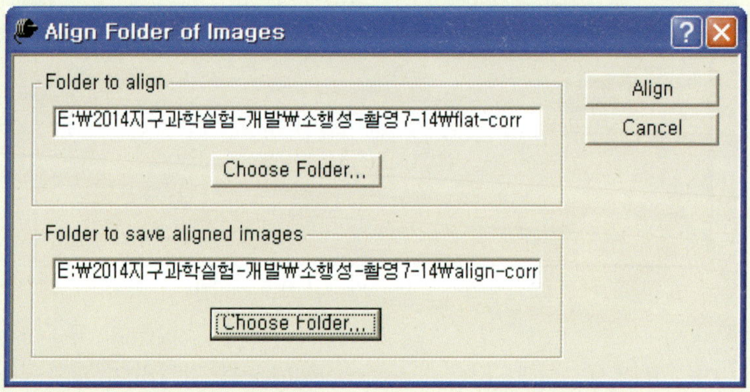

[그림 9-40] 화면 일치작업하기 전 폴더와 후의 폴더를 지정하는 장면

6. 소행성을 찾기

소행성은 작은 행성이다. 즉 일반 행성과 같이 별자리 사이를 왔다갔다 움직여 보인다. 이와 같이 움직인 천체를 찾을 때 일반적으로 많이 활용되는 소프트웨어에는 Astrometrica가 있다. 이를 이용하여 소행성을 찾아보자.

1) Astrometrica를 가동시킨 후 [그림 9-41]과 같이 앞서 평활화면 보정 후 화면이 일치된 영상들을 불러오자.

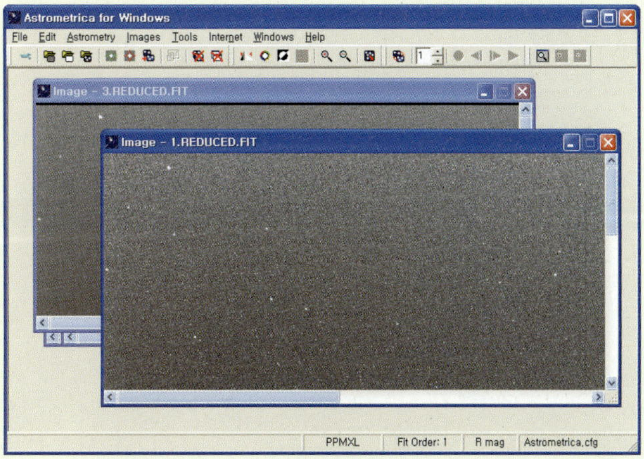

[그림 9-41] Astrometrica로 분석할 영상을 불러온 장면

2) File 메뉴로 들어가서 Settings를 지정하여 [그림 9-42]와 같이 관측망원경의 초점길이, 위치각, CCD의 실제 픽셀 사이즈(1비닝 사이즈) 등을 정확히 지정하자. 만약 이에 대한 내용을 잘 모르면 관측영상을 CCD-Soft로 불러 Edit-Information 메뉴로 확인하면 노출시간(초), data-max 등을 확인할 수 있다.

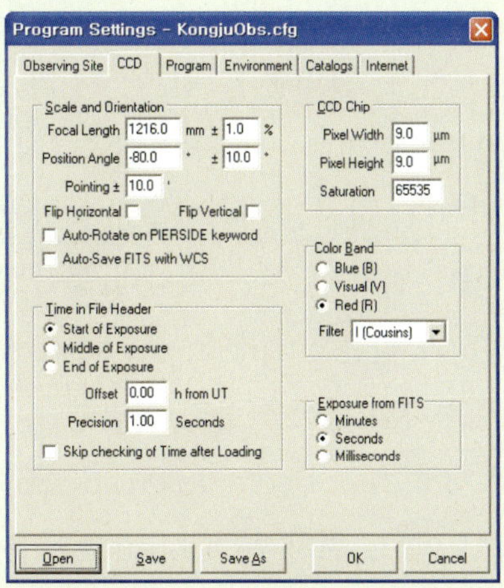

[그림 9-42] 관측조건을 입력하는 창

3) 관측된 영상들에서 소행성이 간단히 발견될 수 있는지 살펴보기 위해 [그림 9-43]과 같이 Tools 메뉴의 Blink images를 눌러보자. 그러면 일치된 관측영상들이 반복적으로 보이면서 움직인 천체가 있으면 눈에 띈다.

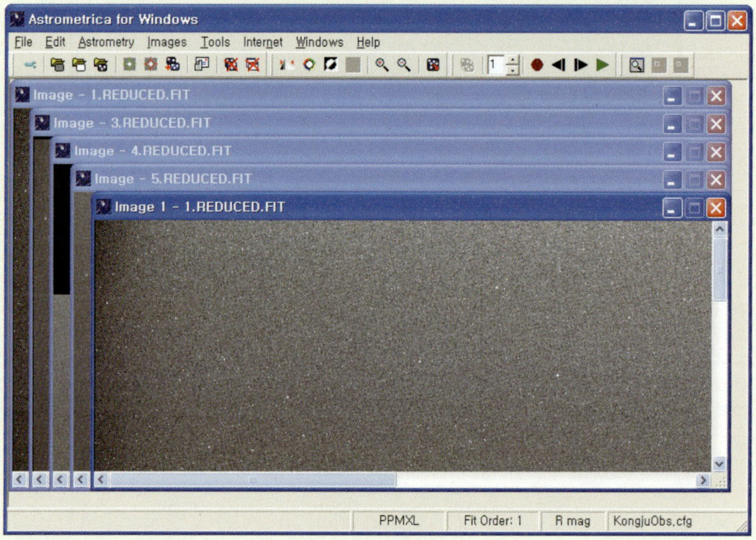

[그림 9-43] Blink images 메뉴를 이용하여 소행성이 보이는지 간단히 살펴보기

4) 소행성을 본격적으로 찾기 위해 Astrometry 메뉴에서 Moving Object Detection을 클릭하자. 그러면 [그림 9-44]와 같이 영상의 중심좌표를 입력하라는 창이 뜬다. 이때 관측자가 관측영상의 중심좌표를 기록해두었다면 직접 입력한다. 하지만 기록해두지 않았거나 잘 모를 경우에는 관측영상의 중심좌표, 위치각, 부근 별자리 등을 확인해주는 인터넷 사이트인 [그림 9-45]와 같은 http://nova.astrometry.net/upload 으로 들어가서 일치된 하나의 영상을 올려 확인한다. 여기에서 보면 중심좌표가 RA=13^{h} 44^{m} $33^{s}.277$, Dec=$-16°09'53''.869$이다. 또 화소 Scale은 4.58 arcsec/화소이고, 위치각(Orientation)은 북쪽을 기준으로 했을 때 동쪽으로 $99.8°$ 돌아가 있음을 알 수 있다.

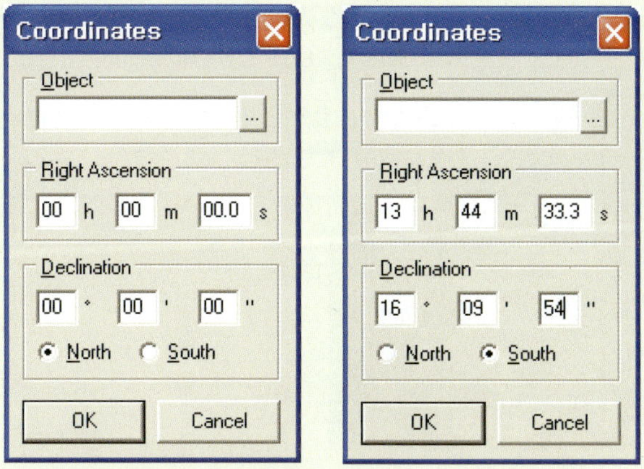

[그림 9-44] 영상의 중심좌표 넣기 전(좌측)과 후(우측)

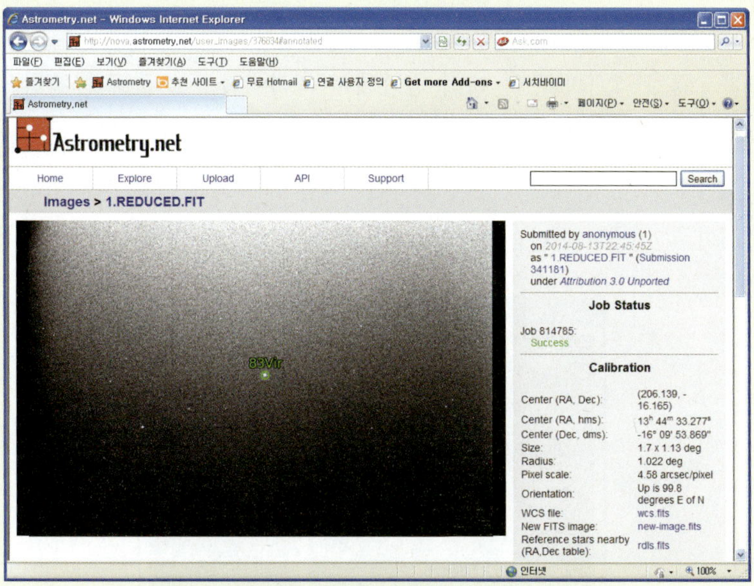

[그림 9-45] 영상의 기본정보를 알려주는 인터넷 사이트

5) 중심좌표를 입력한 후 OK를 누르면 중심좌표에 해당한 별목록을 불러와서 관측영상과 비교하여 소행성으로 의심되는 천체를 [그림 9-46]과 같이 빨간 동그라미로 보여 준다.

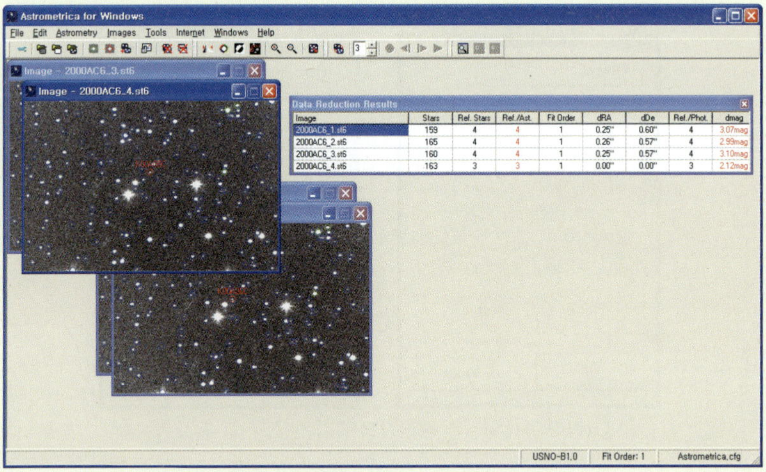

[그림 9-46] 소행성 후보 보여주는 장면

또 [그림 9-47]과 같이 여러 영상에서 움직여가는 모습도 동영상으로 보여준다. 이때 각 영상에서 움직여가는 모습이 분명하여 소행성이라고 판단되면 이름을 지정하고 Accept를 누른다. 그러면 [그림 9-46]에 그 이름이 표시된다. 만약 소행성이 아니라고 판단되면 Reject한다.

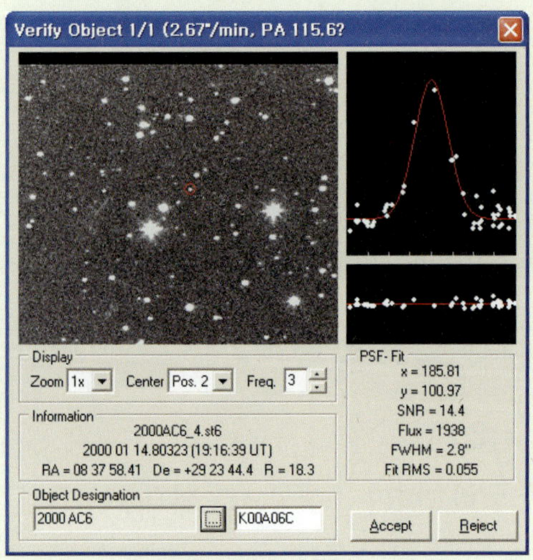

[그림 9-47] 소행성인지 아닌지를 판단하는 창

6) 소행성 후보로 판단되는 자료들을 토대로 각 소행성을 각 영상에서 마우스 커서를 대면 화면 하단에 위치(RA, Dec)를 표시해 준다. 이를 표로 정리한 다음, 소행성 후보가 날짜에 따라 어느 방향으로 움직였는지 확인한다. 만약 적경 변화가 증가하여 '서→동'으로 움직였던 것이면 순행한 상황이고 그 반대면 역행이다. 또 적위가 증가하였으면 북쪽으로 움직인 것이고 그 반대면 남쪽으로 움직였던 상황이다. [그림 9-48]은 2007년 6월과 17~19일 Vesta 소행성을 연속된 사흘간의 밤 시간대에 찍은 결과 예이다.

6월 17일 01시 25분   6월 18일 01시 49분   6월 19일 00시 26분

[그림 9-48] 소행성 Vesta를 3일간 찍은 결과 예

이로부터 얻은 위치 변화는 〈표 9-2〉와 같다.

표 9-2 Vesta 소행성의 날짜별 위치변화 예

소행성		1	2	3	4	5
Vesta	날짜	06월 17일 01시 25분	06월 17일 21시 21분	06월 18일 01시 49분	06월 18일 22시 06분	06월 19일 00시 26분
	위치	적경 16h 16m 20s 적위 −14°44'48"	적경 16h 15m 40s 적위 −14°47'25"	적경 16h 15m 31s 적위 −14°48'01"	적경 16h 14m 51s 적위 −14°50'47"	적경 16h 14m 46s 적위 −14°51'05"
	변화량		적경 −00h 00m 40s 적위 −00°02'37"	적경 −00h 00m 09s 적위 −00°00'36"	적경 −00h 00m 40s 적위 −00°02'46"	적경 −00h 00m 05s 적위 −00°00'18"

7) 겉보기 운동 양상을 살펴보자.

시간대별 적경 및 적위 변화 3차원 그래프를 Sigmaplot과 같은 소프트웨어를 활용하여 소행성의 겉보기 운동 양상을 살펴보자. [그림 9-49]는 위 〈표 9-2〉를 참고하여 얻어낸 것이다.

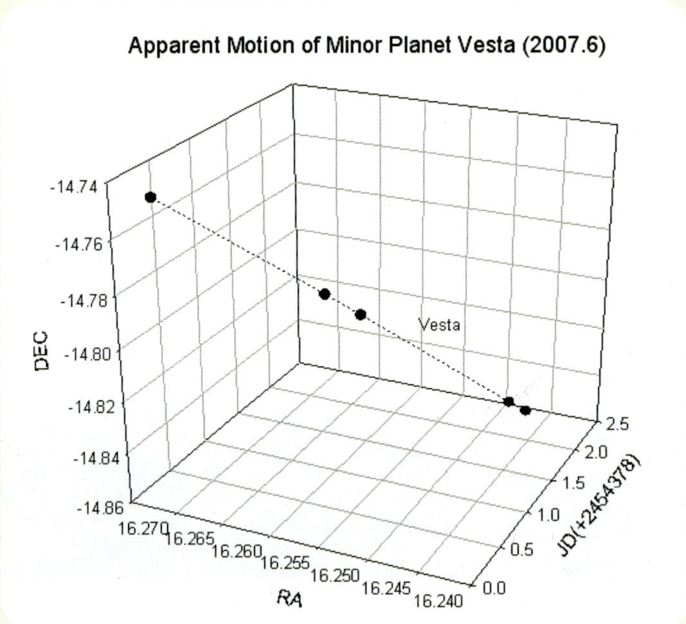

[그림 9-49] 소행성 Vesta의 겉보기 운동

[그림 9-49]와 〈표 9-2〉에서 확인할 수 있듯이 소행성 Vesta는 시간이 흐름에 따라 적경이 점점 감소해가는 것으로 보아 서쪽으로 역행운동을 하고 있음을 확인할 수 있다. 또 적위값이 '−' 값 방향으로 증가하는 것으로 보아 전체적으로 남동쪽으로 역행하고 있는 상황임을 알 수 있다.

Q&A

1. 소행성을 찾기 위해 어느 지역을 촬영지역으로 정했는지 별자리와 함께 중심좌표를 제시하시오.

○ 별자리

○ 중심좌표: (RA:), (Dec:)

2. 소행성 찾기 관측을 위해 활용한 망원경과 카메라 제원을 정리해보시오.

○ 망원경: 구경(mm), 초점거리(mm)

○ 카메라: 화소크기(가로: μm, 세로: μm), 화소수(개)

○ 시야 (   )

3. 안정된 관측 영상을 얻기 위해 정한 관측조건과 방법을 정리해보시오.

○ 관측조건: (적정 노출시간: 초), (비닝:), (카메라 온도: ℃)

○ 평활영상 관측 방법:

○ 암영상과 바이어스 영상 관측 방법:

○ 야간 촬영 시 가이딩 방법:

4. 관측결과를 정리하여 전처리해보자.

○ 대표적인 평활영상의 모습을 제시해보자.

○ 관측영상에서 평활영상을 제거한 영상을 제시해보자.

○ 시간대별로 촬영한 여러 목적천체의 관측영상들을 정리해보자.

5. 관측영상들에 대한 정보를 정리해보자.

ㅇ 영상 촬영 시작 날짜와 시각: (날짜:), (시각:)

ㅇ 위치각: (영상이 북쪽을 기준으로 동쪽 방향으로 몇° 돌아갔는가? °)

ㅇ 사진스케일(화소 scale): (arcsec/화소)

6. Astrometrica로 전처리된 영상을 불러 소행성을 찾아보자.

ㅇ 몇 개의 소행성을 확인하였나?

ㅇ 확인된 소행성들의 시간대별 위치(RA, Dec)를 표로 정리하자.

ㅇ 소행성들의 겉보기 운동 양상을 그래프로 그려 정리해보자.

9-2. 천체관측

천체관측을 하기 위해서는 기본적으로 망원경 세우기, 관측할 천체를 망원경에 찾아 넣기, 관측 수행하기의 세 가지 과정이 필요하다. 여기서는 이 세 가지 과정에 대하여 살펴보자.

1) 망원경 세우기

망원경 세우기 활동에는 세 가지 과정이 필요하다. 즉 수평맞추기, 파인더정렬, 극축맞추기가 필요하다. 이들에 대하여 알아보자.

① 수평맞추기

천체관측을 안정적으로 하려면 망원경 수평이 잘 맞아 있어야 한다. 망원경 접안부에 카메라 등을 연결하면 '경통–수평추' 사이의 수평도 안 맞고 망원경 경통 '앞부분–뒷부분'과의 수평도 맞지 않게 되어 망원경이 한쪽으로 쏠려 기울어진다. 그런 상태에서 관측을 하면 별이 망원경에서 쉽게 빠져 나가버리기 때문에 안정적인 관측을 하기가 어렵다.

수평맞추기는 앞뒤 수평맞추기와 좌우 수평맞추기를 해야 한다. 앞뒤 수평맞추기는 망원경 경통의 앞부분과 뒷부분의 수평을 맞추는 일로 그림 9–50(좌)와 같이 경통 밴드를 조금 풀어 경통을 앞뒤로 조금씩 이동시켜 가면서 수평을 맞춘다.

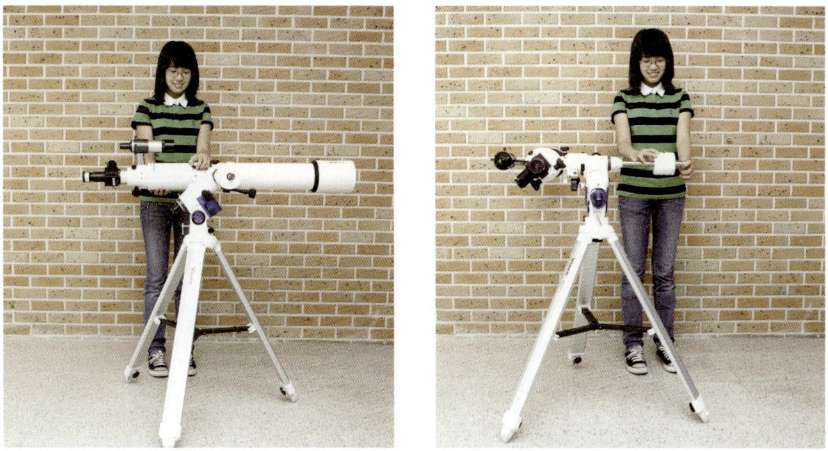

[그림 9–50] 수평 맞추기(좌: 앞–뒤 수평 맞추기, 우: 좌–우 수평 맞추기)

경통과 수평추 사이의 수평 맞추기는 수평추 조임나사를 풀어 수평추를 좌우로 조금씩 이동시켜 가면서 수평을 맞춘다.

② 파인더 정렬

파인더 정렬은 주망원경과 파인더의 방향을 일치시키는 활동을 말한다. 파인더 정렬을 하기 위해서는 먼저 주망원경으로 먼 곳의 피뢰침 끝과 같은 물체를 망원경 중앙에 위치시킨 다음, 파인더에도 그 물체가 중심에 들어오도록 파인더 바깥부분에 있는 나사들을 돌려가면서 방향을 맞춘다. [그림 9–51]의 왼쪽은 주망원경으로 멀리 있는 피뢰침을 맞추는 장면이고, 우측은 파인더를 보면서 파인더 중앙에 피뢰침이 오도록 파인더 바깥에 있는 조절나사로 맞추고 있는 장면이다. 이와 같이 주망원경과 파인더의 방향이 일치되어 있어야 파인더로 어떤 천체를 중앙에 위치시키면 주망원경 중앙에도 바로 들어온다. 이와 같은 작업은 낮시간에 해두는 것이 좋다. 밤 시간에는 주변이 어두워서 파인더 정렬하기가 불편할 뿐만 아니라 밤 시간은 본격적인 관측에 몰두해야 하기 때문이다.

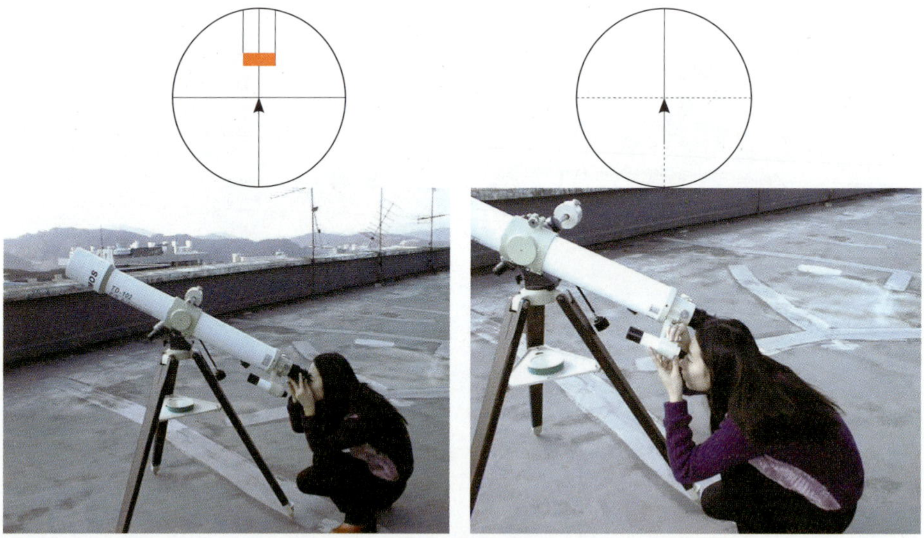

[그림 9-51] 파인더 정렬. 주망원경(좌)과 파인더(우) 방향 일치시키기

③ 극축 맞추기

극축 맞추기는 망원경 적도의의 적경축의 방향을 북극 방향으로 맞추는 활동으로 망원경 세우기 활동 중 가장 중요하다. 왜냐하면 극축을 잘 맞추어 두어야 관측할 별을 망원경 중앙에 오랫동안 머물러 있게 할 수 있기 때문이다. 극축 맞추

기를 하려면 첫째, 북쪽 하늘에 보이는 북극성을 찾는다. 둘째, 적경축 안에 들어 있는 극축망원경을 들여다보면서 극망 위에 북극성이 위치해야할 그림을 확인한다. 셋째, 하늘의 북극성이 극망상의 북극성 그림 위에 겹쳐지도록 망원경 방위각 조절 나사와 고도 조절 나사를 조절해가면서 맞춘다. [그림 9-52]는 관측자가 극축망원경을 들여다 보면서 북극성이 극망상에 표시된 북극성 위치에 오도록 맞추고 있는 장면이다. 극축망원경을 들여다 보면 카시오페아 자리나 북두칠성은 보이지 않는다. 다만 북극성은 극망 시야에서 볼 수 있다. 실제 하늘에서 북극성은 카시오페아 자리 쪽으로 약 1° 정도 떨어져 있기 때문에 극망상에서는 북두칠성 방향 쪽으로 북극성이 위치하도록 방위각 조절 나사와 고도 조절나사를 이용하여 위치시켜야 한다.

낮 시간이라면 북극성을 볼 수 없다. 그런 경우에는 적경축의 방향을 진북 방향으로 맞추고, 고도는 그 지방의 위도로 맞추면 된다.

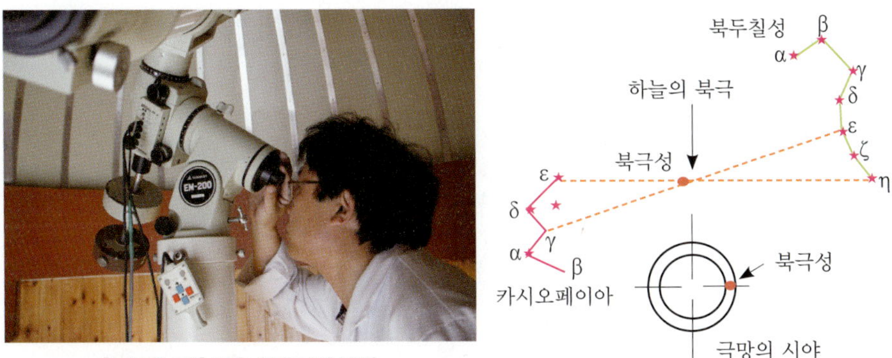

[그림 9-52] 극축 맞추기와 극망

알아두기

망원경의 관련 용어

망원경의 관련 용어에는 배율과 분해능 등 여러 가지가 있다. 이러한 용어를 잘 알아두면 보다 나은 관측을 수행할 수 있다.

1. 대물렌즈(반사경)의 유효구경과 초점비

◘ 유효구경

유효구경이라 함은 대물렌즈나 반사경의 지름을 의미한다. 유효구경이 크면 빛을 받아들이는 면적이 넓어지므로 망원경의 밝기가 증가한다. 유효구경에 의해 집광력을 계산하는데

$$\text{집광력(배)} = \frac{\text{망원경의 구경}^2}{7^2}$$

집광력이 커지면 더 어두운 별을 볼 수 있게 된다. 즉 한계 등급이 커진다.

◘ 초점비

초점비는 망원경의 시야를 결정하는 요소이다. 초점비를 계산하는 방법은

$$\text{초점비(F-ratio)} = \frac{\text{초점거리}}{\text{유효구경}}$$

넓은 시야를 관측하기 위해서는 구경비가 작은 망원경(빠른 망원경)을 사용하면 되고, 행성이나 월면 등을 관측하기 위해서는 시야가 좁아야 하므로 구경비가 큰 망원경(느린 망원경)을 사용하는 것이 유리하다.

초점비가 커질수록 색수차 등의 여러 가지 수차가 적어지고 배율이 높아지기 때문에 예리한 성상을 보기 위해서는 초점비가 큰 것이 좋겠지만, 어두운 천체

를 관측하기 위해서는 초점비가 작은 망원경을 사용하는 것이 유리하다.

2. 망원경의 배율

$$배율 = \frac{대물렌즈의\ 초점거리}{접안렌즈의\ 초점거리}$$

망원경의 배율을 높이기 위해서 대물렌즈를 교환하는 것은 어렵기때문에 초점거리가 짧은 접안렌즈를 활용한다. 천체 망원경은 대부분 희미한 대상을 관찰하기 때문에 배율은 무조건 올리는 것이 좋은 것은 아니다. 태양, 월면, 행성 등과 같이 비교적 밝은 천체는 고배율로 관측하는 것이 좋으므로 초점 거리가 짧은 아이피스를 사용하고, 그 외 성단, 성운, 은하 등과 같이 희미한 천체는 저배율로 관측하는 것이 좋으므로 초점 거리가 긴 아이피스를 사용한다. 즉, 배율이 낮아지면 상의 밝기가 증가하므로 어두운 천체를 관측할 경우에는 배율이 낮게 관측하는 것이 유리하다.

3. 사출 동공

망원경에 눈을 대면 접안 렌즈에서 빛이 눈으로 오게 되는데 이 눈으로 들어오는 접안렌즈에 맺힌 동그란 빛덩어리를 사출 동공이라 한다.

$$사출동공 = \frac{대물렌즈\ 직경}{배율} = (단위\ mm)$$

이다. 사출 동공의 크기가 클수록 보이는 상이 밝아진다. 사람의 동공의 크기는 어두운 곳에서 최대로 커질 때 6~7㎜ 정도가 된다. 따라서 망원경 사출 동공의 지름이 7㎜보다 커지면 빛의 손실이 오게 된다. 사출동공의 크기를 7㎜로 했을 때의 배율을 최저배율이라고 한다.

4. 시야

망원경으로 한 번에 볼 수 있는 하늘의 범위를 말하는 것으로 각도로 나타낸다. 관측 대상이 은하나 성운과 같이 희미하면서도 시직경이 큰 대상의 경우에

는 시야가 넓은 망원경을 활용하는것이 좋다. 망원경의 실제 시야는

$$실제시야 = \frac{접안렌즈의\ 겉보기\ 시야}{배율}$$

로 계산된다. 다시 말하면, 시야가 같은 접안렌즈를 사용한다 하더라도 배율이 커지면 시야가 좁아지게 된다.

5. 분해능

인접하고 있는 두 개의 물체를 두 개로 구별할 수 있는 능력을 의미한다. 분해능은 지구대기의 국지적인 밀도 차이에 의한 섬동과 대기 난류 등으로 인해 나빠진다. 분해능은 망원경의 구경이 작을수록 낮아진다.

분해능은 (a″)은

$$a'' = \frac{11''.58}{D(cm)} \approx \frac{4''.56}{D(inch)}$$ 이다.

여기서 D는망원경의 구경이다.

사람눈의 분해능은 약 1″정도이다.

2) 관측천체 찾기

천체관측을 위해 가장 먼저 해야 할 일은 관측할 천체를 정하는 일이다. 관측할 천체는 관측목적에 따라 정해야 할 것이다. 관측할 천체가 정해지면 그 천체에 대한 자세한 정보를 기록해두는 것이 중요하다. 예를 들면 그 천체가 뜨는 시각, 밝기, 위치(적경 및 적위), 망원경으로 볼 때의 모습인 파인딩맵 등을 미리 작성해둔다. 여기서는 망원경의 수평 맞추기, 파인더 정렬 그리고 극축 맞추기 등이 이루어져 있다고 가정하고 관측할 천체를 찾는 방법에 대하여 알아보자.

관측할 천체를 망원경 중앙에 위치시키는 방법에는 크게 두 가지 정도가 있다.

첫째, 별자리를 이용하여 찾는 방법이다. 예를 들면, 오리온 대성운(M42)을 찾으려면 이 성운이 어느 별자리 어느 위치에 있는지를 확인한다.

[그림 9-53] 오리온 자리와 오리온대성운(M42)

[그림 9-53]과 같이 오리온대성운이 오리온 별자리 삼태성 바로 아래에 있는 것을 확인한다. 그리고 망원경의 파인더를 활용하여 삼태성을 먼저 찾은 다음, 망원경을 아래 방향으로 조금씩 내려가면서 붉게 보이는 오리온대성운을 중앙에 위치시킨다. 그 다음 주망원경으로 보면 오리온대성운이 보다 크게 잘 보인다.

둘째, 컴퓨터의 프로그램을 활용하여 찾는 방법이다. 컴퓨터 프로그램을 활용하여 망원경을 제어하기 위해 망원경 적도의와 컴퓨터가 연결되어있다고 가정하자. 일반적으로 많이 활용하는 MaximDL로 망원경을 제어하여 관측할 천체를 찾는 방법을 설명하겠다. MaximDL 실행시키면 [그림 9-54]와 같은 창이 뜬다. 이때 망원경 아이콘을 지정하여 Telescope Control 창을 연다. 그리고 Telescope 옵션으로 들어가서 컴퓨터와 연결할 망원경 적도의의 종류를 지정한다.

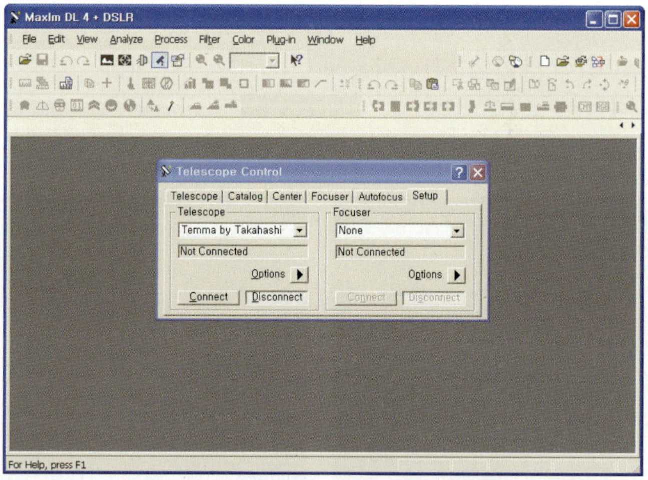

[그림 9-54] MaximDL 화면과 망원경 제어창

그리고 나서 'Connect' 버튼을 누른다. 그러면 [그림 9-55]와 같이 'Connected'라는 메시지가 보이면서 컴퓨터와 적도의가 연결된다. 그리고 영점조준별(Sync Star)을 선택하라는 작은 창이 뜬다. 만약 경통을 적도의(Mount)에 대하여 동쪽 방향에 위치시켰다면 기준성을 서쪽 하늘에서 잡고, 서쪽 방향에 위치시켰다면 동쪽 하늘의 별을 기준성으로 잡으라고 한다.

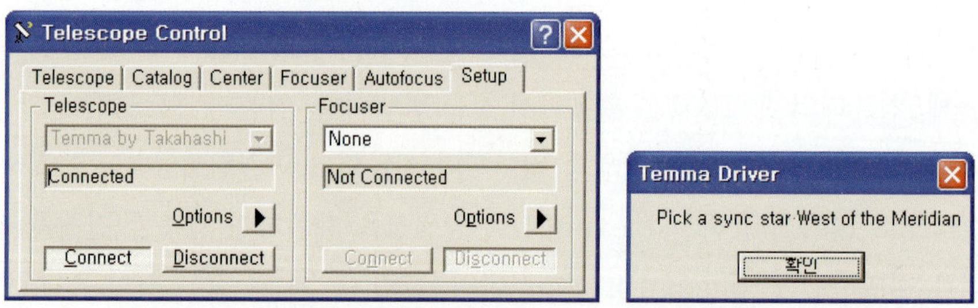

[그림 9-55] 망원경 연결하기와 sync 시키기

이때 Catalog 옵션 버튼을 눌러 Sync star로 활용할 천체를 지정하고 망원경 중앙에 그 천체를 찾아 넣는다. 만약 서쪽 하늘에 밝게 금성이 밝게 보여 이 금성을 Sync 천체로 활용하려고 한다. 이를 위해 먼저 망원경 제어창에서 Object type을 Solar system이라고 지정하고 오른쪽 칸에서 Venus를 지정하자. 그런 다음 금성을 망원경 중앙에 찾아 넣는다. 그리고 [그림 9-56]과 같은 화면 하단의 Sync를 누르자. 그러면 하늘의 상태와 망원경의 적경 및 적위 눈금 그리고 MaximDL의 프로그램이 일치된 상태가 된다. 즉 하늘-망원경-프로그램이 일치가 된 상태가 된 것이다.

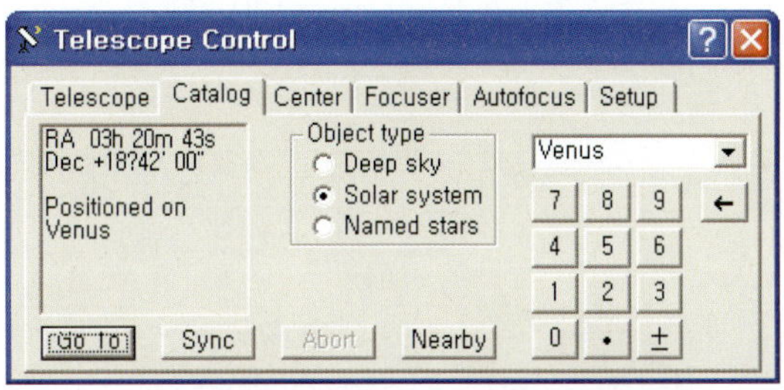

[그림 9-56] Sync 시키기 창

이제 본격적으로 관측할 천체를 찾을 순서이다. 관측할 천체는 목록을 활용하거나 직접 적경 및 적위를 입력한 다음 GOTO 버튼을 누른다. 그러면 그 천체로 망원경이 이동된다. 이때 파인더와 주망원경을 보면서 관측을 수행한다.

3) 관측하기

관측자가 관측할 천체를 망원경 중앙에 위치시켰다면 이제 본격적으로 관측을 시작한다. 관측 방법에는 크게 눈으로 보면서 관측하는 육안관측과 사진을 찍는 사진관측으로 나눌 수 있다.

① 육안관측

육안관측은 맨눈으로 별자리 관측을 하거나 망원경 중앙에 들어와 있는 천체를 눈으로 보면서 스케치 등을 해나가는 관측 방법을 말한다. 육안관측 대상은 비교적 밝은 천체인 태양, 달, 행성 등이다. 육안관측을 잘 하기 위해서는 최대한 암적응을 하는 것이 유리하다. 또 지나치게 밝은 태양이나 불빛 같은 것을 피하는 것이 좋다. 흡연은 체내 산소를 소모시켜 눈을 어둡게 하기 때문에 금물이다. 실제 육안관측을 수행할 때는 눈의 방향을 정면으로 하는 것보다 약간 빗겨보는 것이 좋다. 왜냐하면 눈동자의 중심보다 주변이 더 민감하기 때문이다. 또 인간의 눈동자는 정지해있는 대상보다 움직이는 대상을 더 민감하게 잘 본다. 따라서 경통을 살짝 쳐 주면 관측천체를 더 잘 볼 수 있다. [그림 9-57]은 육안관측을 실시하고 있는 장면이다.

[그림 9-57] 육안관측 장면

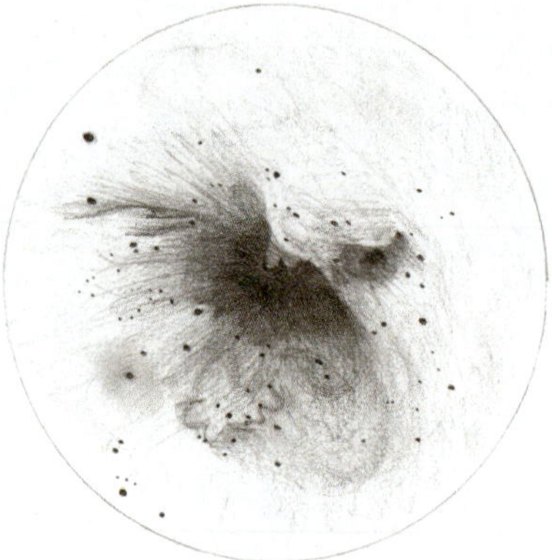

[그림 9-58] 육안관측으로 스케치한 오리온 대성운 M42

[그림 9-58]는 육안관측을 통해 얻은 오리온대성운을 스케치한 결과이다. 육안관측을 통해 스케치를 할 때는 분명하게 잘 확인할 수 있는 밝은 부분을 먼저 스케치하고 희미한 부분은 나중에 스케치한다. 이와 같이 천체를 눈으로 보면서 스케치를 하면 관찰 능력을 크게 높일 수 있다.

관측이 끝나면 관측 장소, 관측 일시, 활용한 망원경, 관측천체, 위치(적경 및 적위), 등급, 날씨 등

관측일지를 잘 작성해둔다. 그래야 나중에 그 결과를 체계적으로 분석하여 과학적으로 정리할 수 있기 때문이다.

② 사진관측

사진관측은 관측결과를 사진으로 남기기 위한 활동이다. 사진관측 방법에는 망원경에 관측할 천체를 맞추어 두고 [그림 9-59]와 같이 직접 카메라를 접안렌즈 위치에 맞추어 촬영하는 아포컬 방식과 [그림 9-60]처럼 접안부에 카메라를 직접 연결하여 관측하는 직초점 방식이 있다.

만약 달을 망원경에 잘 맞추어 두고 [그림 9-59]와 같이 스마트폰 카메라 렌즈 부분을 망원경 접안렌즈 빛덩어리 위치에 맞추면 달이 스마트폰 카메라 화면에 잘 보인다. 이때 그냥 촬영을 해도 좋고 확대를 하면 세부적인 구조까지 잘 볼 수 있기 때문에 다양한 배율로 촬영이 가능하다. 토성이나 목성 등 밝은 천체도 같은 방법으로 촬영이 가능하기 때문에 기념으로 남겨두는 것도 즐거운 일이 될 것이다.

[그림 9-59] 아포칼 방식의 사진 촬영

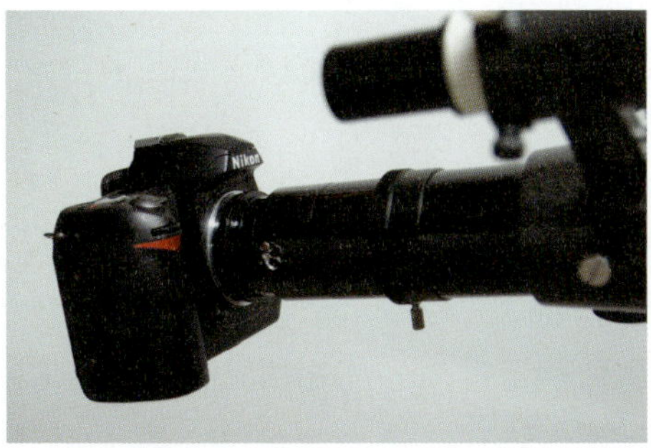

[그림 9-60] 직초점 방식의 사진 촬영

천체사진 촬영에 일반적으로 많이 활용하는 방식은 카메라를 망원경 접안부에 직접 연결하여 촬영하는 [그림 9-60]과 같은 방식이다. [그림 9-61]은 카메라 몸체에 어댑터를 이용하여 망원경 접안부에 연결하려는 장면이다. 이 그림에서 볼 수 있듯이 카메라를 망원경에 연결하려면 연결어댑터가 필요하다. 또 촬영상을 보다 크게 얻으려면 어댑터 속에 접안렌즈를 포함하여 연결하는 확대촬영 어댑터를 활용하는 경우도 있다.

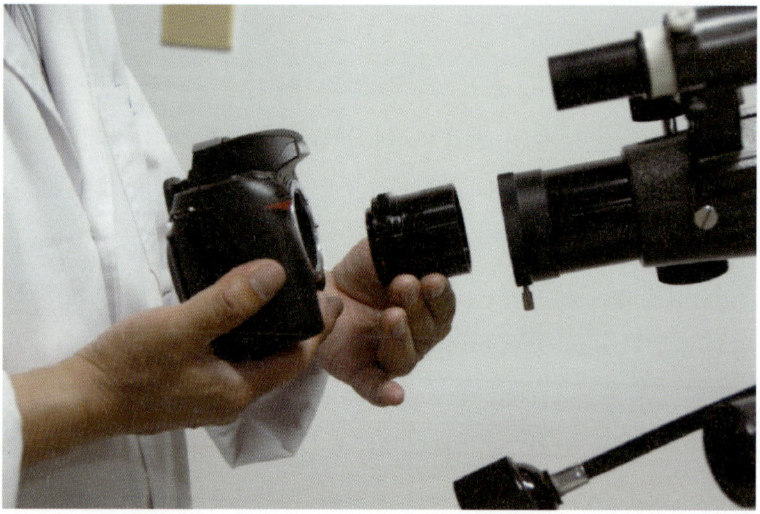

[그림 9-61] 직초점 어댑터를 이용하여 카메라를 망원경에 연결하는 장면

카메라를 망원경에 연결해두고 나서 본격적인 천체촬영을 할 때 크게 두 가지 측면에서 촬영을 할 수 있다. 첫째는 태양, 달, 행성처럼 밝은 천체의 촬영과 성운, 성단, 은하와 같이 희미한 딥스카이 천체의 촬영이다.

[그림 9-62]와 같이 달과 행성은 비교적 밝은 천체이기 때문에 짧은 노출시간으로 촬영이 가능하며 비교적 쉽다. 카메라도 일반 DSLR 디지털 카메라나 웹카메라로도 충분히 좋은 촬영 결과를 얻을 수 있다. 만약 고배율 관측을 통하여 태양이나 달 표면의 세부 구조 등을 촬영하려면 접안렌즈 초점거리가 짧은 것을 확대촬영 어댑터 속에 넣어 촬영하거나 바로우 렌즈를 활용한다. 또 배율을 줄여서 태양이나 달의 전체적인 모습을 촬영하려면 리듀서를 활용한다. 이와 같이 고배율 촬영과 저배율 촬영을 적절하게 수행하면 보다 의미있는 결과를 얻어낼 수 있다.

[그림 9-62] 사진 촬영의 밝은 대상인 달과 목성

한편 사진관측 대상 중, 희미하고 멀리 있는 딥스카이 천체인 외부은하와 같은 천체는 장시간 노출을 주어 [그림 9-63]과 같은 결과를 얻을 수 있다. 우리가 맨눈으로 보면 외부은하나 성운이 잘 보이지 않는다. 왜냐하면 사람 눈은 빛이 누적되지 않지만 필름이나 CCD와 같은 사진촬영용 센서에는 빛이 누적되어 나타나기 때문에 장시간 노출을 주면 보다 밝고 선명하게 사진으로 얻을 수 있다.

[그림 9-63] 딥스카이 천체인 안드로메다은하(M31)와 플레이아데스 반사성운

미니탐구 3

별자리 찾기

가을에서 봄까지 밤하늘에서 가장 아름다운 별자리 중 하나인 오리온자리를 찾아보자. 오리온자리의 적경은 대략 $5^h\ 30^m$이며, 적위는 대략 0°이다. 동짓날 오리온자리는 몇 시에 남중하는가? 또 몇 시경에 뜨고 지는가?

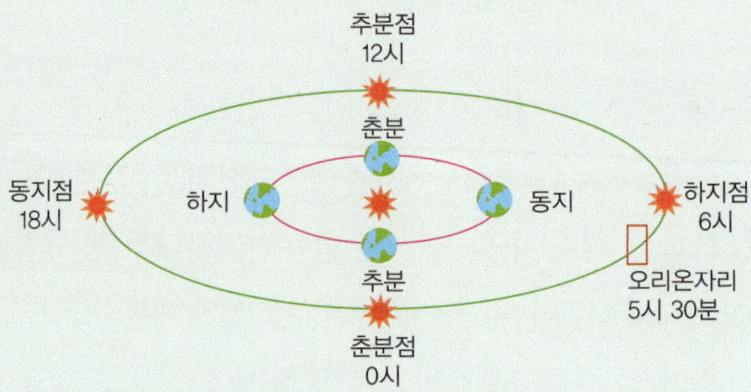

[그림 9-64] 동짓날 오리온자리 위치

[그림 9-64]는 중앙에 태양이 위치해 있으며 안쪽 타원에는 지구의 공전궤도와 절기, 바깥쪽 타원에는 지구상의 절기에 천구에 비치는 태양의 위치와 적경이 표시돼 있다. 동짓날 자정에 남중하는 천체의 적경은 그림에서처럼 6시가 된다. 그러면 오리온자리가 남중하는 시간을 구할 수 있다. 춘분이나 추분날 태양의 적위는 0°이다. 이날 태양이 지표면 위에 떠 있는 시간은 12시간이다. 마찬가지로 오리온자리의 적위가 0°라는 것은 오리온자리가 지표면 위에 떠 있는 시간이 12시간이라는 것을 의미한다. 이 두 가지 힌트를 토대로 답을 찾아보자.

정리하기

1. 우주에 있는 별의 수와 해수욕장에 있는 모래알의 숫자를 비교해서 설명해 보시오.

2. 우리 은하의 구성원에는 어떤 것들이 있는가?

3. 태양계의 구성원에는 어떤 것들이 있는가?

4. 일반 낱별과 소행성은 어떻게 구별할 수 있을까?

5. 천체를 관측하기 위한 망원경 설치하는 방법을 설명하시오.

6. 파인더 정렬은 어떻게 할까?

7. 망원경의 구경비와 배율은 어떤 차이가 있나요?

8. 관측 대상 천체를 망원경 중앙에 맞추는 방법을 설명하시오.

9. 망원경을 이용한 천체의 사진 촬영 방법을 설명하시오.

제9장 참고자료

강혜성 외(2008). 기본 천문학. 서울: 시그마프레스.

김희수(2004). 관측 천문학. 서울: 북스힐.

김희수(2004). 관측 천문학 실습. 서울: 북스힐.

김희수(2014). 천체관측. 서울: 시그마프레스.

민영기 외(1998). 교양천문학. 서울: 형설출판사.

이시우(1985). 천문 관측과 분석. 서울: 민음사.

이시우 외(1998). 관측천문학. 서울: 미리내.

이시우 · 안병호(1997). 태양계 천문학. 서울: 서울대학교 출판부.

제9장 탐구 해설

〈탐구 1〉

1.

– 꺾인 정도: 35°~37° 정도

– 슬릿 크기: 2~3mm 정도

2.

연속스펙트럼 위에 다소 퍼진 검은 선처럼 보였다.

3.

Rspec 소프트웨어를 활용할 때, Rotate 메뉴를 이용하여 조정하였다.

4.

Hα선이나 Hβ선을 이용하여 영점을 맞추었다.

5.

수소, 헬륨, 칼슘, 나트륨, 마그네슘, 철 등

6.

– 비슷한 점: 선스펙트럼이 나타나는 위치

– 차이점: 태양 스펙트럼 광도분포 곡선이 화성 것보다 파장이 짧은 쪽으로 치우쳐 있다. 즉 온도 차이가 있음을 알 수 있다.

〈탐구 2〉

1.

– 별자리: 고래자리

– 중심좌표: (RA: 02h35m48s.5), (Dec: 05°35′52″.9)

2.

– 망원경: 구경(152mm), 초점거리(1216mm)

– 카메라: 화소크기(가로: 9μm, 세로: 9μm), 화소수(10,709,376 개)

– 시야(″)=20626.5″ ×화소크기(mn)/망원경 초점거리(cm)

이므로, 가로 시야: 34.8', 세로 시야: 23.88'

3.

– 관측조건: (적정 노출시간: 60초), (비닝: 3), (카메라 온도: −20℃)

– 평활영상 관측 방법: 초저녁 해가 진 후, 동쪽 파란 바탕 하늘을 0.001초부터 0.1초까지 다양하게 찍었다.

– 암영상과 바이어스 영상 관측방법: 암영상은 천체영상을 찍을 때의 노출시간과 같게 하여 찍었고, 바이어스 영상은 노출시간과 관계없이 가끔 찍어두었다.

– 야간 촬영 시 가이딩 방법: 152mm 굴절망원경에 연결된 가이더에 QHY5LII 카메라를 연결하여 가이딩하였다.

4.

– 대표적인 평활영상의 모습을 제시해 보자.

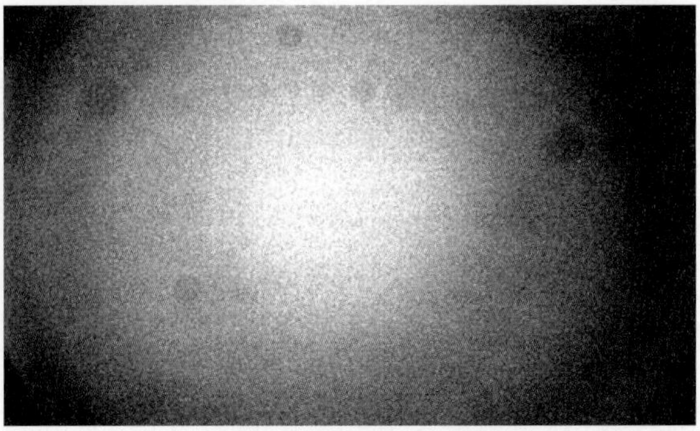

0.01초 노출을 준 평활영상

측영상에서 평활영상을 제거한 대표적인 영상을 제시해 보자.

암보정과 플랫영상 보정이 완료된 SAO 110635 부근의 영상

– 시간대별로 촬영한 여러 목적천체의 관측영상들을 정리해보자.

11월 17일부터 11월 18일까지 연속된 이틀 동안 소행성이 있을 것으로 추정되는 SAO 110635 부근을 30회 정도로 반복 촬영하여 결과를 얻어내었다.

5.

– 영상촬영 시작 날짜와 시각: (날짜: 2014.11.16.~11.17), (시각: 20시~02시)

– 위치각: (영상이 북쪽을 기준으로 동쪽 방향으로 몇° 돌아갔는가? −80°)

– 사진스케일(화소 scale): (4.59 arcsec/화소)

6.

– 몇 개의 소행성을 확인하였나? 2개

– 확인된 소행성들의 시간대별 위치(RA, Dec)를 표로 정리하자.

	11월 17일 19시 56분	11월 17일 21시 48분	11월 18일 19시 00분	11월 19일 00시 25분
1	02h 35m 47.08s +05° 38' 27.4"	02h 35m 50.02s +05° 31' 42.7"	02h 35m 51.87s +05° 32' 51.9"	02h 35m 53.94s +05° 34' 12.5"

2	11월 17일 19시 56분	11월 17일 21시 48분	11월 18일 19시 00분	11월 19일 00시 25분
	02h 35m 36.08s +05° 52' 36.7"	02h 35m 33.80s +05° 48' 43.3"	02h 35m 31.65s +05° 46' 48.2"	02h 35m 29.63s +05° 39' 39.8"

1번 소행성은 적경이 증가하는 순행을 하고있고, 2번 소행성은 적경이 감소해가는 역행운동을 하고 있다.

– 소행성들의 겉보기 운동 양상을 그래프로 그려 정리해보자.

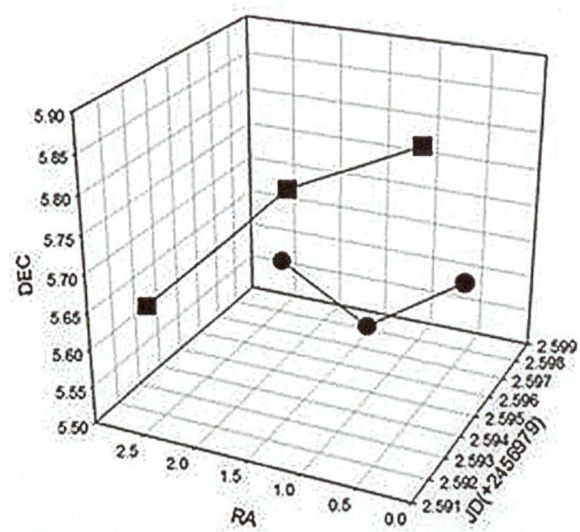

〈미니탐구 1〉 본문 참고

〈미니탐구 2〉 본문 참고

〈미니탐구 3〉

동짓날 밤 12시에 남중하는 천체의 적경은 6h이므로 오리온 자리는 밤 11시 30분경 남중하게 되고, 적위가 0°이므로 지평면 위에 떠 있는 시간은 12시간이다. 따라서 오리온자리는 저녁 5시 30분경에 떠서 새벽 5시 30분경에 지게 된다.

찾아보기

공저자소개

윤마병 공주대학교 대학원(교육학 박사)

현) 전주대학교 과학교육과 교수

김희수 한국교원대학교 대학원(교육학 박사)

현) 공주대학교 지구과학과 교수

김학성 한국교원대학교 대학원(Ph. D)

현) 한국교원대학교 지구과학과 교수

남기수 공주대학교 대학원(Ph. D)

현) 과학영재학교 대전과학고등학교 교사

교양 지구의 이해

2015년 4월 30일 1판 1쇄 발행
2019년 2월 28일 1판 2쇄 발행

공저자 : 윤마병 · 김희수 · 김학성 · 남기수
발행인 : 한정주
발행처 : 교육과학사

경기도 파주시 광인사길 71
전화 : (031) 955–6956~8 팩스 : (031) 955–6037
Home–page : www.kyoyookbook.co.kr / E–mail : kyoyook@chol.com
등록 : 1970년 5월 18일 제2–73호

ISBN 978-89-254-0939-9

정가 20,000원